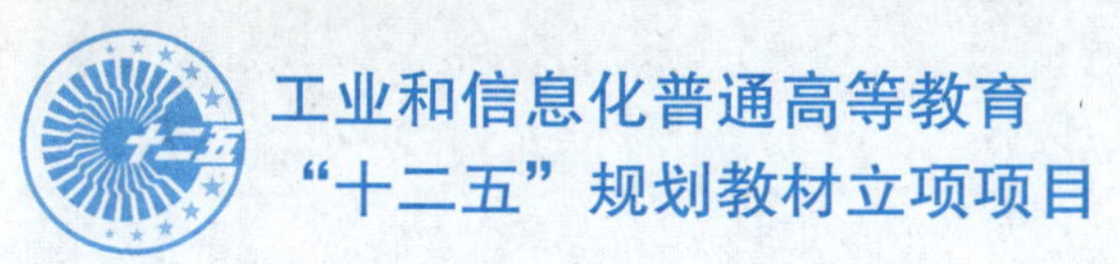

21 世 纪 高 等 学 校 规 划 教 材

21st Century University Planned Textbooks

# Visual Basic 程序设计

熊李艳 周美玲 主编
吴昊 杜玲玲 副主编

Visual Basic Programming

人 民 邮 电 出 版 社
北 京

**图书在版编目（CIP）数据**

Visual Basic程序设计 / 熊李艳，周美玲主编. --
北京 : 人民邮电出版社，2011.3（2017.12 重印）
21世纪高等学校规划教材
ISBN 978-7-115-24843-5

Ⅰ. ①V… Ⅱ. ①熊… ②周… Ⅲ. ①
BASIC语言－程序设计－高等学校－教材 Ⅳ. ①TP312

中国版本图书馆CIP数据核字(2011)第015984号

## 内 容 提 要

本书从程序设计概念出发，循序渐进地讲解了 Visual Basic 编程的基本理论和程序设计方法。内容主要包括 Visual Basic 的程序设计概念、基础知识、算法、程序控制三大结构、常用控件、数组、过程、文件、数据库基础等知识。书中通过通俗易懂的语言和大量典型的实例，帮助读者掌握 VB 程序设计语言的基本知识和 VB 程序设计的方法。在每章的后面都配有一定数量的习题，既有助于读者巩固所学知识，又有助于扩展读者的思路，进一步提高读者的自学能力。

本书可作为高校非计算机专业学生的计算机程序设计课程的教材，也可作为成人教育、职业技术教育、工程技术人员及自学者的程序设计的教材，还可作为计算机等级考试的辅导用书。

21 世纪高等学校规划教材

**Visual Basic 程序设计**

♦ 主　　编　熊李艳　周美玲
　副 主 编　吴　昊　杜玲玲
　责任编辑　刘　博

♦ 人民邮电出版社出版发行　　北京市丰台区成寿寺路 11 号
　邮编　100164　　电子邮件　315@ptpress.com.cn
　网址　http://www.ptpress.com.cn
　大厂聚鑫印刷有限责任公司印刷

♦ 开本：787×1092　1/16
　印张：18.25　　　　2011 年 3 月第 1 版
　字数：479 千字　　　2017 年 12 月河北第 9 次印刷

ISBN 978-7-115-24843-5

定价：35.00 元

**读者服务热线：(010) 81055256　印装质量热线：(010) 81055316**

**反盗版热线：(010) 81055315**

**广告经营许可证：京东工商广登字 20170147 号**

# 前　言

随着大学计算机教育相关的课程体系、课程内容和教学方法不断更新，我们在总结多年编写教材经验的基础上，按照非计算机专业学生的特点构建课程内容和教材体系，围绕非计算机专业计算机基础课程的教学思路，深入研讨和推广计算机课程的教改新成果，编写了此套非计算机基础系列教程。主要包括《大学计算机基础》、《Visual Basic 程序设计》、《Visual FoxPro 程序设计》以及他们的配套实践教材。教材的编写将进一步推动计算机教学改革，全面提升计算机教学质量，改进计算机教学课程体系，推动精品课程建设。

本书理论教学与实践教学相结合，图文并茂，内容实用，层次分明，讲解清晰，针对高校学生的特点，采用案例教学方式，强调对学生动手能力的培养；知识点的安排循序渐进、符合认知规律，既便于教学又适用自学，通过实际案例，促进学生对基础知识、基本技能的掌握；在实践教程中精心设计了大量的有针对性的实例与实验，可以使读者既巩固所学知识，又扩展思路，以帮助学生掌握 Visual Basic（以下简称 VB）程序设计语言的基本知识和 VB 程序设计的方法，使教材能达到好用、好教、好学的要求。

参编作者长期从事非计算机专业程序设计教学和教学研究工作，有较深的理论研究基础和教学改革实践基础，对计算机课程建设有一定广度和深度的研究，承担完成了多项计算机基础教学改革课题，编写出版了多部计算机基础教学的教材，并先后获得了省级教学成果一等奖及省级优秀教材一、二等奖。在此次教材的编写过程中，融入了多年来教学改革研究的成果及全体编者的教学经验与体会。本书由熊李艳、吴昊担任主编，参编人员有熊李艳（第 1、3、4、7 章）、周美玲（第 2、6 章）、吴昊（第 8、9、11、12 章）、杜玲玲（第 5、10 章），熊李艳负责本书最终的统稿。在修订大纲及书稿编写过程中，始终得到了华东交通大学信息工程学院领导的关心和支持。计算机基础部的雷莉霞、范萍、黎海生、刘媛媛、宋岚、张年、丁振凡、蔡体键、段楠楠、李明翠、李卓群、莫佳、王鹏鸣、秦永红、游敏给了作者大力帮助，参与了大纲的编写与程序的调试，他们为本书的最终完成付出了很多劳动，在此表示由衷的感谢。

根据“立体化”教材体系的要求，除配套教材外，作者还提供电子教案、习题答案等教材中涉及的相关教学资源，可从人民邮电出版社教学服务与资源网（www.ptpedu.com.cn）上免费下载。

由于编者水平有限，编写时间仓促，书中难免有欠妥之处，恳请广大读者提出宝贵意见。

编　者

2011 年 1 月

# 目　录

# 第1章 引言

## 1.1 程序与程序设计语言

程序设计语言（Programming Language）是人们为了描述计算过程而设计的一种具有语法语义的记号，是一组用来定义计算机程序的语法规则。它是一种被标准化的交流技巧，用来向计算机发出指令。一种计算机语言能够让程序员准确地定义计算机所需要使用的数据，并精确地确定在不同情况下应当采取的行动。计算机程序是一组指令的组合，这组指令依据既定的逻辑控制计算机的运行。

对计算机工作人员而言，程序设计语言是除计算机本身之外的所有工具中最重要的工具，是其他所有工具的基础。没有程序设计语言的支持，计算机无异于一堆废料。由于程序设计语言的这种重要性，从计算机问世至今的半个多世纪中，人们一直在为推出更新更好的程序设计语言而努力着。程序设计语言的数量不断增加，各种新的程序设计语言以及现有程序设计语言的新版本不断面世。目前已问世的各种程序设计语言有成千上万个，但这其中只有极少数得到了人们的广泛认可。

程序设计语言包含3个方面，即语法、语义和语用。语法表示程序的结构或形式，也即表示构成程序的各个记号之间的组合规则，但不涉及这些记号的特定含义，也不涉及使用者；语义表示程序的含义，也即表示按照各种方法所表示的各个记号的特定含义；语用表示程序与使用的关系。

计算机程序设计语言的发展，总的来说，经历了从机器语言、汇编语言到高级语言的历程。

### 1. 机器语言

机器语言是第一代计算机语言。电子计算机所使用的是由“0”和“1”组成的二进制数，二进制是计算机语言的基础。计算机发明之初，人们只能写出一串串由“0”和“1”组成的指令序列交由计算机执行，这种语言就是机器语言。使用机器语言是十分痛苦的，特别是在程序有错需要修改时更是如此。而且，由于每台计算机的指令系统往往各不相同，所以，在一台计算机上执行的程序，要想在另一台计算机上执行，必须另编程序，造成了重复工作。但由于使用的是针对特定型号计算机的语言，故而运算效率是所有语言中最高的。

### 2. 汇编语言

为了减轻使用机器语言编程的痛苦，人们进行了一种有益的改进：用一些简洁的英文字母、符号串来替代一个特定的指令的二进制串，比如，用“ADD”代表加法，“MOV”代表数据传递等，这样一来，人们很容易读懂并理解程序在干什么，纠错及维护都变得方便了。

这种程序设计语言称为汇编语言，即第二代计算机语言。然而计算机是不认识这些符号的，这就需要一个专门的程序，负责将这些符号翻译成二进制数的机器语言，这种翻译程序被称为汇编程序。

汇编语言同样十分依赖于机器硬件，移植性不好，但效率仍然很高。针对计算机特定硬件而编制的汇编语言程序，能准确发挥计算机硬件的功能和特长，程序精炼而质量高，所以至今仍是一种常用而强有力的软件开发工具。

**3. 高级语言**

从最初与计算机交流的痛苦经历中，人们意识到，应该设计一种这样的语言，它接近于数学语言或人的自然语言，同时又不依赖于计算机硬件，编出的程序能在所有机器上通用。经过努力，1954 年，第一个完全脱离机器硬件的高级语言——FORTRAN 问世了。50 多年来，共有几百种高级语言出现，有重要意义的有几十种，影响较大、使用较普遍的有 FORTRAN、ALOGOL、COBOL、BASIC、LISP、SNOBOL、P L/1、Pascal、C、PROLOG、Visual C++、Visual Basic、Delphi、Java 等。

高级语言的出现使得计算机程序设计语言不再过度依赖某种特定的机器或环境，这是因为高级语言在不同的平台上会被编译成不同的机器语言，而不是直接被机器执行。最早出现的编程语言之一 FORTRAN 的一个主要目标，就是实现平台独立。

虽然大多数的语言可以既被编译又被解释，但大多数只在一种情况下能够良好运行。在一些编程系统中，程序要经过几个阶段的编译，一般而言，后阶段的编译往往更接近机器语言。这种常用的使用技巧最早在上世纪 60 年代末用于 BCPL；编译程序先编译一个叫做“0 代码”的转换程序，然后再使用虚拟器转换到可以运行于机器上的真实代码。这种成功的技巧之后又用于 Pascal 和 P-code，以及 Smalltalk 和二进制码，虽然在很多时候，中间过渡的代码往往是解译，而不是编译的。

如果所使用的翻译机制是将所要翻译的程序代码作为一个整体翻译，其后运行内部格式，那么这个翻译过程就被称为编译。因此，编译器是将人可阅读的程序文本（叫做源代码）作为输入的数据，然后输出可执行文件（Object Code）。所输出的可执行文件可以是机器语言，由计算机的中央处理器直接运行，或者是某种模拟器的二进制代码。

如果程序代码是在运行时才即时翻译，那么这种翻译机制就被称作解译。经解译的程序运行速度往往比编译的程序慢，但往往更具灵活性，因为它们能够与执行环境互相作用。

高级语言的发展也经历了从早期语言到结构化程序设计语言，从面向过程到非过程化程序语言的过程。相应地，软件的开发也由最初的个体手工作坊式的封闭式生产，发展为产业化、流水线式的工业化生产。

20 世纪 60 年代中后期，软件越来越多，规模越来越大，而软件的生产基本上是各自为战，缺乏科学规范的系统规划与测试、评估标准，其恶果是大批耗费巨资建立起来的软件系统，由于含有错误而无法使用，甚至带来巨大损失；软件给人的感觉是越来越不可靠，以致几乎没有不出错的软件。这一切，极大地震动了计算机界，史称“软件危机”。人们认识到大型程序的编制不同于写小程序，它应该是一项新的技术，应该像处理工程一样处理软件研制的全过程。程序的设计应易于保证正确性，也便于验证正确性。1969 年，人们提出了结构化程序设计方法；1970 年，第一个结构化程序设计语言 Pascal 语言的出现，标志着结构化程序设计时期的开始。

从 20 世纪 80 年代初开始，在软件设计思想上又产生了一次革命，其成果就是面向对象的程序设计。在此之前的高级语言，几乎都是面向过程的，程序的执行是流水线似的，在一个模块被执行完成前，人们不能干别的事，也无法动态地改变程序的执行方向。这和人们日常处理事物的方式是不一致的；对人而言是希望发生一件事就处理一件事，也就是说，不能面向过程，而应面向具体的应用功能，也就是对象（Object）。其方法就是软件的集成化，如同硬件的集成电路一样，生产一些通用的、封装紧密的功能模块，称之为软件集成块，它与具体应用无关，但能相互组合，完成具体的应用功能，同时又能重复使用。对使用者来说，只关心它的接口（输入量、输出量）及能实现的功能，至于如何实现的，那是它内部的事，使用者完全不用关心，C、VB、Delphi 就是典型代表。有许多用于特殊用途的语言，只在特殊情况下使用。例如，PHP 专门用来显示网页，VB 被广泛用于操作系统和编译器的开发（所谓的系统编程）。

高级语言的下一个发展目标是面向应用，也就是说，只需要告诉程序要干什么，程序就能自动生成算法，自动进行处理，这就是非过程化的程序语言。

## 1.2 Visual Basic 简介

Visual Basic（以下简称 VB）是 Microsoft 公司在 Basic 语言的基础之上推出的软件开发工具，它是一种基于对象的可视化编程语言，是目前 Windows 平台上设计应用程序最为快捷的工具之一。

何谓 Visual Basic？“Visual”指的是开发图形用户界面（GUI）的方法，不需编写大量代码去描述界面元素的外观和位置，而只要把预先建立的对象加到屏幕上，一点即可。如果已使用过诸如 Paint 之类的绘图程序，则实际上已掌握了创建用户界面的必要技巧。

“Basic”指的是 Beginners All-Purpose Symbolic Instruction Code，一种在计算机技术发展历史上应用得最为广泛的语言。Visual Basic 在原有 Basic 语言的基础上进一步发展，至今包含了数百条语句、函数及关键词，其中很多和 Windows GUI 有直接关系。专业人员可以用 Visual Basic 实现其他任何 Windows 编程语言的功能，而初学者只要掌握几个关键词就可以建立实用的应用程序。

Visual Basic 不仅是 Visual Basic 编程语言。Visual Basic 编程系统和 VBA（Visual Basic for Application）都使用这一语言。Visual Basic Scripting Edition（VBScript）是广泛使用的脚本语言，它是 Visual Basic 语言的子集。这样，在学习 Visual Basic 中得到的经验可应用到所有这些领域中。从开发个人或小组使用的小工具，到大型企业应用系统，甚至通过 Internet 的遍及全球分布式应用程序，都可在 Visual Basic 提供的工具中各取所需。

### 1.2.1 Visual Basic 的发展

1991 年，Visual Basic1.0 正式发布。作为微软起家产品，Visual Basic 1.0 发布伊始就征服了广大开发者，通过完备的开发环境和跨时代的直观性取代了 QBasic 在广大开发者心目中的地位，成为那时新一代的当红软件。

1992 年，随着 Windows 系统被用户接受度的提高和对新平台开发的需求，微软推出了具有部分面对对象特征和支持 VBX（ActiveX）控件的 Visual Basic 2.0。

1993 年初，Visual Basic 3.0 便快速发布了。Visual Basic 3.0 强调几个重要特性，一个是 OLE 2.0 的概念，另一个则是数据库存取，逐步体现出 Visual Basic 作为企业及开发工具的优势。

1995 年，Visual Basic 4.0 发布。Visual Basic 4.0 支持 OCX 控件，同时语言换为 Visual Basic For Application，与 Office 95 所采用的宏语言统一起来。这个版本还为 Visual Basic 成为一种 COM 语言奠定了基础。

1997 年，Visual Basic 5.0 发布，Visual Basic 对 COM（这时候叫 ActiveX）提供了最强的支持。同时为了提高效率加入了本地代码编译器，并且对 Visual Basic For Application 语言有重大的完善和丰富。

1998 年，Visual Basic 6.0 发布，它不仅改进了 Visual Basic 5.0，更整合了其他开发工具，成为 Visual Studio 家族性产品。微软公司此时确立了 Visual Basic 的产品定位，使之成为企业级快速开发的利器。

2002 年，Visual Basic.NET 发布，它对 CLR 有非常完善的支持，尽量保留着 BASIC 易懂的语法风格和易用性，以及完成了向面向对象转变的道路。这个版本大大减少了 Visual Basic 语言的关键字（原来共有 120 个关键字），使其成为了现代的、强壮的、面向对象的、简单的可视化开发语言。

2003 年，Visual Basic.NET 2003 发布。这一版本改进了 Visual Basic 6.0 升级向导。其次，在 IDE 方面，Visual Basic.NET 2003 修正了许多错误，还让事件处理恢复了 Visual Basic 6.0 的开发体验。

2005 年，Visual Basic 2005 发布。Visual Basic 2005 在语言上有非常大的改动，如泛型、运算符重载、Partial Type、窗体的默认实例、语法的多种改进、My 关键字等。Visual Basic 2005 能异常便捷地开发 .NET 下的应用，而泛型、运算符重载等功能又可以让 Visual Basic 的开发人员深入 .NET Framework 的全部功能。

2007 年，Visual Basic 2008 发布。Visual Basic 2008 进一步简化了源代码，可以实现与使用高级功能的组件进行交互，并且引入了新的语言功能，其中包括局部类型推理、对象初始值设定项、匿名类型和扩展方法。这些功能是对一项很重要的新功能—语言集成查询（LINQ）的支持。它同时还提供了更完备的向下兼容，将许多 Visual Basic 6.0 ActiveX 控件升级为 Visual Basic 2008 的有效控件。

本书主要介绍 Visual Basic 6.0 版。Visual Basic 6.0 包括 3 种版本，分别为学习版（标准版）、专业版和企业版 3 种版本，以满足不同的开发需求。

3 种版本中，企业版功能最全，专业版包括了学习版的功能。用户可根据自己的需要购买不同的版本。对于大多数用户来说，专业版完全可以满足需要。

本书使用的是 Visual Basic 6.0 中文企业版，但其内容可用于专业版和学习版，所有程序都可以在专业版和学习版中运行。

Visual Basic 6.0 是专门为 Microsoft 的 32 位操作系统设计的，可用来建立 32 位的应用程序。在 Windows 9x、Windows NT 以及 Windows 2000 或 Windows XP 环境下，用 Visual Basic 6.0 可以自动生成 32 位应用程序。这样的应用程序在 32 位操作系统下运行，速度更快、更安全，并且更适合在多任务环境下运行。

### 1.2.2 Visual Basic 的功能特点

**1. 面向对象的程序设计**

VB 采用了面向对象的程序设计思想。它的基本思路是把复杂的程序设计问题分解为一个个能够完成独立功能的相对简单的对象集合，所谓“对象”就是一个可操作的实体，如窗体、窗体中的命令按钮、标签、文本框等。面向对象的编程就好像搭积木一样，程序员可根据程序和界面设计要求，直接在屏幕上“画”出窗口、菜单、按钮等不同类型的对象，并为每个对象设置属性。

**2. 事件驱动编程机制**

在 Windows 环境下，程序是以事件驱动方式运行的。每个对象都能响应多个不同的事件；每个事件都能驱动一段代码——事件过程，该代码决定了对象的功能。通常称这种机制为事件驱动。事件可由用户的操作触发，也可以由系统或应用程序触发。例如，单击一个命令按钮，就触发了按钮的 Click（单击）事件，该事件中的代码就会被执行。若用户未进行任何操作（未触发事件），则程序就处于等待状态。整个应用程序是由彼此独立的事件过程构成的。

**3. 提供应用程序集成开发环境**

VB 为编程提供了一个集成开发环境。在这个环境中，编程者可设计界面、编写代码、调试程序，直至把应用程序编译成可在 Windows 中运行的可执行文件，并为它生成安装程序。VB 的集成开发环境为编程者提供了很大的方便。

**4. 结构化的程序设计语言**

VB 具有丰富的数据类型，是一种符合结构化程序设计思想的语言，而且简单易学。

**5. 强大的数据库访问功能**

VB 利用数据控件可以访问多种数据库。VB 6.0 提供的 ADO 控件，不但可以用最少的代码实现数据库操作和控制，也可以取代 Data 控件等控件。

**6. 支持对象的链接与嵌入技术**

VB 的核心是对对象的链接与嵌入（OLE）技术的支持，它是访问所有对象的一种方法。利用 OLE 技术，能够开发集声音、图像、动画、字处理、Web 等对象于一体的程序。

**7. 网络功能**

VB 6.0 提供了 Dynamic HTML 设计工具。用户利用这种技术可以动态创建和编辑 Web 页面，在 VB 中开发多功能的网络应用软件。

**8. 多个应用程序向导**

VB 提供了多种向导，如应用程序向导、安装向导、数据对象向导和数据窗体向导，通过它们可以快速地创建不同类型、不同功能的应用程序。

**9. 支持动态交换、动态链接技术**

利用动态数据交换（DDE）的编程技术，VB 开发的应用程序能与其他 Windows 应用程序之间建立数据通信。通过动态链接库技术，在 VB 程序中可方便地调用用 C 语言或汇编语言编写的函数，也可调用 Windows 的应用程序接口（API）函数。

**10. 联机帮助功能**

在 VB 中，利用帮助菜单和 F1 功能键，用户可随时方便地得到所需要的帮助信息。VB 帮助窗口中显示了有关的示例代码，通过复制、粘贴操作可获取大量的示例代码，为用户的学习和使用提供方便。

### 1.2.3 Visual Basic 的安装和启动

**1. 安装**

安装 Visual Basic 之前，必须确认计算机满足最低的安装要求，并阅读安装盘根目录下的

Readme 文件。

为运行 Visual Basic，必须在计算机上安装相应的硬件和软件系统。这些系统要求包括：Microsoft Windows NT 95 或更高版本，或 Microsoft Windows NT Workstation 4.0（推荐 Service Pack 3）或更高版本；486DX/66 MHz 或更高的处理器（推荐 Pentium 或更高的处理器），或任何运行于 Microsoft Windows NT Workstation 的 Alpha 处理器；一个 CD-ROM 驱动器；Microsoft Windows 支持的 VGA 或分辨率更高的监视器；16MB RAM for Windows 95、32 MB of RAM for Windows NT Workstation。

将 VB 6.0 中文企业版安装光盘放入光驱，即可自动运行安装程序，如果不能自动运行安装程序，可查找到安装文件 SETUP.EXE，双击运行。依照屏幕上的安装指令行事即可（安装过程中除了要输入产品 ID 外，一般都使用默认的设置，即总是单击“下一步”或“确定”）。

**2. 启动**

当运行 Visual Basic 安装程序时，允许将程序项置于已存在的程序组中，或在 Windows 中为 Visual Basic 创建一个新的程序组和程序项。这时可准备从 Windows 启动 Visual Basic。

单击任务条上的“开始”，选择“程序”，接着选取“Microsoft Visual Basic 6.0”，然后双击 Visual Basic 图标。

也可以创建一个 Visual Basic 快捷键，并双击该快捷键。

用上面所介绍的任何一种方法启动 Visual Basic 6.0 后，将首先显示版权屏幕，说明此份程序复制的使用权属于谁。稍候，显示“新建工程”对话框，如图 1-1 所示。

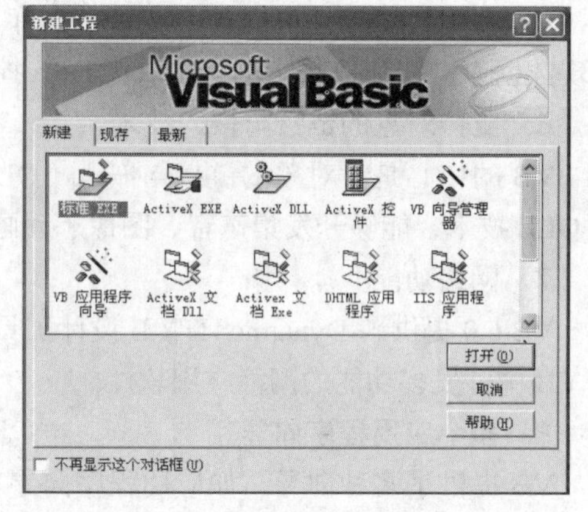

图 1-1 “新建工程”对话框

对话框中显示出可以在 Visual Basic 6.0 中使用的工程类型，主要有以下几种。

标准 EXE：建立标准 Windows 下的可执行文件（.EXE 文件），它是“新建”选项卡中最基本的类型，也是默认类型。

ActiveX EXE：这种程序只能在专业版和企业版中建立，用于建立进程外的对象的链接与嵌入服务器应用程序项目类型。这种程序可包装成可执行文件。

ActiveX DLL：这种程序与 ActiveX EXE 程序是一致的，只是包装不一样，ActiveX DLL 只能包装成动态链接库。

ActiveX 控件：只能在专业版或企业版中建立，用于开发用户自定义的 ActiveX 控件。

VB 应用程序向导：用于在开发环境中建立新的应用程序框架。

数据工程：提供开发数据报表应用程序的框架；选中该图标后，将自动打开数据环境设计器和数据报表设计器。

IIS 应用程序：这种程序是一个生存在 Web 服务器上并响应浏览器请求的应用程序，使用 HTML 来表示它的用户界面，使用编译的 Visual Basic 代码来处理浏览器的请求与响应事件。

外接程序：用于建立 Visual Basic 外接程序，并在开发环境中自动打开连接设计器。

ActiveX 文档 Exe 和 ActiveX 文档 Dll：建立可以在超链接环境中运行的 Visual Basic 应用程序，即 Web 浏览器。

VB 企业版控件：该选项不是用来建立应用程序的，而是用来在工具箱中加入企业版控件图标的。

在对话框中选择要建立的工程类型，初学者应选择“标准 EXE”，然后单击“打开”按钮，会出现图 1-2 所示的集成开发环境界面。

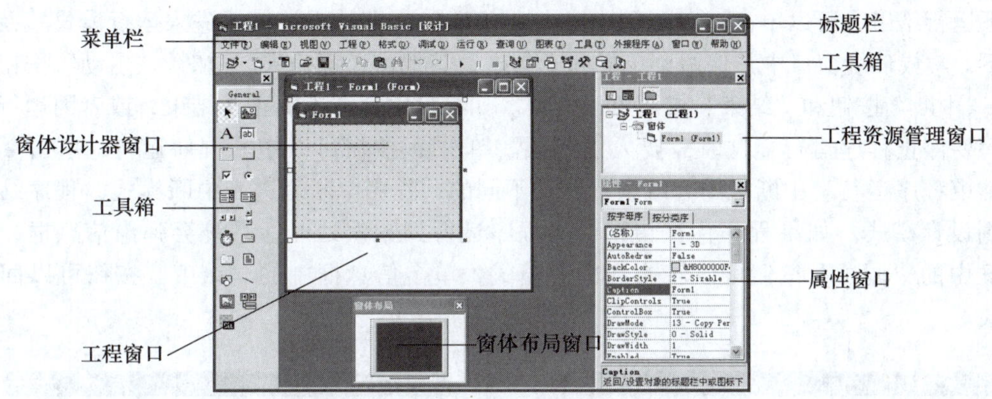


图 1-2　Visual Basic 的集成开发环境

### 3. 退出

以下 4 种方式，均可以退出 Visual Basic 6.0 应用程序。

① 选择“文件”菜单中的“退出”。

② 单击窗口右上角关闭按钮。

③ 双击窗口左上角的控制图标。

④ 按下 Alt+Q 快捷键。

在退出 Visual Basic 时，如果新建立的程序或已修改过的原有程序没有存盘，系统将显示一个对话框，询问用户是否将其存盘，可以选择“是”（存盘）或“否”（不存盘），这两个选择都可以退出 Visual Basic。

## 1.3　Visual Basic 的集成开发环境

在启动 VB 6.0 后，可见到如图 1-2 所示的界面，这就是 VB 6.0 的集成开发环境（IDE）。在屏幕上将看到有菜单栏、工具栏、控件工具箱、窗体、工程资源管理器、属性窗口和窗体布局窗口，另外还有隐藏的代码编辑窗口等。

### 1.3.1　标题栏

标题栏是屏幕顶部的水平条，通常为蓝色。标题栏中含有当前工程的名字以及最小化、最大化、关闭窗口等几个常规按钮。启动 Visual Basic 后，标题栏中显示的信息为：工程 1-Microsoft Visual Basic[ 设计 ]。

标题栏中还同时显示当前 Visual Basic 的工作模式，共有 3 种：设计模式（Design）、运行模式（Run）和中断模式（Debug）。

① 设计模式（Design）：进入 Visual Basic 集成环境后，首先进入设计模式，如图 1-3 所示，可进行用户界面的设计，对象属性的设计、代码的编辑、保存文件和编译文件等操作，从而完成程序的开发。在设计模式下只有“启动”按钮可以使用，“中断”按钮和“结束”按钮不能使用，就是说由设计模式不能直接进入中断模式。

② 运行模式（Run）：如图 1-4 所示，在完成程序设计或完成了一部分程序设计时，想要看一下运行结果，可以单击“启动”按钮或快捷键 F5，即从设计模式进入运行模式。在运行模式下，集成环境窗口中只保留菜单栏和工具栏，其他窗口都消失。这时，“启动”按钮不能使用，“中断”按钮和“结束”按钮可以使用。如果程序运行不能正常结束，或者因运行时间过长而要停止程序运行，这时需要人工干预。单击 ‖ 按钮可以中断程序运行，单击 ■ 按钮可以结束程序运行。中断程序和结束程序是不同的，程序中断后进入中断模式，程序结束后返回到设计模式。如果程序存在错误，当程序运行到错误处时，系统会弹出信息框，单击信息框中的“调试”按钮可以转换到中断模式，单击信息框中的“结束”按钮可以回到设计模式。

工程1 - Microsoft Visual Basic [设计]

图 1-3　设计模式

工程1 - Microsoft Visual Basic [break]

图 1-4　运行模式

③ 中断模式（Debug）：如图 1-5 所示，在运行模式下，当程序出现错误或单击“中断”按钮时，Visual Basic 都会进入中断模式。在中断模式下，可以修改程序代码，这时鼠标指针指向 ▸ 按钮，屏幕显示该按钮功能的提示信息是“继续”，单击 ▸ 按钮后，程序将从中断处继续运行。在中断模式下，“启动”按钮和“结束”按钮都可以使用。单击 ▸ 按钮将回到运行模式，单击 ■ 按钮将回到设计模式。

工程1 - Microsoft Visual Basic [break]

图 1-5　中断模式

### 1.3.2　菜单栏

菜单栏用于显示所使用的 Visual Basic 命令。除了提供标准“文件”、“编辑”、“视图”、“窗口”和“帮助”菜单之外，还提供了编程专用的功能菜单，如“工程”、“格式”或“调试”。下面给出一些菜单的主要功能。

① 文件：用于创建、打开、添加、移除、保存、另存为、显示最近的工程以及生成可执行文件，打印和退出系统等子菜单项。

② 编辑：用于对工程项目中的文本代码进行操作，包括剪切、复制、粘贴、删除、查找、替换、插入文件等编辑命令。

③ 视图：用于对各窗口进行操作，通过选择视图菜单项来显示各窗口。

④ 工程：用于在设计时对工程进行管理，设置工程属性，添加、删除窗体、控件等。

⑤ 格式：用于窗体、控件的格式设计，如对齐、间距、尺寸等。

⑥ 调试：用于程序的调试、查错等。

⑦ 运行：用于启动程序或编译执行。

⑧ 查询：用于设计数据库 SQL 查询、运行结果查询、语言语法查询等。

⑨ 图表：用于建立数据库中的表，如新建、设置、添加、显示、修改图表等。

⑩ 工具：用于建立 ActiveX 控件时需要的工具命令，并可以启动菜单编辑器以及配置环境选项。

每个菜单项含有若干个菜单命令，执行不同的操作。用鼠标单击某个菜单项，即可打开该菜单，然后用鼠标单击菜单中的某一条就能执行相应的菜单命令。

### 1.3.3　工具栏

在编程环境下提供对于常用命令的快速访问。单击工具栏上的按钮，则执行该按钮所代表的操作。按照默认规定，启动 Visual Basic 之后显示“标准”工具栏。附加的编辑、窗体设计和调试的工具栏可以从“视图”菜单上的“工具栏”命令中移进或移出。

工具栏能紧贴在菜单条之下，或以垂直条状紧贴在左边框上，如果将它从菜单下面拖开，则它能“悬”在窗口中。

表 1-1　　工具栏图标的名称和作用

| 图　标 | 名　称 | 作　用 | 快 捷 键 |
|---|---|---|---|
| | 添加工程 | 添加一个新工程，相当于“文件”菜单中的“添加工程”命令 | |
| | 添加窗体 | 添加新的窗体到工程中。单击其右边的箭头，将弹出一个下拉菜单，可从中选择需要的窗体类型 | |
| | 菜单编辑器 | 打开菜单编辑对话框 | Ctrl+E |
| | 打开工程 | 用来打开一个已经存在的 Visual Basic 工程文件 | Ctrl+O |
| | 保存工程（组） | 保存当前的 Visual Basic 工程（组）文件 | |
| | 剪切 | 把选择的内容剪切到剪贴板 | Ctrl+X |
| | 复制 | 把选择的内容复制到剪贴板 | Ctrl+C |
| | 粘贴 | 把剪贴板的内容复制到当前插入位置 | Ctrl+V |
| | 查找 | 打开“查找”对话框 | Ctrl+F |
| | 撤销 | 撤销当前的修改 | Ctrl+Z |
| | 重复 | 对“撤销”的反操作 | |
| | 启动 | 用来运行一个应用程序 | F5 |
| | 中断 | 暂停正在运行的程序（可以单击“启动”按钮或按 Shift+F5 快捷键继续） | Ctrl+Break |
| | 结束 | 结束一个应用程序的运行并回到设计窗口 | |
| | 工程资源管理器 | 打开工程资源管理器窗口 | Ctrl+R |
| | 属性窗口 | 打开属性窗口 | F4 |
| | 窗体布局窗口 | 打开窗体布局窗口 | |

续表

| 图　标 | 名　称 | 作　用 | 快 捷 键 |
| --- | --- | --- | --- |
|  | 对象浏览器 | 打开“对象浏览器”对话框 | F2 |
|  | 工具箱 | 打开工具箱 |  |
|  | 数据视图窗口 | 打开数据视图窗口 |  |
|  | 可视化部件管理器 | 管理系统中的组件（Component） |  |

### 1.3.4 窗体设计器

“窗体设计器”也称为“对象窗口”或“窗体窗口”，简称“窗口”，如图 1-6 所示，是应用程序的载体，是应用程序最终面向用户的窗口。工程中的每一个窗体都有对应的窗体设计器。窗体设计器作为自定义窗口用来设计应用程序的界面。在窗体中可添加控件、图形和图片来创建所希望的外观。窗体中的对象（控件）可随意在窗体上移动和改变大小，还可向窗体中添加或删除控件对象等。一个 VB 的应用程序至少要有一个窗体窗口。

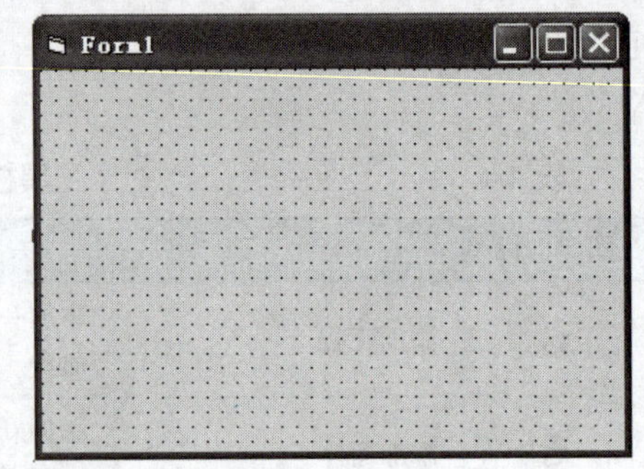

图 1-6　窗体设计器

在一个应用程序中，通常都有多个窗口，运行时窗体是否出现，可通过设置窗体的属性来决定。在该窗口中设计的窗体就是应用程序运行时所显示的界面，这也是所谓的“可视化程序设计”的概念，界面设计不需要编写代码，直接“画”出即可。

启动 Visual Basic 后，窗体的名字为 Form1，其操作区中布满了小点，这些小点是供对齐用的。如果想清除这些小点，或者想改变点与点之间的距离，可通过执行“工具”菜单中的“选项”命令（“通用”标签中的“窗体网格设置”）来调整。

Visual Basic 6.0 一般有两种窗体：单文档界面（SDI）和多文档界面（MDI）。对于单文档界面，其所有窗口可在屏幕上任何地方随意移动。对于多文档界面，所有窗口包含在一个大小可调的主窗口内。

在窗体的左上角是窗体的标题，右上角有 3 个按钮，其作用与 Windows 中普通窗口的按钮相同。

在设计应用程序时，窗体就像是一块画布，在这块画布上可以画出组成应用程序的各个构件。程序员根据程序界面的要求，从工具箱中选择所需要的工具，并在窗体中画出来，这样就完成了应用程序设计的第一步。

### 1.3.5 工具箱

在一般情况下，工具箱位于窗体的左侧，如图 1-7 所示。工具箱中的工具分为两类，一类称为内部控件或标准控件，另一类称为 ActiveX 控件。启动 Visual Basic 后，工具箱中只有内部控件。

工具箱主要用于应用程序的界面设计。在设计阶段，首先用工具箱中的工具（即控件）在窗体上建立用户界面，然后编写程序代码。界面的设计通过控件来实现，可任意改变其大小，并可移动到窗体的任何位置。

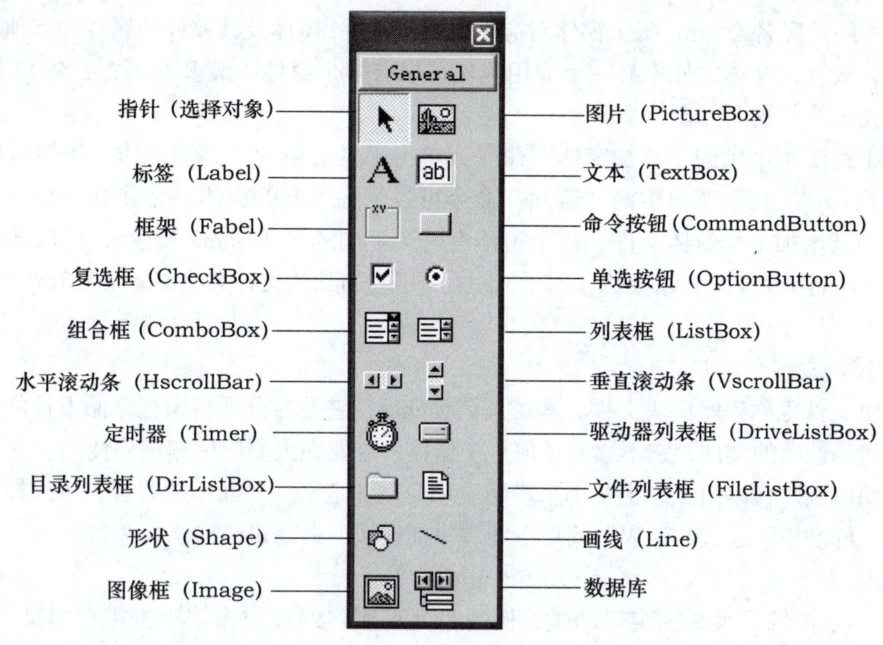


图 1-7　工具箱中的工具

在 Visual Basic 中，工具箱除了已有的“通用（General）”工具外，还可以通过“工程”菜单下的“部件”选项添加系统提供的部分控件。

## 1.3.6　工程资源管理器窗口

工程资源管理器窗口简称工程窗口，如图 1-8 所示，一个 VB 应用程序即一个工程，工程由窗体和模块组成，工程、窗体、模块都有相对应的文件。这些文件包括工程文件（.vbp）、窗体文件（.frm）、程序模块文件（.bas）、类模块文件（.cls）、工程组文件（.vbg）和资源文件（.res）等。因此，保存一个 VB 应用程序实际上需要保存工程文件、窗体文件和模块文件，在 VB 中用工程资源管理器来管理工程中的窗体和各种模块。

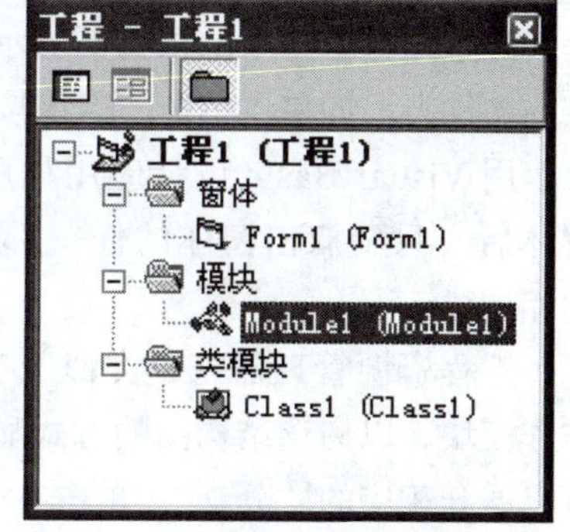


图 1-8　工程资源管理器窗口

可以出现在工程资源管理器窗口中的常用文件有以下几类。

① 工程文件和工程组文件。

工程文件的扩展名为 .vbp，每个工程对应一个工程文件。当一个程序包括两个以上的工程时，这些工程构成一个工程组，工程组文件的扩展名为 .vbg。执行“文件”菜单中的“新建工程”命令可以建立一个新的工程，用“打开工程”命令可以打开一个已有的工程，而用“添加工程”命令可以添加一个工程。工程文件是与该工程有关的所有文件和对象的集合，这些文件和对象自动链接到工程文件中，每次保存工程时，其相关文件信息随之更新。当创建了工程的全部文件之后，就可将工程编译为可执行文件（.exe）。

② 窗体文件。

窗体文件的扩展名为 .frm，每个窗体对应一个窗体文件，窗体及其控件的属性和其他信息（包括代码）都存放在该窗体文件中。一个应用程序可以有多个窗体（最多可达 255 个），因此就可以有多个以 .frm 为扩展名的窗体文件。

执行“工程”菜单中的“添加窗体”命令或单击工具栏中的“添加窗体”按钮可以增加一个窗体，而执行“工程”菜单中的“删除”命令可以删除当前的窗体。每建立一个窗体，工程管理器窗口中就增加一个窗体文件，每个窗体有一个不同的名（Name 属性），可以通过属性窗口设置，其默认名字为 FormX（X 为 1，2，3，…），相应的默认文件名为 FormX .frm（X 为 1，2，3，…）。

③ 标准模块文件。

标准模块文件也称程序模块文件，其扩展名为 .bas，它是为合理组织程序而设计的。标准模块是一个纯代码性质的文件，它不属于任何一个窗体，主要在大型应用程序中使用。

标准模块由程序代码组成，主要用来声明全局变量和定义一些通用的过程，可以被不同窗体的程序调用。标准模块通过“工程”菜单中的“添加模块”命令来建立。

④ 类模块文件。

Visual Basic 提供了大量预定义的类，同时也允许用户通过类模块根据需要定义自己的类。每个类都用一个文件来保存，其扩展名为 .cls。

⑤ 资源文件。

资源文件中存放的是各种“资源”，是一种可以同时存放文本、图片、声音等多种资源的文件。资源文件由一系列独立的字符串、位图及声音文件（.wav 文件，.mid 文件）组成，其扩展名为 .res。资源文件是一个纯文本文件，可以用简单的文字编辑器（如 NotePad）编辑。

在工程资源管理器窗口的顶部还有 3 个按钮，分别为“查看代码”、“查看对象”和“切换文件夹”。如果单击工程资源管理器窗口中的“查看代码”按钮，则相应文件的代码将在代码窗口中显示出来。当单击“查看对象”按钮时，Visual Basic 将显示相应的窗体。在一般情况下，工程资源管理器窗口中的项目不显示文件夹。如果单击“切换文件夹”按钮，则可显示各类文件所在的文件夹。如果再单击一次该按钮，则取消文件夹显示。

用 Visual Basic 设计应用程序时，通常先设计窗体（即界面），然后再编写程序。设计完窗体后，只要双击窗体的任一部位，就可以切换到代码窗口，与单击“查看代码”按钮的作用相同。

工程资源管理器窗口类似于 Windows 下的资源管理器，在这个窗口中列出了当前工程的窗体和模块，以树型结构图的方式显示。在工程下面，显示了工程中的每一个部件，单击“+”号，可以展开相应的“分支”；单击“-”号，可以折叠相应的“分支”。

### 1.3.7 属性窗口

窗体或控件都有各种静态特性，如窗体的大小、标题、位置、字体和背景颜色等，这些特性即窗体的属性。属性窗口包括了所有窗体或控件的属性，如果要设置或改变这些属性，可以通过属性窗口完成，单击工具栏中的“属性窗口”按钮，或选择“视图 | 属性窗口”命令，可

打开如图 1-9 所示的属性窗口。另外，对于只读属性之外的属性，可以在程序运行过程中动态设置。

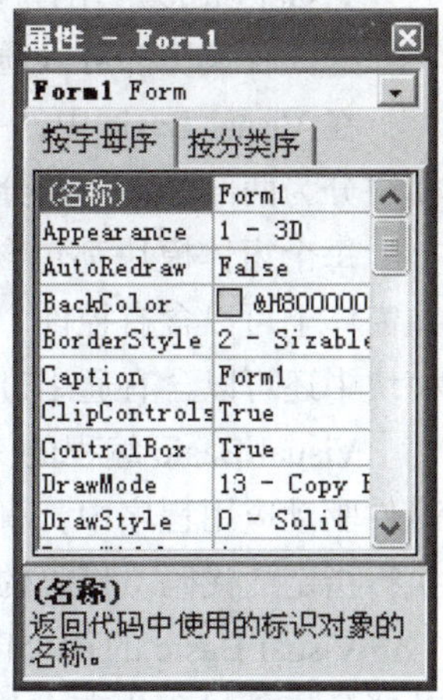


图 1-9 属性窗口

属性窗口由以下几个部分构成。

① 标题栏：显示当前窗体或控件的名称。

② 对象框：显示含有窗体或控件的名称，单击右侧的下拉箭头可选择不同的对象。

③ 属性框：有“按字母序”和“按分类序”两种排序选项卡，用来切换属性窗口的显示方式，分别通过单击相应的按钮来实现。选项卡下面即是属性列表，它分为两栏，左边为对象的属性名称，右边为每个属性对应的当前设置。对于不同对象所列出的属性是不同的。当选定某一属性时，将光标移到右边的设置属性区，单击，将出现一活动光标，若要改变设置，先将原属性值删除，在输入新设置的值后按回车即可。有些属性也可以通过对话框选取。

### 1.3.8 代码窗口

代码窗口（如图 1-10 所示），又称代码编辑器，专门用于设计程序代码，各种通用过程和事件过程代码均在此窗口上显示和编辑。打开代码窗口可用选择“视图”菜单中的“代码窗口”，双击窗体的任何地方，右键单击鼠标选择快捷菜单中的“查看代码”，单击工程窗口中的“查看代码”按钮等几种方法。

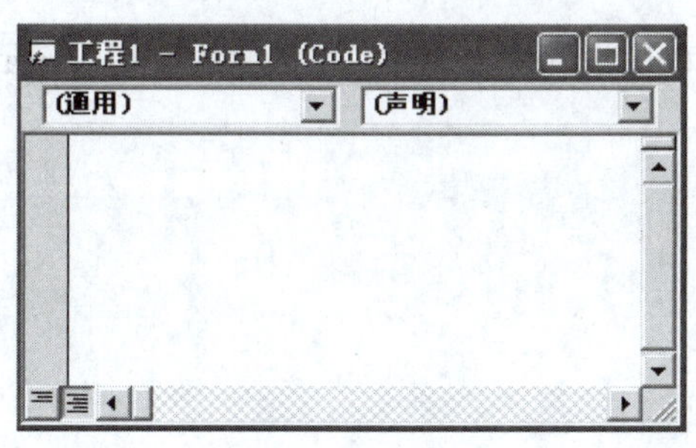


图 1-10 代码窗口

代码窗口主要包括以下几部分。

（1） 对象下拉式列表框，显示所选对象的名称。

（2）过程下拉式列表框，列出所有与对象对应的列表框中对象的事件过程的名称。

（3）代码框，输入程序代码。

（4）过程查看按钮，显示所选的一个过程。

（5）全模块查看按钮，显示模块中全部过程代码。

在 Visual Basic 集成环境中还有窗体布局窗口，窗口中有一个表示屏幕的小图像，用来布置应用程序中各窗体的位置，使用鼠标拖动窗体布局窗口中的小窗体图标，可方便地调整程序运行时窗体显示的位置。

另外，在 Visual Basic 集成环境中还有立即窗口、本地窗口和监视窗口等。同时 Visual Basic 还具有很大的灵活性，可以通过配置工作环境满足个人风格的最佳需要。可以在单个或多个文档界面之间进行选择，并能调节各种集成环境元素的尺寸和位置。

## 1.4 建立简单的应用程序

应用程序是一个指令集，用来指挥计算机完成指定的操作。应用程序结构指的是组织指令的方法，即指令存放的位置和指令执行的顺序。对于简单的程序来说，程序的组织结构并不重要。应用程序越复杂，对组织或结构的要求也越高。

Visual Basic 应用程序通常由 3 种模块组成，即窗体模块、标准模块和类模块。

这 3 种模块都可以通过“工程”菜单中的“添加窗体”、“添加模块”、“添加类模块”来完成。

在 Visual Basic 中，一个应用程序包含一个或多个窗体模块（文件扩展名为 .frm）。每个窗体模块分为两部分，一部分作为用户界面的窗体，另一部分是执行具体操作的代码。

每个窗体模块都包含事件过程，即代码部分，这些代码是为响应特定的事件而执行的指令。在窗体上可以含有控件，窗体上的每个控件都有一个相对应的事件过程集。除事件过程外，窗体模块中还可以含有通用过程，它可以被窗体模块中的任何事件过程调用。

Visual Basic 编程的一个相当重要的特点是基于对象的事件驱动。程序是由事件驱动的。在事件驱动应用程序中，事件是可以由窗体或控件识别的操作；在响应事件时，事件驱动应用程序执行指定的代码。代码的执行不会遵循固定的执行路径，而是由操作来决定。

Visual Basic 的每个窗体和控件都有一个预定义的事件集，当其中的某个事件发生，并且相关联的事件过程中存在代码时，Visual Basic 执行这些代码。在窗体上拖动鼠标，Visual Basic 的对象能自动识别预定义的事件集，但必须通过代码判定它们是否响应具体事件以及如何响应具体事件。代码（即事件过程）与每个事件对应。为了让窗体或控件响应某个事件，必须把代码放入这个事件的事件过程之中。对象所能识别的事件类型有多种，但往往为大多数对象所共有的类型。例如，大多数对象都能识别 Click 事件，即单击事件。

用 Visual Basic 进行程序设计，除了设计界面外就是编写代码。对于简单的程序，编写的代码主要是事件过程中的代码。

由于 Visual Basic 的对象被表现为窗体和控件，所以程序设计大大简化，一般来说，用 Visual Basic 开发应用程序，分为以下几个步骤。

（1）分析问题，设计算法。

（2）设计应用程序用户界面。

（3）设置对象属性。

（4）编写程序代码。

（5）调试运行程序。

（6）保存程序文件。

下面通过一个案例来具体说明上述步骤。

**【例 1-1】** 创建一个简单应用程序，该应用程序由一个文本框和一个命令按钮组成。单击命令按钮，文本框中会出现“同学，你好”的信息，窗体标题栏显示“欢迎学习 VB6.0”。

### 1.4.1 分析问题、设计算法

该题目要求很清楚，无需进一步分析，解决问题的步骤很简单，即输入、单击按钮、输出等。同时该实例需要建立的程序界面应包括一个文本框和 3 个命令按钮。

### 1.4.2 设计应用程序用户界面

窗体是创建应用程序的基础。通过使用窗体可将窗口和对话框添加到应用程序中。也可把窗体作为项的容器，这些项是应用程序界面中的不可视部分。例如，应用程序中可能有一个作为图形容器的窗体，而这些图形是要在其他窗体中显示的。

建造 Visual Basic 应用程序的第一步是创建窗体，这些窗体将是应用程序界面的基础。然后在创建的窗体上绘制构成界面的对象。对于目前的第一个应用程序，我们用到工具箱中的两个控件。

要绘制控件“文本框”，单击工具箱上的文本框图标，然后将指针移到窗体上。该指针变成十字线，将十字线放在控件的左上角所在处，拖动十字线画出适合需要的控件大小的方框（拖动的意思是按住鼠标左键用鼠标指针移动对象），释放鼠标按钮，控件出现在窗体上，文本框内自动标有“Text1”。

在窗体上添加控件的另一个简单方法是双击工具箱中的控件按钮。这样会在窗体中央创建一个尺寸为默认值（系统设置）的控件，然后再将该控件移到窗体中的所需位置。

我们用上述方法创建程序所需的 3 个命令按钮，画完后，按钮内自动标有“Command1”、“Command2”和“Command3”，结果如图 1-11 所示。

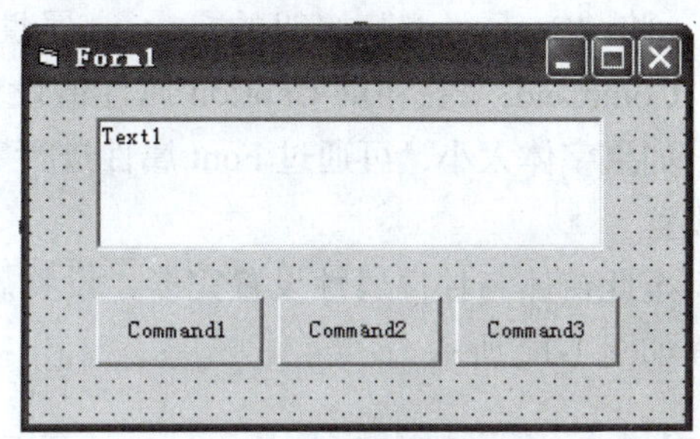

图 1-11　建立用户界面的对象

如果对绘制好的程序界面不满意，还可以调整，即改变界面中的控件大小和位置。调整方法与在 Word 中调整图片的大小和位置的方法一样。选中对象后，注意出现在控件四周的小矩形框称作尺寸句柄，可用这些尺寸句柄调节控件尺寸。选中对象后也可用鼠标、键盘和菜单命令移动控件、锁定和解锁控件位置以及调节控件位置，也可以通过属性窗口进行设置。

### 1.4.3 设置对象属性

属性窗口给出了设置所有的窗体对象属性的简便方法。在“视图”菜单中选择“属性窗口”命令、单击工具栏上的“属性窗口”按钮或使用控件的上下文菜单，都可以打开属性窗口。

用户界面由 4 个控件对象和一个窗体对象构成。每个对象都有默认的属性，如 Caption 属性，窗体对象为“Form1”，第一个命令按钮为“Command1”等。为了使界面符合用户的要求，根据题意我们应当对每个对象的属性进行修改，修改内容如表 1-2 所示。

表 1-2　对象属性的设置

| 控 件 名 | 属 性 名 | 属 性 值 |
|---|---|---|
| Form1 | Caption | 欢迎学习 VB6.0 |
| Text1 | Font | 宋体、四号 |
| | Text | 无 |
| Command1 | Caption | 显示 |
| | Font | 楷体、小四 |
| Command2 | Caption | 清除 |
| | Font | 楷体、小四 |

续表

| 控件名 | 属性名 | 属性值 |
| --- | --- | --- |
| Command3 | Caption | 退出程序 |
| | Font | 楷体、小四 |

（1）设置窗体 Form1 的属性。单击窗体的空白区域，使窗体成为活动对象，在属性窗口中找到标题属性 Caption，将其值改为“欢迎学习 VB6.0”。

（2）设置文本框 Text1 属性。文本框用来显示内容，单击“Text1”，在属性窗口中将 Text 属性值“Text1”清除。

（3）设置命令按钮属性。单击“Command1”按钮，在属性窗口，将 Caption 属性的默认值“Command1”改为“显示”，将“Command2”按钮的 Caption 属性值设为“清除”，将“Command3”按钮的 Caption 属性值设为“退出程序”。

如果字体太小，可通过 Font 属性进行字体大小、样式等的设置。

至此窗体与控件属性设置完毕，设置属性后的用户程序界面如图 1-12 所示。

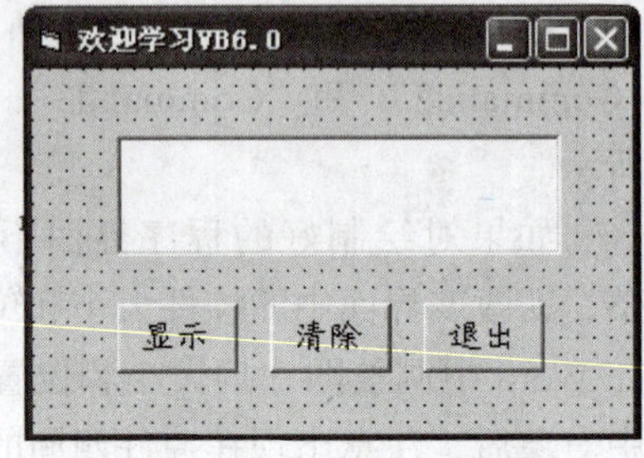


图 1-12 对象属性设置

### 1.4.4 编写程序代码

代码即命令或语句，编写代码是 Visual Basic 程序设计必不可少的工作。代码窗口是编写应用程序代码的地方。在代码窗口中有“对象下拉列表框”、“过程下拉列表框”和“代码区”。对象下拉列表框中列出了当前窗体及所包含的全体对象名。其中，无论窗体的名称改为什么，作为窗体的对象名（Name 属性名）总是 Form。“过程下拉列表框”中列出了所选对象的所有事件名。代码区是代码编辑区，能够非常方便地进行代码的编辑和修改。另外，它还有自动列出成员特性，能够自动列举适当的选择、属性值、方法或函数原型等性能。

代码编写步骤如下。

（1）在对象下拉列表框中，选定一个对象名 Command1。然后，在过程下拉列表中选中 Click 事件。也可以双击 Command1（显示）按钮，直接进入事件过程 Command1_Click 代码编辑状态。该过程的代码如下：

```
Private Sub Command1_Click()
    Text1.Text = "同学，你好！"              '在文本框中显示同学，你好！
End Sub
```

（2）设置 Command2（清除）的单击事件，其代码如下：

```
Private Sub Command2_Click()
    Text1.Text = ""                          '清除在文本框中显示的内容
End Sub
```

（3）设置 Command3（退出）的单击事件，其代码如下：

```
Private Sub Command3_Click()
    End                                      '程序结束
End Sub
```

设置完成后的事件代码窗口如图 1-13 所示。

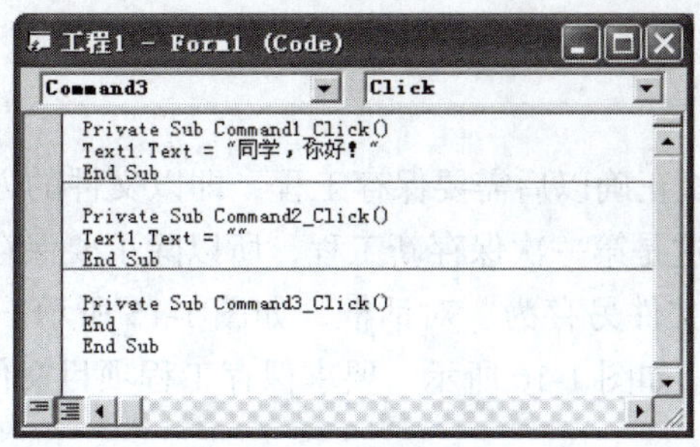


图 1-13 编写代码

要打开代码窗口，双击要编写代码的窗体或控件，或从“工程管理器”窗口选定窗体或模块的名称，然后选取“查看代码”按钮。

### 1.4.5 调试运行程序

应用程序设计完成以后，需要运行调试，以便实现最终目标。Visual Basic 提供了两种运行程序方式：解释运行方式和编译运行方式。

当应用程序解释运行时，解释器将源程序逐句解释为机器代码，解释一句，执行一句。在解释过程中，如果遇到错误，则自动转到源代码窗口，提示用户修改错误，直到没有任何错误为止。解释运行并不保存翻译的机器代码，每次运行时都需要重新解释，因而程序运行速度较慢，而且必须在 Visual Basic 环境下运行。但解释运行在修改程序后，不需要编译为可执行文件就可以立即执行，因而在调试程序时显得特别方便，一般在调试程序时都使用此运行方式。

在编译运行时，把所有程序都翻译成机器代码，并生成可执行文件，程序运行速度比较快，而且可以作为 Windows 应用程序，直接在 Windows 环境下运行。

应用程序的解释运行非常方便，有 3 种方式可启动解释运行：在“运行”菜单下单击“启动”菜单项，或按 F5 功能键，或在工具栏上单击“启动”按钮。

现在就可以运行我们的第一个应用程序了。单击工具栏上的按钮或按 F5 键编辑并运行该应用程序，程序运行后单击“显示”按钮便可以看到在文本框里显示的文本“同学，你好！”，单击“清除”按钮便可以看到在文本框里显示的文本内容没有了，单击“退出”按钮退出该程序。程序运行如图 1-14 所示。

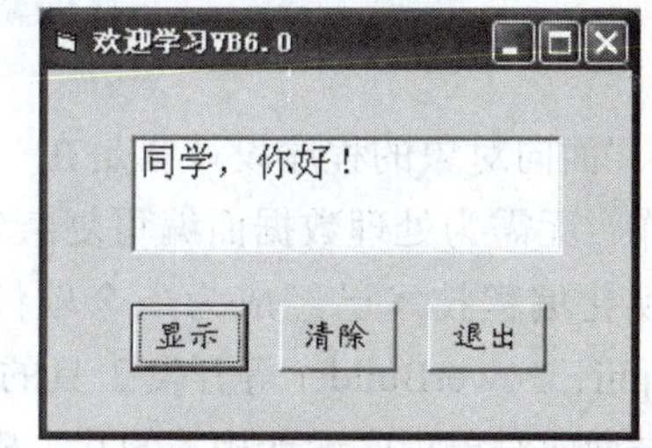


图 1-14 程序运行界面

如果对显示效果不满意，可返回窗体设计窗口，进行控件、代码等的修改。单击标题栏上的“关闭”按钮可关闭该窗口结束运行，单击工具栏上的■按钮也可结束程序运行，返回窗体设计窗口。

如果程序不能正确运行，系统会报错，并且提示用户是结束程序运行还是进行调试。如果用户选择调试，系统会自动将光标定位到出错的语句处，用户可以在此进行修改。

### 1.4.6 保存程序文件

设计好的应用程序在调试正确以后需要保存工程，即以文件的方式保存到磁盘上。选择菜单“文件”|“保存工程”，由于这是第一次保存新工程，所以除了要保存工程项目文件，还要保存窗体文件。系统会首先弹出“文件另存为”对话框，如图 1-15 所示，要求先保存窗体文件。最后弹出“工程另存为”对话框，如图 1-16 所示，要求保存工程项目文件。

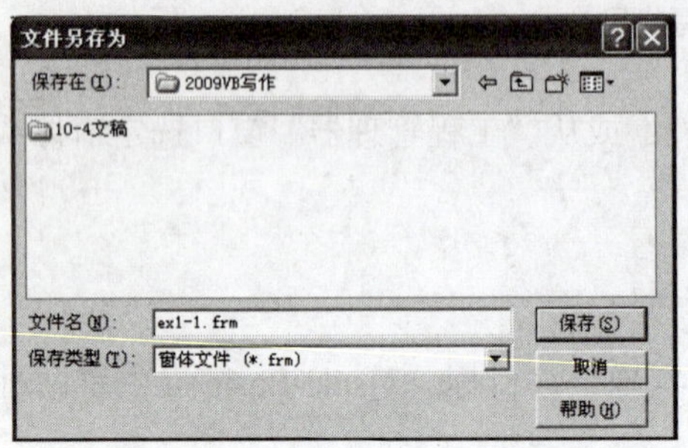


图 1-15 “文件另存为”对话框

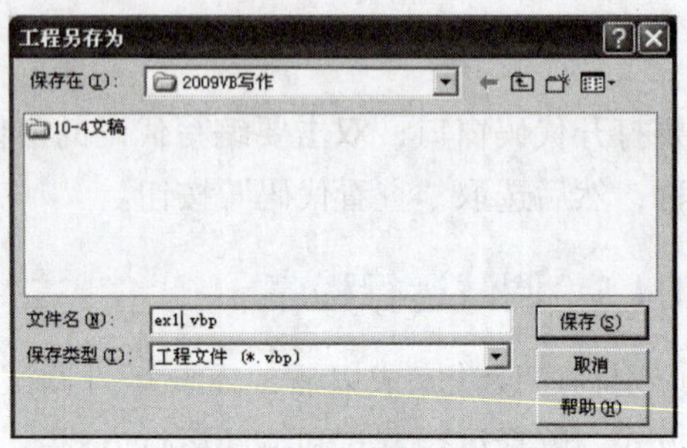


图 1-16 “工程另存为”对话框

由于一个工程可能含有多种文件，如工程文件和窗体文件，这些文件集合在一起才能构成应用程序。保存工程时，系统会提示保存不同类型文件的对话框，这样就有选择存放位置的问题。因此，建议在保存工程时将同一工程所有类型的文件存放在同一文件夹中，以便修改和管理程序文件。

在“文件另存为”对话框中，注意保存类型，保存窗体文件（*.frm）到指定文件夹中。窗体文件存盘后系统会弹出“工程另存为”对话框，保存类型为工程文件（*.vbp），默认工程文件名为“工程 1.vbp”，保存工程文件到指定文件夹中。

## 1.5 面向对象的程序设计语言

“面向对象的程序设计”是在一个便于理解的可视化的编程环境中，仅用鼠标即可完成基本操作，无需为处理数据而编写复杂程序的一种编程方式。随着计算机软件工程技术的迅速发展，可视化编程技术已经成为当今软件开发的重要工具和手段，尤其是 Visual Basic、Visual C++、Delphi、PowerBuilder 等开发工具的出现，大大推动了可视化编程技术的发展和应用。本节仅介绍与面向对象程序设计相关的几个概念。

对象、属性、事件和方法都是面向对象程序设计中的基本概念，掌握好这些概念，对于学习和掌握 Visual Basic 6.0 及其他可视化的程序设计是非常重要的。

### 1.5.1 对象和类

对象是什么呢？对象是代码和数据的组合，可以作为一个单位来处理。对象可以是应用程序的一部分，比如可以是控件或窗体。整个应用程序也是一个对象。表 1-3 列出了在 Visual Basic 中可能用到的几种类型的对象。

表 1-3　　　　Visual Basic 中常用对象

| 示　例 | 描　述 |
|---|---|
| 命令按钮 | 窗体上的控件，如命令按钮和框架，它们都是对象 |
| 窗体 | Visual Basic 工程中的每一个窗体都是独立的对象 |
| 数据库 | 数据库是对象，并且还包含其他对象，如字段、索引等 |
| 图表 | Microsoft Excel 中的图表是对象 |

在面向对象的程序设计中，“对象”是系统中的基本运行实体。在 Visual Basic 中对象的概念和面向对象程序设计中的对象概念是一致的，但在使用上有很大的区别。在 Visual Basic 中，对象分为两类，一类是由系统设计好的，称为预定义对象，可以直接使用或对其进行操作；另一类由用户定义，可以建立用户自己的对象。

在 Visual Basic 中，窗体和控件就是预定义对象，是由系统设计好提供给用户使用的，其移动、缩放等操作都是由系统预先定义好的，使用非常方便，比如对象的移动，就像将桌子上的茶杯从一个地方移到另一个地方一样方便。除窗体控件外，Visual Basic 还提供了其他一些对象，如打印机、调试、剪贴板、屏幕等。

对象是具有特殊属性（数据）和行为方式（方法）的实体。建立一个对象后，其操作通过与该对象有关的属性、事件和方法来描述。

我们把对象看作是类的原原本本的复制品，从而建立所有对象。一旦它们以单个对象的形式存在，属性就可改变。例如，如果在窗体上画了 3 个命令按钮，则每个命令按钮对象都是命令按钮类的实例。每个对象都具有一组由类定义的公共的特征和功能（属性、方法和事件）。但是，每个对象都有自己的名字，都能分别设置成有效或无效，都能放在窗体的不同位置，等等。

为简单起见，本书的大部分内容将不会过多地引用对象的类。例如，只要记住术语“ListBox 控件”意味着“列表框类的一个实例”。

### 1.5.2　对象的属性、方法和事件

Visual Basic 对象支持属性、方法和事件。在 Visual Basic 中，称对象的数据（设置和属性）为属性，称各种可在对象上操作的过程为方法。事件是可被对象识别的动作（如单击鼠标和按下键盘键），还可编写代码来响应事件。

**1. 属性**

属性是一个对象的特性，在可视化编程中，每一种对象都有一组特定的属性。对象常见的属性有标题（Caption）、名称（Name）、颜色（Color）、字体大小（FontSize）、是否可见（Visible）等。有许多属性可能为大多数对象所共有，还有一些属性仅局限于个别对象，如只有命令按钮才有 Cancel 属性。一个对象属性都有一个默认值；如果不明确地改变该属性值，程序就将使用它的默认值。通过修改对象的属性能够控制对象的外观和操作。而有些属性在运行时是只读的。

设置对象属性一般有两条途径。

（1）通过属性窗口设置

选定对象，在属性窗口（如图 1-9 所示）中找到相应属性，直接进行设置。这种方法的特点是简单明了，其缺点是不能在属性窗口设置所有需要的属性。

（2）通过代码设置

对象的属性也可以在代码中通过编程来设置，一般格式为：

```
对象名 . 属性名 = 属性值
```

例如，给一个名为 Command1 的命令按钮的 Caption 属性赋值为“确定”，在程序代码中可以写成如下形式：

```
Command1.Caption=" 确定 "
```

上面语句中的标点符号“.”（点）、“""”（双引号）必须是英文标点符号。

个别属性随着可以设置和取得它们的值的时间不同而不同。有的属性可在设计时设置。可在“属性”窗口设置这些属性的值而无需编写任何代码。而有的属性在设计时是不可用的，因此，这些属性只有通过代码在运行时设置。

在运行时可以设置并可获得值的属性叫做读写属性。在运行时只能读取的属性叫做只读属性。

**2. 方法**

“方法”（Method）是 Visual Basic 6.0 中的一个术语。所谓方法，是对象所具有的动作和行为，实际上是 Visual Basic 提供的一些已封装好的通用子程序。应用程序的设计者可以用名字直接调用方法。例如，Print、Hide 和 Show 等都是方法。这给用户带来很大的方便。由于方法是属于面向对象的，因此，在调用时一定要用对象。

前面提到的气球也具有本身所固有的方法和动作，如充气方法（用氦气充满气球的动作）、放气方法（排出气球中的气体）和上升方法（放手让气球飞走）。所有的气球都具备这些能力。

对象方法的调用格式为：

```
[ 对象 .] 方法 [ 参数名表 ]
```

例如：

```
Form1.Print " 欢迎进入 Visual Basic 世界！ "
```

其中的Print是一个方法的名字。此语句的功能是用Print方法在窗体对象Form1中显示“欢迎进入Visual Basic世界！”的字符串。

**3. 事件**

VB 中事件（Event）是对象能识别的一种操作或动作。气球还有预定义的对某些外部事件的响应。例如，气球对刺破它的事件响应是放气，对放手事件的响应是升空。在面向对象的程序设计中，单击鼠标（Click）、双击鼠标（DblClick）、得到焦点（GotFocus）和键盘按下（KeyPress）等都是一些控件所能识别的动作，这些就是控件的事件。

当在对象上发生了事件后，应用程序对这个事件所能做出的反应及处理步骤就是事件过程。Visual Basic 6.0 应用程序设计的主要工作就是为对象编写事件过程的程序代码。事件过程的一般形式如下：

```
Private Sub 对象名 _ 事件（[ 参数列表 ]）
  …          （事件过程代码）
End Sub
```

需要说明的是，当用户对一个对象发出一个动作时，可能同时在该对象上发生多个事件。例如单击鼠标，同时也发生了 Click、MouseDown、MouseUp 事件。编写程序时，不必为每个事件都编写代码，只要编写对处理问题有关的事件代码即可。没有编码的事件称为空事件过程，系统也就不处理该事件过程。

事件驱动应用程序的典型操作序列如下。

（1）启动应用程序，加载和显示窗体。

（2）窗体或窗体上的控件接收事件。事件可以由用户引发（如键盘操作），可以由系统引发（如定时器事件），也可以由代码间接引发（如当代码加载窗体的 Load 事件时）。

（3）如果相应的事件过程中存在代码，则执行该代码。

（4）应用程序等待下一次事件。

有些事件的发生可能伴随其他事件发生。例如，在发生 Dblclick 事件时，将伴随发生 MouseDown、MouseUp 和 Click 事件。

综上所述，我们可以把属性看成是对象的特征，把事件看成是对象的响应，把方法看成是对象的行为，属性、事件和方法构成了对象的三要素。

# 1.6　窗　体

窗体对象是 Visual Basic 应用程序的基本构造模块，是运行应用程序时与用户交互操作的实际窗口。窗体有自己的属性、事件和方法，控制窗体的外观和行为。

## 1.6.1　窗体的基本属性

在讨论控件对象时，重要的一个方面就是说明它们的属性。每个对象都有自己的属性，在属性窗口可以看到所选对象的属性设置，但不同的对象往往有很多相同的属性。本小节主要介绍一些常用控件的基本属性。需要注意的是，不是所有的对象都具有下面讲到的属性。

表 1-4　　控件常用的共同属性

| 属 性 名 | 说　明 |
|---|---|
| Name | 窗体设置的名称 |
| Caption | 设置窗体标题栏上的文字 |
| Left，Top | 设置窗体左上角的坐标 |
| Width，Height | 设置窗体的宽度和高度 |
| BorderStyle | 设置窗体边界类型 |
| Font | 设置窗体内文字的字体、大小和样式 |
| Enabled | 设置对象是否响应用户生成事件 |
| Visible | 设置程序运行时窗体是否可见 |
| MousePointer | 鼠标经过对象某一部分的指针类型 |
| WindowsState | 设置程序运行中窗体的最小化、最大化和原形这 3 种状态 |
| Appearance | 设置窗体在运行阶段的外观 |

续表

| 属 性 名 | 说 明 |
|---|---|
| BackColor | 设置窗体的背景颜色 |
| ForeColor | 设置窗体的前景颜色 |
| Icon | 设置窗体标题栏上的图标 |

### 1. Name 属性

名称是窗体的标识名，代码中称它为 Name。控件的 Name 属性（名称）必须以字母开头，其后可以是字母、数字和下划线，名称长度不能超过 40 个字符。

该属性是所有对象都具有的属性，是所创建对象的名称。所有的控件在创建时由 Visual Basic 提供一个默认名称。Name 属性可以在 Name 属性窗口的"名称"栏进行修改。在程序中，对象名称是作为对象的标识在程序中引用，不会显示在窗体上。Name 是只读属性，在运行时不可更改。

Name 属性设置窗体的名称，在代码中用这个名称引用该窗体。首次在工程中添加窗体时，该窗体的名称默认为 Form1；添加第二个窗体，其名称默认为 Form2，依此类推。最好给 Name 属性设置一个有实际意义的名称，如给一个显示窗体命名为"frmlist"。

### 2. Caption 属性

该属性决定了控件上显示的标题内容。可以在设计时通过属性窗口中设置，也可以在运行时通过代码设置。格式为：

```
对象.Caption  = "字符串"
```

可以在 Caption 属性中为控件指定一个访问键。例如，将命令按钮的 Caption 属性设置为"结束（&E）"，则运行时只要用户同时按下 Alt 键和 E 键，就能执行该按钮命令。

### 3. Enabled 属性

设置对象是否允许操作，即是否可用。值为 True 时允许操作，并对操作做出响应；值为 False 时禁止操作，对可视对象，显示为灰色。同样该属性可以在属性窗口中或通过代码设置，格式为：

```
对象.Enabled = Boolean
```

默认值为 True。

当值为 False 时，禁止用户进行操作，呈灰色。

当值改为 True，允许用户进行操作，并对操作进行响应。

### 4. Visible 属性

设置程序运行时窗体是否可见。

当 Visible 为 False 时，窗体是不可见的。

当值为 True 时，运行时窗体就是可见的了。

### 5. Height、Width、Top 和 Left 属性

Width、Height（宽、高）属性决定了对象的宽度和高度。度量单位由容器的 ScaleMode 属性指定，默认的单位是 twip。可以在属性窗口中设置，也可通过代码设置，格式为：

```
对象.Height  = 数值
对象.Width  = 数值
```

它们的最大值由系统决定。

Left、Top（左、顶）属性分别指定对象的左上角在容器中的横向及纵向坐标（容器的左上

角为 0，0），即 Left 属性确定窗体最左端和它的容器最左端之间的距离，Top 属性确定窗体最上端和它的容器最上端之间的距离。控件的容器是窗体，窗体的容器是屏幕对象（Screen）。度量单位由容器的 ScaleMode 属性指定，默认的单位是 twip。通常 Left 和 Top 属性在一个窗体中总是成对出现的，当通过用户或通过代码移动窗体时，这两个属性值都会随之改变。

6. BackColor 和 ForeColor 属性

ForeColor（前景色）属性设置或返回对象的前景颜色（即正文颜色），其值是一个十六进制常数，用户可以在调色板中直接选择所需的颜色。BackColor（背景色）设置或返回对象的背景颜色（即正文以外的区域的颜色），其值设置同 ForeColor 属性的设置。

7. Font 属性

该属性用来设置输出字符的各种特性，改变文本的外观。

字体本身又是一个对象，又有自己的属性，包括字体类型（FontName）、字体大小（FontSize）、是否粗体（FontBold）、是否斜体（FontItalic）、是否加下划线（FontUnderline）等。设置时通过属性窗口，单击 Font 右边的“…”可弹出字体对话框，可通过字体对话框来设置各种属性。

此外，还可以在运行时通过编写代码来实现对字形属性的设置，具体设置方式如下。

（1）字体类型

字体类型可以通过 FontName 属性来设置，其一般格式为：

```
对象名称 .FontName[ = " 字体名称 "]
```

FontName 可以作为窗体、控件或打印机的属性，返回或设置显示文本所用的字体。

Visual Basic 中可用的字体取决于系统的配置、显示设备和打印设备。与字体相关的属性只能设置为真正存在的字体的值。

（2）字体大小

字体大小通过 FontSize 属性来设置，其一般格式为：

```
对象名称 .FontSize = 点数
```

FontSize 属性返回、显示文本所用的字体的大小，单位为磅。例如：

```
Form1.FontSize = 12 '设置窗体（Form1）的字体大小为 12 磅
```

FontSize 的最大值为 2160 磅，在默认情况下，FontSize 为 9 磅。如果省略“点数”，则返回当前字体的大小。

（3）其他属性

① 粗体

粗体字通过 FontBold 属性设置，其一般格式为：

```
对象名称 .FontBold  = Boolean
```

当 FontBold 属性为 True 时，文本以粗体字输出，否则按正常字输出。该属性的默认值为 False。

② 斜体

斜体字通过 FontItalic 属性设置，其一般格式为：

```
对象名称 .FontItalic = Boolean
```

当 FontItalic 属性为 True 时，文本以斜体字输出，否则按正常字输出。该属性的默认值为 False。

③ 加下划线

加下划线通过 FontUnderline 属性设置，其一般格式为：

```
对象名称 .FontUnderline = Boolean
```

如果把 FontUnderline 属性设置为 True，则可使输出的文本加下划线。该属性的默认值为 False。

④ 加删除线

删除线即在文本中部画一条直线。通过对 FontStrikethru 属性的设置可以使输出的文本加删除线。其一般格式为：

```
对象名称 .FontStrikethru = Boolean
```

如果把 FontStrikethru 属性设置为 True，则可使输出的文本加删除线。该属性的默认值为 False。

在上面的各种属性中，可以省略方括号中的内容，此时，将返回属性的当前值；如果省略“对象名称”，则默认为当前窗体的属性。

8. BorderStyle 属性

设置窗体的边框风格，默认的值为 2。其他值的含义如下：

0——无，没有边框或与边框相关的元素。

1——固定单边框。可以包含控制菜单框、标题栏、“最大化”按钮和“最小化”按钮。

2——（默认值）可调整的边框。

3——固定对话框。可以包含控制菜单框和标题栏，不能包含最大化和最小化按钮。

4——固定工具窗口。不能改变尺寸。显示关闭按钮并用缩小的字体显示标题栏。

5——可变尺寸工具窗口。可变大小。显示关闭按钮并用缩小的字体显示标题栏。

需要注意的是，属性值为 1——Fixed Single 与 3——Fixed Dialog 时，窗体外观相同，但功能却不同。当属性为 1——Fixed Single 时，MaxButton 与 MinButton 这两个属性可以起作用。MaxButton 为 True 时窗体上具有了最大化按钮。MinButton 为 True 时最小化按钮也有效了。

而当属性为 3——Fixed Dialog 时，MaxButton 与 MinButton 属性不起作用。此时 MaxButton 与 MinButton 为 True，但最大化、最小化按钮均出现。

9. Icon 属性

设置窗体标题栏上的图标。

窗体的许多属性会影响窗体的外观。Caption 属性决定窗体标题栏中显示的文本，图标属性设置在窗体最小化时显示的图标。MaxButton 和 MinButton 属性决定窗体是否能最大化或最小化。通过改变 BorderStyle 属性，可以控制窗体如何调整大小。

Height 和 Width 属性决定的窗体初始大小，Left 和 Top 属性根据屏幕的左上角确定窗体的位置，WindowState 属性可以把窗体设成在启动时最大化、最小化或正常大小。

最后要说明的是，窗体的 Name 和 Caption 属性虽然默认值相同，都是 Form1，但实际意义却不一样。Caption 指的窗体标题栏上的文字，Name 指这个窗体的对象名，千万不能混淆。

10. ScaleMode 属性

设置对象坐标的度量单位。取值及对应的度量单位如表 1-5 所示。

表 1-5　ScaleMode 属性取值及对应度量单位表

| 取　值 | 度 量 单 位 |
|---|---|
| 0 | User（用户自定义模式） |
| 1 | Twip（缇，系统缺省设置） |
| 2 | Point（点或磅） |

续表

| 取　　值 | 度 量 单 位 |
|---|---|
| 3 | Pixel（像素） |
| 4 | Character（字符） |
| 5 | Inch（英寸） |
| 6 | Millimeter（毫米） |
| 7 | Centimeter（厘米） |

其中 0（用户自定义模式）和 3（像素模式）不可用于打印机（Printer）对象。

窗体是在 Windows 环境下建立直观的应用程序的基础，是 Visual Basic 程序设计的对象，应用程序中组成用户界面的控件必须放置到窗体中。程序运行时，每个窗体对应一个窗口，用户使用窗口与应用程序进行交互。

Visual Basic 的窗体具有 Windows 窗体的基本特性。

标题栏是大多数窗体顶部的彩条，默认为蓝色。利用标题栏可以在屏幕上拖曳此窗体，双击标题栏将在最大化和恢复该窗体之间做切换。

标题是在窗体标题栏中所见到的文字。

系统菜单（控制菜单）是一个简单的菜单，位于窗体左上角，双击该图标将关闭窗体，单击该图标将显示系统命令菜单。

最小化、最大化、关闭按钮分别起使窗体缩小到 Windows 的任务条上、扩大至整个屏幕、关闭窗体的功能。

窗体的边框给窗体提供了一定的灵活性，可以根据要显示的不同窗体，设定不同的边框值，这些值可以在 BorderStyle 属性中设置。

Visual Basic 中的应用程序可以包含许多个窗体，一个标准 .exe 类型的 Visual Basic 应用程序至少有一个窗体。最初打开新工程时，默认情况下会新建窗体，也可以通过菜单栏上的“工程”菜单项选择“添加窗体”菜单项将其他窗体添加到工程中。

### 1.6.2　窗体的事件

当用户执行与窗体相关的某些操作时触发的事件被称为窗体事件。

窗体作为对象，能够对事件作出响应，窗体事件过程的一般格式为：

```
Private Sub Form_事件名([ 参数表])
    …
End Sub
```

不管窗体名字如何定义，但在事件过程中只能使用 Form，而在过程内对窗体进行引用时才会用到窗体名字（如 Form1 等）。

下面介绍一些常用事件（见表 1-6）。

表 1-6　　控件的常用事件

| 事 件 名 | 说　明 |
|---|---|
| Click | 单击鼠标事件 |
| DblClick | 双击鼠标事件 |

续表

| 事 件 名 | 说 明 |
|---|---|
| Load | 加载窗体事件 |
| Unload | 卸载窗体事件 |
| Resize | 控件大小改变事件 |
| Change | 控件内容改变事件 |
| KeyDown | 键盘按键按下事件 |
| KeyUp | 键盘按键松开事件 |
| KeyPress | 按下可显示字符键事件 |
| MouseDown | 鼠标按下事件 |
| MouseUp | 鼠标松开事件 |
| MouseMove | 鼠标移动事件 |

1. Click 事件

在运行程序时候，单击窗体的某个位置 VB 将调用窗体的 Form_Click 事件。

如果在窗体内的控件上单击，那么只能调用控件上的 Click 事件。

2. DbClick 事件

在窗体的某个位置上双击，VB 会调用 Form_DbClick 事件。

3. Load 事件

Load 事件是在窗体被装载时发生的事件。一旦装载窗体，启动应用程序就自动产生该事件，当执行应用程序时，Visual Basic 调用 Form_Load 事件过程。Load 事件适用于在启动应用程序时对属性和变量的初始化。例如，用 Load 事件为应用举例进行赋值。

```
Private Sub Form_Load()
Label1.Caption = "学生管理系统"
End Sub
```

4. UnLoad 事件

删除窗体时发生 Unload 事件，Visual Basic 调用 Form_Unload 事件过程。当该窗体在被装载时，它的所有控件都要重新初始化。这个事件是由用户动作（用控件、菜单关闭窗体）或一个 Unload 语句触发的。

5. Activate（活动）、Deactivate（非活动）事件

激活窗体时发生 Activate 事件，取消该活动窗体激活另一个窗体时该窗体发生 Deactivate 事件。窗体可通过用户的操作变成活动窗体，如用鼠标单击窗体的任何部位或在代码中使用 Show 或 SetFocus 方法。

每当一个窗体变成活动窗体时，就会产生一个 Activate 事件；当另一个窗体或应用程序被激活时，就会产生 Deactivate 事件。这些事件对初始化或结束窗体行为十分方便。例如，在

Activate 事件中，可以编写代码突出显示一个特定文本框中的文本；在 Deactivate 事件中，可以把更改保存到一个文件或数据库中。

6. Paint（绘画）事件

重新绘制一个窗体时发生 Paint 事件。当移动、放大、缩小该对象或一个覆盖该对象的窗口移动后，该窗体暴露出来，就会发生此事件。

除以上事件外，窗体的常用事件还有 Resize（改变尺寸）事件、KeyPress（按键）事件、MouseDown（鼠标按下）事件、MouseUp（鼠标松开）事件、MouseMove（鼠标移动）事件等。例如，窗体最大化或还原时，均发生 Resize 事件。

### 1.6.3　窗体的方法

方法是指对象本身所具有的、反映该对象功能的内部函数或过程（不是事件过程）。

方法的内容是不可见的。我们只知道某个对象具有哪些方法、能完成哪些功能以及如何使用该对象的方法，但是并不知道该对象是如何实现这一功能的。当我们用方法来控制某个对象时，就是调用、执行该对象内部的某个函数或过程。

而事件过程则不同，它是可见的。我们知道某个对象的事件过程的功能和使用方法，也知道该事件过程是如何实现的，并且用户也可以改变这一事件过程。

方法是与对象相关的，所以在调用时一定要指明对象。对象方法的调用格式如下：

```
[对象.]方法[参数名表]
```

其中，省略对象时表示在当前对象。

窗体上常用的方法如下。

1. Show 方法

该方法用以显示 Form 对象。语法格式为：

```
窗体名.Show[模式]
```

如果调用 Show 方法时指定的窗体没有装载，Visual Basic 将自动装载该窗体。另外，应用程序的启动窗体在其 Load 事件调用后会自动出现。

可选参数“模式”用来确定被显示窗体的状态：值等于 1 时，表示窗体状态为“模态”（模态是指鼠标只在当前窗体内起作用，只有关闭当前窗口后才能对其他窗口进行操作）；值等于 0 时，表示窗体状态为“非模态”（非模态是指不必关闭当前窗口就可以对其他窗口进行操作）。

2. Hide 方法

该方法用以隐藏 Form 对象，但不能使其卸载。语法格式为：

```
窗体名.Hide
```

如果省略窗体名，则默认为当前窗体（带焦点的窗体）。

隐藏窗体时，它就从屏幕上被删除，并将其 Visible 属性设置为 False。用户将无法访问隐藏窗体上的控件，但是对于运行中的 Visual Basic 应用程序，或对于 Timer 控件的事件，隐藏窗体的控件仍然是可用的。

如果调用 Hide 方法时窗体还没有加载，那么 Hide 方法将加载该窗体但不显示它。

3. Move 方法

该方法用以移动 Form 或控件。语法格式为：

```
对象.Move Left [,Top] [,Width] [,Height]
```

对象为窗体或控件名，只有 Left 参数是必需的。但是，要指定任何其他的参数，必须先指定出现在语法中该参数前面的全部参数。例如，如果不先指定 Left 和 Top 参数，则无法指定 Width 参数。任何没有指定的尾部的参数则保持不变。

4. Cls 方法

清除运行时窗体（或图片框）中生成的图形和文本。语法格式如下：

```
[ 对象 ].Cls
```

5. Print 方法

该方法用于在窗体上输出文本。这里仅介绍 Print 的简单使用，详细使用方法将在后面的章节作详细介绍。

例如，在窗体上输出文本“你好！欢迎您”：

```
Print  "你好！欢迎您"
```

熟悉这些窗体属性，最好的办法是实践。在“属性”窗口中更改窗体的一些属性，然后运行该应用程序并观察修改的效果。如果想得到关于每个属性的详细信息，还可以选择该属性并按 F1 键查看联机帮助。

### 1.6.4 焦点与 Tab 键序

1. 焦点

焦点是接收用户鼠标或键盘输入的能力。当对象具有焦点时，可接收用户的输入。在 Microsoft Windows 环境中，任一时刻都可以运行几个应用程序，但只有具有焦点的应用程序才有活动标题栏（蓝色标题栏），也只有具有焦点的程序才能接受用户输入（键盘或鼠标的动作）。

可以用下列方法可以将焦点赋给对象：

- 运行时选择对象。
- 运行时用快捷键选择对象。
- 在代码中用 SetFocus 方法。

有些对象，它是否具有焦点是可以看出来的。例如，当命令按钮具有焦点时，标题周围的边框将突出显示。文本框得到焦点后会出现闪烁的光标等。

只有当对象的 Enabled 和 Visible 属性为 True 时，它才能接收焦点。Enabled 属性允许对象响应由用户产生的事件，如键盘和鼠标事件。Visible 属性决定了对象在屏幕上是否可见。

当对象得到或失去焦点时，会产生 GotFocus 或 LostFocus 事件。窗体和多数控件支持这些事件。GotFocus 事件是对象得到焦点时发生的，而 LostFocus 事件是对象失去焦点时发生的。LostFocus 事件过程主要用来对更新进行证实和有效性检查，或用于修正或改变在对象的 GotFocus 过程中建立的条件。

并非所有的控件都具有接收焦点的能力，Frame、Label、Menu、Line、Image 和 Timer 等控件均不能接收焦点。而且只有不包含任何可接收焦点的控件的窗体，才能接收焦点。

2. Tab 键序

所谓 Tab 键序指的是在用户按下 Tab 键时，焦点在控件之间移动的顺序。每个窗体都有自己的 Tab 键序。默认状态下 Tab 键序与建立这些控件的顺序相同。假设你建立两个名称为 Text1 和 Text2 的 TextBox，然后又建立了一个名称为 Commandl 的 CommandButton。应用程序启动时，Text1 具有焦点。按 Tab 键将使焦点按控件建立的顺序在控件间移动。

如果希望更改 Tab 键序，例如，希望焦点直接从 Text1 转移到 Text2，可以通过设置 TabIndex

属性来改变一个控件的 Tab 键顺序。控件的 TabIndex 属性决定了它在 Tab 键顺序中的位置。按照默认规定，第一个建立的控件其 TabIndex 值为 0，第二个的 TabIndex 值为 1，依此类推。当改变了一个控件的 Tab 键顺序位置，VB 将自动为其他控件的 Tab 键顺序位置重新编号，以反映插入和删除操作的结果。例如，要使 Command1 变为 Tab 键顺序中的首位，其他控件的 TabIndex 值将自动调整。

不能获得焦点的控件，以及无效的和不可见的控件，不具有 TabIndex 属性，因而不包含在 Tab 键顺序中。按 Tab 键时，这些控件将被跳过。

通常，运行时按 Tab 键能选择键顺序中的每一控件。将控件的 TabStop 属性设为 False，便可将此控件从键顺序中删除。

TabStop 属性已设置为 False 的控件，仍然保持它在实际 Tab 键顺序中的位置，只不过在按 Tab 键时这个控件将被跳过。

**【例 1-2】** 创建一个简单应用程序，该应用程序由一个窗体和 3 个命令按钮组成。单击显示内容命令按钮，会在窗体上显示“欢迎使用 visual basic 程序设计语言”；单击改变字体按钮，会在窗体上显示改变了字体的“欢迎使用 visual basic 程序设计语言”；单击改变色彩按钮，会改变窗体色彩。

根据题意，我们首先根据前面的例题创建用户界面并设置对象属性。

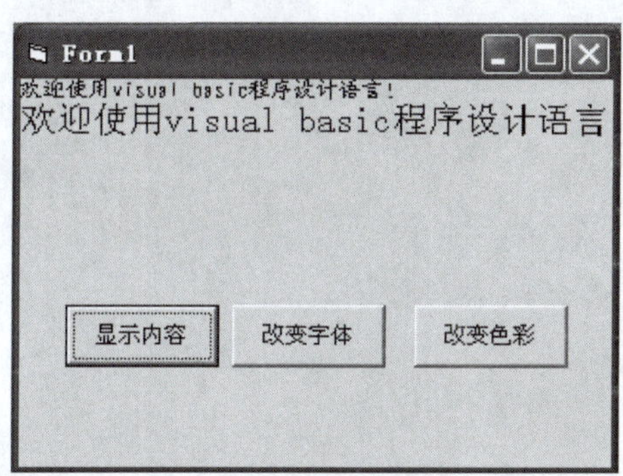


图 1-17　程序运行结果

设置 Command1（显示内容）的单击事件，其代码如下：

```
Private Sub Command1_Click()                    '命令按钮的单击事件
    Cls                                         '清屏
    Form1.Font = "楷体_gb2312"                  '设置字体为楷体
    Print "欢迎使用visual basic程序设计语言！"    '在窗体上显示双引号里的内容
    Form1.Font = "宋体"
    Form1.FontSize = 14                         '设置字体大小为12
    Print "欢迎使用visual basic程序设计语言！"
End Sub
```

设置 Command2（改变字体）的单击事件，其代码如下：

```
Private Sub Command2_Click()
    Cls
    Form1.FontItalic = Ture                     '设置为粗体
    Print "欢迎使用visual basic程序设计语言！"
```

```
    Form1.FontStrikethru = Not Form1.FontStrikethru   '加删除线（再单击表示取消删除线）
    Print "欢迎使用visual basic程序设计语言！"
End Sub
```

设置 Command3（改变色彩）的单击事件，其代码如下：

```
Private Sub Command3_Click()
    Cls
    Form1.ForeColor = RGB(255, 0, 0)          '设置前景色（即控件正文颜色），RGB是函数
    Form1.BackColor = RGB(0, 0, 255)          '设置背景色（即控件正文以外的颜色）
    Print "欢迎使用visual basic程序设计语言！"
End Sub
```

# 第 2 章 Visual Basic 语言基础

在第 1 章中已经介绍了如何建立简单的应用程序，使读者对求解问题的方法以及 VB 的可视化设计有了初步的了解。但要用 VB 来实现算法，编写能正确运行的 VB 程序，则需要学习 Visual Basic 语言的基础知识，包括 Visual Basic 的编码规则、数据类型、常量与变量、运算符与表达式、常用内部函数等。这正是这一章要介绍的内容。对程序设计语言的初学者来说，这一章的内容是 Visual Basic 语言的语法基础，一定要认真学习并熟记。

## 2.1 语 言 基 础

一个能正常运行的程序是由一条条语句构成的，语句由表达式、单词等通过一定的规则组合而成。表达式、单词等由一些字符组成。字符、词汇、表达式、语句、过程、函数等称为程序设计语言的“语法单位”，语法单位形成的规则称为“语法规则”。

### 2.1.1 Visual Basic 的字符集

字符是构成程序设计语言的最小语法单位。每一种程序设计语言都有自己的字符集。编程所用的合法语句都是由字符集中的字符构成的。在计算机中最常用的字符集是 ASCII（American Standard Code for Information Interchange）字符集。

Visual Basic 的基本字符集包括阿拉伯数字、英文字母（含大写和小写）和特殊字符。其中特殊字符包括：

```
Space " ' ! # $ % ^ & * ( - ) + = , . [ | ] { \ } : ; _ @ <
> ~ / ?
```

Space 表示空格键，“_”是下划线。

VB 中的标点通常要在英文半角状态下输入，双引号和单引号没有左右之分。

### 2.1.2 Visual Basic 的词汇集

“单词”是程序设计语言中具有独立意义的最基本结构。如“123”是一个单词，表示一个值为“123”的整数常数。在程序设计语言中，单词一般包括运算符、界符、关键字、标识符、各类型常数等。有关运算符和各类型常数的内容将在本章后面的小节中给大家介绍。

**1. 运算符和界符**

运算符用来表示数据间的各种运算。如“3*4”中的“*”是乘法运算符，左右两边连接两个常数，表示两个常数相乘。VB 中的运算符很丰富，在 2.4 节有更详细的介绍。

界符也称为间隔符，它们决定了单词之间的分隔。有些运算符也能起到间隔作用。

例如：

```
Print 123                         '该语句有 3 个单词："Print"、"123" 和作为界符的空格符
```

表达式“3*4”包括 3 个单词：“3”、“*”和“4”。两个常数之间没有空格，运算符“*”就起了界符的作用。为了书写好看，添加上空格也是没有错的。需要注意的是，在“代码”窗口输入语句“Print 3*4”按回车键之后，VB 系统会自动在“*”左右两边各加上一个空格符。

除了用字母串表示的运算符外，其他运算符都可以作为界符。换句话说，用字母串表示的运算符两边如果没有其他的界符，应该在两边加上空格符作为界符。如语句：

```
Print 1 And 2
```

其中，“And”左右两边的空格不能省略。

**2. 关键字**

关键字又称保留字，是 VB 系统使用的，它们在语法上有着固定的含义，往往表示系统提供的内部函数、标准过程、运算符、常量等。在 VB 中，关键字的首字母约定为大写，在代码窗口中输入关键字时，不论输入的是大写还是小写，系统都能进行判断并自动转换成系统默认的形式。关键字的个数很多，下面列举出一些常用的：

Abs、And、As、ByVal、Const、Dim、Else、End、Eof、False、Function、If、InputBox、Integer、Load、Long、Move、MsgBox、Next、Not、Or、Print、ReDim、Rnd、SetFocus、Show、Single、Static、String、Then、True、Ucase、Variant、While。

**3. 标识符**

标识符用来标记自定义的常量、变量、数组、自定义数据类型、自定义函数、自定义过程、控件等的名称。在 Visual Basic 6.0 中，标识符的命名必须遵守如下规则：

（1）必须以字母或汉字开头，由字母、汉字、数字或下划线组成，长度不能超过 255 个字符。

（2）不能和关键字同名，但是关键字可以作为标识符的一部分，如“If”是非法标识符，而“If1”却是合法的。

（3）不区分大小写，如标识符 ABC、aBc、Abc、abc 等都认为是同一标识符。

（4）为了增加程序的可读性，在定义变量时可在变量名前加上一个缩写的前缀来表明该变量的数据类型。每种数据类型的前缀将在后面的 2.2 节中介绍。

合法的标识符举例如下：

```
abc    c2    a_100    printx    标识符    变量            常量    a3c    a4_3    QWER
```

非法的标识符举例如下：

```
2a    a+b    d-1    print    a,b    a@b    ∏    Integer    sin(x)    a 12    12_w
```

标识符命名除了要符合上述原则外，还应尽量做到“望名知义”，提高程序的可读性。

### 2.1.3 编码规则与约定

与其他任何程序设计语言一样，在 Visual Basic 语言中编写程序代码必须符合一定的书写规则。

#### 1. 不区分大小写

VB 会对程序代码进行自动转换，转换规则如下：

（1）对于关键字，转换成系统默认的形式，大部分是首字母转换成大写，其余字母转换成小写，只有少数由多个单词构成的关键字转换时每个单词首字母都变大写，如 Print、LBound 等。

（2）对于用户自定义的变量、函数名、过程名等，VB 以第一次定义的为准，以后输入的自动向首次定义的转换。如第一次定义变量“aBc”，后面代码中即使输入“ABC”，该行输完按回车之后，会自动变成“aBc”。

#### 2. 除汉字外，各字符通常要在英文半角状态下输入

在代码窗口输入代码时，除汉字、双引号内和单引号后的字符外，其余字符都必须在英文半角状态下输入。如下面语句：

```
Print "三个数的累加和为："; 1 + 2 + 3          '计算总和
```

除双引号内和单引号后的字符外，其余字符（包括双引号、分号、加号、单引号、英文字母）都不能以全角或中文方式输入，它们都是构成语法成分的字符。单引号是注释符，单引号后面的字符是不参与语句的运行的。

#### 3. 语句书写自由

（1）在同一行上可以书写多条语句，两条语句之间用冒号“：”分隔。

（2）单条语句若分成 $n(n \geq 2)$ 行书写，在前 $n-1$ 行后面加上续行符（空格 + 下划线“_”）即可。

（3）一行最多允许编写 1024 个字符。

#### 4. 注释有利于程序的维护和调试

注释是对程序的标注或解释。注释既是为了方便开发者，也是为了方便以后可能检查源代码的其他程序员。一个好的程序员应该有良好的注释习惯。

注释是不运行的，VB 在编译时会忽略注释的内容，即注释的内容是不作为语句运行的。在代码窗口中，注释部分默认用绿色字体显示。

在 Visual Basic 中，注释符有 Rem 和单引号两种。若整行都是注释，以两种注释符开头都可以用；若仅仅是语句的后面一部分作为注释，则必须用单引号作为注释符，如下列语句：

```
Rem 第一个 VB 程序
'学习编写 VB 程序的步骤
Print 100                              '在窗体上显示 100
```

前两行都是注释，第三行仅仅后面一部分“在窗体上显示 100”是注释。第三行的注释符不能用“Rem”替换。

要注意的是，注释不能跟在续行符的后面。

若要将多行程序设置为注释，可以使用“编辑”工具栏的“设置注释块”命令来设置。取消多行注释，使用“解除注释块”命令。选择“编辑”工具栏的方法是：从主菜单的“视图”菜单下选择“工具栏”，然后选择“编辑”。“编辑”工具栏如图 2-1 所示。

编辑

设置注释块

图 2-1 “编辑”工具栏

#### 5. 使用缩进反映代码的逻辑结构和嵌套关系

在编写程序代码时，对嵌套、过程、条件结构和循环结构的正文部分都要缩进（缩进的含义是在语句的前面增加空格，像汉语中每段开头空两个汉字就属于缩进）。使用键盘上的“Tab”键来进行缩进，可以使得缩进非常整齐。使用缩进，代码的嵌套关系、层次关系和逻辑关系将变得很清晰，改善了代码的可读性，容易查找到代码中的一

些配套错误。如多行的 If 语句中，If 和 End If 要配套使用，在嵌套的 If 语句中使用缩进很容易发现是否缺少或多余“End If”。如下面程序段：

```
If a >= 90 Then
    Print "优秀"
Else
    If a >= 80 Then
        Print "良好"
    Else
        If a >= 60 Then
            Print "及格或中等"
        Else
            Print "不及格"
        End If
    End If
End If
```

在代码窗口中输入完第一行按回车后，按一下键盘上的“Tab”键缩进，再输入程序，在第五行要按两下“Tab”键缩进两个 Tab 键的位置，其他行类似。

**6. 保留行号和标号**

VB 源程序也接受行号与标号，但行号和标号不是必需的，通常情况下不需要。标号是以字母开始并以冒号结束的字符串。

如下面程序段：

```
If a <= 90 Then
    GoTo temp
Else
    Print "优秀"
End If
temp:
    Print "不是优秀"
```

其中“temp:”是标号，需要注意的是，上面程序段若 a 的值在 90 以上，运行的结果是显示两行，分别是“优秀”和“不是优秀”；若 a 在 90 以下，显示的结果是“不是优秀”。

标号一般用在跳转语句（GoTo 语句）中。对于结构化程序设计方法，应尽量避免使用跳转语句。

## 2.2 数据类型

“数据”是信息在计算机内的表现形式，也是程序的处理对象。不同类型的数据有不同的操作方式和不同的取值范围，运行时所占用的内存资源也不相同。每一种程序设计语言都有系统定义的一套自己的基本数据类型。Visual Basic 语言除了具有系统定义的标准数据类型外，还允许用户根据需要自定义数据类型。本节介绍 VB 的标准数据类型，用户自定义数据类型的内容将在第 10 章介绍。

标准数据类型是 VB 系统定义好的数据类型，表 2-1 列出了 VB 支持的标准数据类型的名称、关键字、类型符、前缀、占用存储空间大小和取值范围等。

表 2-1　　　　　　　　Visual Basic 的标准数据类型

| 数据类型 | 关键字 | 类型符 | 前缀 | 占字节数 | 范　围 |
|---|---|---|---|---|---|
| 字节型 | Byte | 无 | byt | 1 | 0 ～ 255 |
| 逻辑型 | Boolean | 无 | bln | 2 | True 和 False |
| 整型 | Integer | % | int | 2 | -32768 ～ 32767 |
| 长整型 | Long | & | lng | 4 | -2147483648 ～ 2147483647 |
| 单精度型 | Single | ! | sng | 4 | 负数：-3.402823 E 38 ～ -1.401298 E -45<br>正数：1.401298 E -45 ～ 3.402823 E 38 |
| 双精度型 | Double | # | dbl | 8 | 负数：-1.79769313486232 D 308 ～ -4.94065645841247 D -324<br>正数：4.94065645841247 D -324 ～ 1.79769313486232 D 308 |
| 货币型 | Currency | @ | cur | 8 | -922337203685477.5808 ～ 922337203685477.5807 |
| 日期型 | Date(time) | 无 | dtm | 8 | 0101100 ～ 12319999 |
| 字符型 | String | $ | str | 与字符串长度有关 | 0 ～ 65535 个字符 |
| 对象型 | Object | 无 | obj | 4 | 任何对象引用 |
| 变体型 | Variant | 无 | vnt | 根据需要分配 | |

VB 的标准数据类型可以归纳为 6 种：数值型、字符型、日期型、逻辑型、对象型和变体型。

**1. 数值型**

数值（Numeric）型可以归纳为整数类型和实数类型两大类。

整数类型是不带小数点和指数符号的数，可带正号和负号。整数类型按表示数的范围的不同可分为整型（Integer）、长整型（Long）、字节型（Byte）。其中，整型和长整型还可以有：十进制、八进制和十六进制 3 种表示形式。

实数类型是带有小数部分的数，根据小数点位置是否固定可分为浮点数和定点数，根据表示的范围和精度不同可分为单精度型（Single）、双精度型（Double）和货币型（Currency）。浮点数由：符号、指数和尾数 3 部分组成。

（1）整型（Integer）

用来保存整数，以两个字节（16 位）二进制码表示和参加运算。16 位二进制位除去一位符号位，用来表示数值的共 15 位，故能存放的最大整数为 $2^{15}-1$（即 32767），最小整数为 $-2^{15}$（即 -32768）。当要表示的数超过 -32768 ～ +32767 这个范围时，程序运行将产生“溢出”的错误从而中断。超过这个范围的整数应该采用长整型 Long 来表示。

十进制整数由 0 ～ 9 的数字序列和正负号构成，表示范围是 -32768 ～ +32767。

八进制整数由八进制数字 0 ～ 7 构成，以 &O 或 & 开头，可带正负号，其取值的绝对值范围是 &0 ～ &177777。

例如：

&124、&O23、-&57、-&O71 等都是八进制整数。

&58 不是八进制整数，用八进制表示时只能出现 0 ～ 7 这 8 个数符。

十六进制整数由十六进制数字 0 ～ 9、A ～ F（或 a ～ f）序列组成，以 &H（或 &h）开头，可带正负号，其取值的绝对值范围是 &H0 ～ &HFFFF。

例如：

&H24A、&H89ed、-&h6c2b、-&h234 等都是十六进制整数。

整型的类型符是“%”，类型符可以跟在整型数的后面，也可以省略。

例如：345、100% 均表示十进制整型数。

（2）长整型（Long）

长整型和整型类似，只是类型符和表示范围不同而已。长整型的类型符为“&”，以 4 个字节（32 位）存储。

十进制长整型的取值范围是 -2147483648 ～ +2147483647。

八进制长整型表示的数的绝对值范围是 &0 ～ &37777777777。

十六进制长整型表示的数的绝对值范围是 &H0 ～ &HFFFFFFFF。

值得注意的是，在程序中用八进制或十六进制形式表示的数据，输出时系统将自动把它们转换成十进制数据形式输出。

如下列程序：

```
Private Sub Form_Click()
    Dim x As Long, y As Long
    x = &O12
    y = &H12
    Print x, y
End Sub
```

程序运行将在窗体上输出10和18。

（3）字节型（Byte）

以 1 个字节（8 位）存储无符号整数，取值范围是 0 ～ 255。字节型无类型符。

（4）单精度型（Single）

单精度型的类型符为“!”，以 4 个字节（32 位）存储，其中符号位占 1 位，指数占 8 位，其余 23 位表示尾数。单精度数可以精确到小数点后 7 位。

其负数的表示范围是 -3.402823E38 ～ -1.401298E-45，正数的表示范围是 1.401298E-45 ～ 3.402823E38。

单精度型浮点数的指数用“E”（或“e”）表示。

例如：

34. 567E7 或 34. 567e+7 是单精度数，其中 34.567 是尾数部分，E7 是指数部分，相当于 34.567 乘以 10 的 7 次幂。

-4.52E5 是单精度数，相当于 -4.52 乘以 10 的 5 次幂。

（5）双精度型（Double）

双精度型的类型符为“#”，用 8 个字节（64 位）存储，其中符号占 1 位，指数占 11 位，其余 52 位表示尾数。双精度数可以精确到 15 位或 16 位十进制数。

其负数的表示范围是 -1.79769313486232D308 ～ -4.94065645841247D-324，正数的表示范围是 4.94065645841247D-324 ～ 1.79769313486232D308。

双精度浮点数的指数用“D”（或“d”）表示，VB 系统会自动转换成 E。

例如：

134.567D3 或 34.567d+3 是双精度数，34.567 是尾数部分，D3 是指数部分，相当于 34.567 乘以 10 的 3 次幂。

34565D － 6 是双精度数，相当于 34 565 乘以 10 的 -6 次幂。

（6）货币型（Currency）

货币型数据是为表示钱款而设置的。货币型的类型符为“@”，以 8 个字节存储，精确到小数点后 4 位，小数点第 4 位以后的数字将被舍去。

其取值范围是 -922337203685477.580 8 ～ 922337203685477.580 7。

### 2. 字符型（String）

字符串是一个字符序列，由放在一对双引号内的 ASCII 字符（除双引号和回车符之外）、汉字及其他可打印字符组成。字符串类型简称为字符型。字符型的类型符是“$”。

例如，以下都是合法的 VB 字符串：

"Happy"、"我们"、"华东交通大学"、"34%71))”、"23%7"、"123"、"¥12,345,67"、""（空字符串）、""（4 个空格构成的空格字符串）

**说明：**

（1）字符串中包含的字符个数称为字符串长度。在 Visual Basic 中，汉字和西文字符一样处理，占 2 个字节。双引号不能计算在内。

（2）双引号在程序中起字符串的界定作用。当输出一个字符串时，并不显示双引号。如语句：Print "Hi"　的输出结果中将不包含双引号，仅仅显示 Hi。

（3）在字符串中，字符是靠 ASCII 码识别的，所以字母的大小写有区别，如字符串 "abc" 和 "ABC" 是两个不同的字符串。

（4）"" 表示空字符串（即不包含任何字符的字符串），简称“空串”，长度为 0；"　" 表示空格字符串，其长度由双引号里面包含的空格个数决定，"　" 包含 2 个空格，长度是 2。

### 3. 日期型（Date）

日期（时间）型无类型符，以 8 个字节的浮点数来存储，表示的日期范围从公元 100 年 1 月 1 日到 9999 年 12 月 31 日，表示的时间范围从 0:00:00 到 23:59:59。

日期型数据的表示方法有两种，一种是以任何字面上可被认作日期和时间的字符，左右两边用井号（#）括起来表示；另一种是以数字序列表示。

例如：

#February 28,2009#、#28 Feb,2009#、#2/28/2009#、#28/2/2009#、#2009-2-28 19:15:28# 等 都是合法的日期型数据。

用第一种方法表示日期型数据要注意以下两点：

（1）若表示日期和时间，日期和时间之间要用空格隔开。

（2）在“代码”窗口输入以上各种形式的日期型数据时，只要光标离开日期型数据所在的语句行，以上示例中的所有日期自动转变成默认的格式 #2/28/2009#。若要输出上述日期，输出结果是“2009-2-28”。

当用数字序列表示时，整数部分代表日期，负数代表 1899 年 12 月 30 日之前的日期，比这

个日期前 *n* 天用 -*n* 表示，比这个日期后 *n* 天用 *n* 表示；小数部分代表时间，0 为午夜，0.5 为中午 12 点，以此推算。

如下面程序：

```
Private Sub Form_Click()
    Dim s As Date, s1 As Date
    s = -1.5
    s1 = 1.75
    Print s
    Print s1
End Sub
```

单击窗体运行后，窗体上显示的两行结果分别是："1899-12-29 下午 12:00:00" 和 "1899-12-31 下午 06:00:00"。要注意，1899 年 12 月 30 日不是 1899 年的最后一天，而是倒数第二天。

#### 4. 逻辑型（Boolean）

逻辑型数据用于逻辑判断，只有两个值：True（逻辑真）和 False（逻辑假）。逻辑型数据以 2 个字节（16 位）存储。逻辑型数据和数值型数据可以相互转换。当把逻辑型转换成数值型时，True 转换成 -1，False 转换成 0；将数值型转换成逻辑型时，按非 0 转换成 True，0 转换成 False 的原则进行转换。

#### 5. 对象型（Object）

对象型数据以 4 个字节（32 位）地址来存储，该地址可引用应用程序中的对象。随后可以用 Set 语句指定一个被声明为 Object 的变量，去引用应用程序所识别的任何实际对象。

#### 6. 变体类型（Variant）

变体类型是一种特殊的数据类型，是 VB 的一个特色，为 VB 的数据处理增加了灵活性和智能性，是所有未定义成其他指定类型的变量的默认数据类型。变体类型变量能够存储所有系统定义类型的数据，它对数据的处理完全取决于程序上下文的需要，在不同类型之间转换时 VB 系统会自动转换，在能够转换的情况下不需要使用转换函数。

例如：

```
Dim t                    '定义时没有指定数据类型，默认为 Variant 类型
t = "30"                 't 是字符串 "30"
t = t - 12               '现在，t 是数值型 18
t = "www" & t            '现在，t 是字符串 "www18"
```

变体类型也不是万能的。如把上例最后一条语句改为：

```
t = "www" + t
```

运行将产生"类型不匹配"的错误。原因是进行"+"字符串连接运算时，一边是非数字字符串常量"www"，另一边的t是数值型，类型不匹配。运算时类型是否匹配，将在2.4节运算符中介绍。

变体类型虽然处理方便，但增加了程序的不确定性，不提倡经常使用。

## 2.3 常量与变量

### 2.3.1 常量

所谓常量，就是在程序运行过程中其值保持不变的量。

VB 中的常量有 3 种：普通常量、符号常量和系统常量。

### 1. 普通常量

普通常量是程序中直接使用的常量，上一节介绍的数据类型基本上都有对应的普通常量，其常数值能直接反映其类型，也可在常数值后紧跟类型符显式地说明常量的数据类型。

普通常量根据数值的表示形式和范围可分为如下几种：

（1）整型、长整型与字节型

整型、长整型和字节型常量的表示法与人们的日常书写方法相同。例如：

```
234、32768、&H12、-2000、123&、&O12
```

其中，32768 和 123& 是长整型常量，其余都是整型常量；&H12 是十六进制形式整型常量，&O12 是八进制形式整型常量。整型常量 123 后加上类型符“&”后就变成了长整型常量。123 和 123& 虽然表示的数值大小相同，但占用的内存单元却不同，前者占用 2 个字节内存单元，后者占用 4 个字节内存单元。

要注意，类型符和数据之间不能有空格。

整型和长整型的判断首先要看后面的类型符，若后面没有类型符，则从数值的范围来判断。如上面的 32768 超出了整型的表示范围 −32768 ～ 32767，可以判断为长整型常量。

（2）单精度型与双精度型

单精度和双精度常量的书写方法也和日常的浮点数的书写方法相同。若整数部分为 0，则可以省略整数部分，但要保留小数点。如：

```
-3.1415926、0.456#、.5、-10.45
```

其中，0.456# 是双精度型常量，后面跟了双精度型的类型符“#”。

也可以用指数形式表示这两个类型的常量。如：

```
1.23E4、-0.23E3、1.34D4
```

其中，1.34D4 是双精度型常量，其他是单精度型常量。

（3）字符型

字符串常量要用双引号" "括起来。双引号是字符串常量的界定符，表示字符串的开始和结束。在英文状态下，双引号没有左右之分。如：

```
"123"、"How are you?"、" 你好！ "
```

字符串 "123" 完全由数字构成，称为“数字字符串”。数字字符串可以参加一些数值运算。

"Text1.Text" 是一个字符串常量，而不是表示文本框 Text1 的 Text 属性。

（4）逻辑型

逻辑型常量只有两个值：True 和 False。注意，它们没有任何界定符。"True" 和 "False" 不是逻辑常量，而是字符串常量。

（5）日期（时间）型

日期（时间）型常量，既可以表示一个日期，也可以表示一个时间，或同时表示日期和时间。日期时间型常量用 #(井号）作界定符。一般常见的用来表示日期时间的文本都可以作为日期时间型常量。如：

```
#2/28/2009#、#12:00:00#、#Feb 28,2009#、#January 3,2009#、#2009-10-29 6:20:40 PM#
```

### 2. 符号常量

如果在程序中经常要用到某些常数值，或者为了便于程序的修改，有些常量可以由用户定义的符号常量来表示。符号常量必须先定义后使用。定义符号常量的形式如下：

Const 符号常量名 [As 类型 ]= 表达式

说明：

Const：是定义符号常量的关键字。

符号常量名：必须是一个合法的标识符，为了与一般的变量名区别，符号常量名一般都用大写字母表示。

As 类型：说明了该常量的数据类型，若省略该选项，则数据类型由后面的表达式的类型决定。也可以在常量名后加类型符来定义该常量的类型。

表达式：可以是由普通常量、已定义的符号常量以及运算符组成的表达式。在表达式中不能使用变量和函数。表达式的值作为符号常量的值。

Const 语句可以设置符号常量为数字、字符串、逻辑型或时间 / 日期型值，例如：

```
Const PI=3.14
Const PAI= 3.1415926
Const temp As Integer = 123
Const temp1= temp * 2
Const birthday = #11/3/2009#
Const p= "qwer"
Const  y = True, temp2 As Integer = 20        '一行可以有多个常量说明，用逗号隔开
Const m As String = 100
Const q = 3 > 6
```

倒数第 2 条语句定义了一个字符型常量 m，值为 "100"。最后一条语句定义的符号常量 q 是逻辑型，值为 False。

定义符号常量出错的示例如下：

```
Const s = Sqr(100)
Const t = x + 100
Const d As Integer = 32768
```

前 2 条语句运行时都将产生“要求常数表达式”的错误提示，原因是在表达式中分别出现了函数（Sqr，求平方根函数）和变量（x）。后一条语句将产生“溢出”的错误，Integer 类型表示的最大值是 32767。

符号常量一旦定义好，就可以在代码中使用。如求半径为 5 的圆的周长，可以根据要求的精度不同选择使用下面两条语句：Print 2 * PI * 5 和 Print 2 * PAI * 5。

要注意，常量定义的位置和定义时选择的关键字不同，常量的作用范围也不同。

（1）在过程内部声明的常量，仅在该过程内部有效。

例如：

```
Const  m=120
```

（2）在窗体模块或标准模块的通用声明段加 Private 声明的常量对模块中所有的过程有效，但对模块外的过程无效。

```
Private Const n =0
Private Const k = 100
```

（3）在标准模块中加 Public 声明的常量对整个应用程序都有效。

```
Public Const h = 20
```

以上规律对变量的声明同样有效。

### 3. 系统常量

除了用户定义的符号常量外，VB 系统还提供了应用程序和控件定义的常量，这些常量

位于对象库中。通过“视图”菜单的“对象浏览器”命令可以查看 VB 的系统常量。如类 ColorConstants 对应的系统常量有 8 个，分别是 vbBlack、vbBlue、vbCyan、vbGreen、vbMagenta、vbRed、vbWhite 和 vbYellow，用来表示 8 种颜色。系统常量可以直接使用，比较常用的系统常量还有 vbCrLf，表示回车换行符。

例如：

```
Print vbCrLf; 100                    '在第 2 行输出 100，前面有一个空行
```

其他提供对象库的应用程序，如 Microsoft Excel 等也提供了常量列表，这些常量可与应用程序的对象、方法和属性一起使用。每个 ActiveX 控件的对象库中也定义了常量。为了避免不同对象中同名常量的混淆，引用时可使用 2 个小写字母作为前缀加以区别。例如：

vb：表示 VB（Visual Basic）和 VBA（Visual Basic for Applications）中的常量。

xl：表示 Excel 中的常量。

db：表示 Data Access Boject 库中的常量。

窗体的 WindowState 属性可接受的系统常量如表 2-2 所示。

表 2-2　WindowState 属性常量

| 常　　量 | 值 | 描　　述 |
|---|---|---|
| vbNormal | 0 | 正常 |
| vbMinimized | 1 | 最小化 |
| vbMaximized | 2 | 最大化 |

在程序中使用的语句：

```
Form1.WindowState = 2                '运行时窗体将最大化
```

可以改为：

```
Form1.WindowState =vbMaximized
```

显然，用后面这种形式要比前面的更易读懂。

### 2.3.2 变量

变量是在程序运行过程中其值可以发生改变的的量。每个变量都有一个名字和相应的类型。程序通过变量名来引用变量的值。变量的类型决定了该变量能接受的数据的类型和范围。变量通常要先声明后使用，以便系统为它分配内存单元。运行时，系统会为每个变量分配内存单元，可以说变量就是一个有名称的内存单元。声明变量时可以指定变量名、数据类型以及变量的作用域。在 VB 中，变量的声明有两种形式。

#### 1. 用 Dim 语句显式声明

格式如下：

```
Dim 变量名 [As 类型]
```

说明：

Dim：声明变量的关键字。

变量名：除了要符合标识符的命名规范外，在有效的范围内还必须唯一，如在同一过程内不能有两个同名的变量。为了增加程序的可读性，可在变量名前加上一个类型的前缀，不同类型的前缀见表 2-1，如 intmax、sgnsum、blnflag 等分别表示整型变量、单精度类型变量和逻辑型变量。

类型：可以使用系统提供的标准数据类型和用户自定义数据类型。

[As 类型 ]：方括号内的部分表示可以省略。若省略该部分，所创建的变量默认为 Variant 类型。

为了简化程序，可以在变量名后面加类型符来代替"As 类型"。注意，变量名和类型符之间不能有空格。

如语句：

```
Dim a As Integer
```

等同于语句：

```
Dim a%
```

语句功能都是声明一个整型变量 a。

一条 Dim 语句可以同时声明多个变量，但是每个变量都必须有自己的类型说明。如下面语句：

```
Dim x, y, z As Integer
```

声明了 3 个变量，分别是 x，y，z。但是，仅仅变量 z 的类型被声明为整型，其他两个变量 x 和 y 都是 Variant 类型。若要 3 个变量都声明为整型，可以使用下面语句：

```
Dim x As Integer, y As Integer, z As Integer
```

或

```
Dim x%, y%, z%
```

在一条 Dim 语句中声明多个变量时，关键字"Dim"只能写一次。

对于字符串变量，根据其存放的字符串长度是否固定，可分为两种：不定长字符串和定长字符串。两者声明的形式稍有不同，形式分别如下：

```
Dim 字符串变量名 As String
Dim 字符串变量名 As String* 字符个数
```

前一种方法定义的字符串是不定长字符串，最多可存放 2M($2^{31}$) 个字符；后一种方法用来定义定长的字符串，存放字符的最多个数由给定的字符个数确定。

如：

```
Dim m As String, n$                  '声明了两个字符型变量 m 和 n
Dim name As String*8                 '声明了一个最多可存放 8 个字符的定长字符型变量 name
```

除了用 Dim 语句声明变量外，还可以用 Static，Public，Private 等关键字声明变量，这些将在后面的第 8 章中介绍。

**2. 隐式声明**

在 VB 中，除了用 Dim 等关键字显式声明变量外，还允许对未进行显式声明的变量直接使用，这种方式称为隐式声明。所有隐式声明的变量都是 Variant 类型。

例如下面程序：

```
Private Sub Form_Click()
    y1 = 200
    Print y1
End Sub
```

单击窗体运行后，将在窗体上显示数值型数据 200。运行该程序时，系统会自动创建一个变量 y1，使用这个变量时，可以认为它是隐式声明的。虽然这种方法很方便，变量不用定义就可以使用，但是如果把变量名拼错了的话，容易导致程序运行错误难以查找。如若将倒数第二行的变量名错写成"y"，即写成：

```
Print y
```

当程序运行时，在窗体上预想将显示的是数值 200，但实际上什么也不会显示。运行第一条语句时系统将自动创建变量 y1，并赋值 200。运行第二条语句时，遇到新名字 y，系统又将自动创建该变量并初始化为空值。用 Print 语句打印空值是看不到结果的。

上面仅仅是一个简单的例子，若程序复杂，因为变量名写错导致程序出错或即使不出错但得不到预期的结果，也很难发现是由于变量名写错引起的。

要强调一点，隐式声明的变量一定是 Variant 类型，但显式申明的变量不一定就不是 Variant 类型。

例如：

```
Dim y
```

上面语句显式申明了一个 Variant 类型的变量 y。

对于初学者，为了调试程序的方便，对所使用的变量最好都进行显式声明。也可以通过在通用声明段加上语句“Option Explicit”来强制所有变量都必须显式声明。强制变量声明后，所有的变量必须显式声明后才能使用。若不显式声明，运行时将产生“变量未定义”的错误。

例如下面程序：

```
Option Explicit
Private Sub Form_Click()
    y = 200
    Print y
End Sub
```

运行到语句“y = 200”时将产生“变量未定义”的错误提示。

常量和变量的声明通常放在程序段的开头。VB 系统运行到定义变量的语句时，会根据数据类型的不同给变量分配不同的内存单元，并对变量进行初始化。数值型变量（包括整型、长整型、字节型、单精度类型、双精度类型、货币类型）全部初始化为 0，日期型初始化为日期的起点 #12-30-1899#，字符型初始化为空串 ""，逻辑型初始化为 False，Variant 类型初始化为空值 Null。

【例 2-1】变量的初始化。下面程序的运行结果如图 2-2 所示。

```
Private Sub Form_Click()
    Dim a%, b&, c!, d#, e As Byte, f As Currency
    Dim g As Date
    Dim h$
    Dim i As Boolean
    Dim j
    Print a; b; c; d; e; f
    Print g
    Print h
    Print i
    Print j + 1
End Sub
```

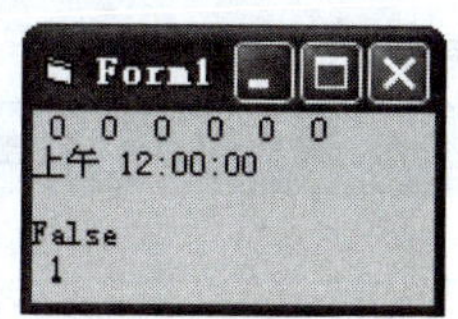


图 2-2 例 2-1 的运行结果

第二行显示的结果意思是 1899 年 12 月 30 日凌晨 0 点，而不是中午 12 点。最后一行的结果是 1，由于 j 是变体类型，初始化为空值 Null，Null 值是打印不出来的，Null 值和数值 1 相加时系统自动转换成 0 参加运算，结果为 1。

## 2.4 运算符与表达式

和其他程序设计语言一样，VB 也具有丰富的运算符，通过运算符和操作数组合成各种表达式，从而满足程序编写中的各种需要。

运算或操作是对数据的加工。最基本的运算形式常常可以用一些简洁的符号来描述，这些符号称为运算符或操作符。由常量、变量、函数、运算符以及圆括号等组成的式子，称为表达式。表达式是程序设计语言中的基本语法单位，它表达了一种求值规则。

如 x+2、−30、2+Abs(−x)、3.14*r^2、10%3、"I am" + "Sherry" 等都是合法有效的表达式，其中"+"、"−"、"*"、"%"、"^" 等都是 VB 的合法的运算符。

有的运算符要求左右两边都要连操作数，这样的运算符称为双目运算符，如"+"（加法）、"*"（乘法）等；有的运算符只能连一个操作数，这样的运算符称为单目运算符，如表达式"−30"中的"−"（取负运算）。

不同类型的操作符对操作数的类型要求不同。操作数的类型不符合操作符的要求，容易出现"类型不匹配"的错误。

每个表达式都有一个运算结果，运算结果有各种类型，所以表达式也是有类型的。

VB 中的运算符和表达式可分为：算术运算符与数值表达式、字符串运算符与字符串表达式、关系运算符与关系表达式、逻辑运算符与逻辑表达式、日期运算符与日期表达式。

### 2.4.1 算术运算符与数值表达式

#### 1. 算术运算符

算术运算符用来对数值型数据进行简单的算术运算。VB 中提供了 8 个算术运算符，表 2-3 列出了这 8 个运算符的名称、含义以及计算的优先级别（当有多个操作符时，先执行哪个操作符）。从表 2-3 中可以看出，除了"−"作取负运算时是单目运算符外，其余均为双目运算符。

表 2-3 Visual Basic 的算术运算符

| 运 算 符 | 含 义 | 优 先 级 | 举 例 | 结 果 |
|---|---|---|---|---|
| ^ | 幂运算 | 1 | 3^2 | 9 |
| − | 取负 | 2 | −10 | −10 |
| * | 乘 | 3 | 2*4 | 8 |
| / | 除 | 3 | 20/3 | 6.667 |
| \ | 整除 | 4 | 20\3 | 6 |
| Mod | 取余 | 5 | 20 Mod 3 | 2 |
| + | 加 | 6 | 20+3 | 23 |
| − | 减 | 6 | 20−3 | 17 |

#### 2. 数值表达式

由数值型数据和算术运算符组成的表达式，其结果为数值型，称为数值表达式。

表达式的一般形式有：

```
a Op b 或 Op b
```

Op 表示运算符，a 是左操作数，b 是右操作数。a 和 b 也可以是一个复杂的表达式，如包含函数、变量等的表达式。

**3. 算术运算规则**

（1）按运算符的优先级别的高低次序，自左至右依次执行。

（2）在算术运算中，当操作符两边的操作数具有不同的精度时，运算结果采用精度高的数据类型。精度的高低排列如下：

```
Integer<Long<Single<Double<Currency
```

如 Integer 型和 Long 型数据进行运算时，结果为 Long 型。但也有例外，当 Long 型数据与 Single 型数据运算时，结果为 Double 型数据。

（3）整除运算时，若左右两边的操作数不是整数，先四舍五入为整数然后相除，结果为整数或长整数。

如：

```
11.5 \ 3                                        '结果等于 4
12 \ 3                                          '结果等于 4
12 \ 2.6                                        '结果等于 4
11.5 \ 2.6                                      '结果等于 4
```

但是要注意下面两条语句的运行结果：

```
Print 20 \ 2.5, 20 \ 3.5, 20 \ 4.5, 20 \ 5.5        '结果分别为 10、5、5、3
Print 20 \ 2.51, 20 \ 3.51, 20 \ 4.51, 20 \ 5.51    '结果分别为 6、5、4、3
```

从上面的运行结果可以看出，在进行整除运算时，如果除数的小数部分是“.5”，四舍五入时若整数部分是偶数则舍去小数部分，整数部分是奇数则整数部分加 1 后再进行整除运算。第二条语句运行结果是正常四舍五入的结果。

（4）乘方运算结果通常为 Double 类型。

（5）取模运算中，如果左右操作数为实数，先四舍五入为整数然后求模。运算结果的符号与左操作数的符号相同。

要注意，取模运算时，除数的四舍五入的规则和整除运算时相同。如：

```
Print 10 Mod 2.5, 10 Mod 3.5, 10 Mod 4.5            '结果分别为 0，2，2
```

（6）括号内的运算优先。

（7）逻辑型参加算术运算，True 转换成 –1，False 转换成 0。如：

```
Print True + 10, False + 10                         '运算结果分别为 9，10
```

**4. 数值表达式的书写规则**

（1）运算符不能相邻。例如，a + – b 是错误的，可以写成 a+(–b)。

（2）乘号不能省略。例如，x 乘以 y 应写成：x*y。

（3）括号必须成对出现，均使用圆括号。

（4）表达式从左到右在同一基准上书写，无高低、大小。

例如：

```
5+10 mod 10 \ 9 / 3 +2 ^2                 '结果等于 10
```

### 2.4.2　字符串运算符与字符串表达式

字符串运算符只有两个：“&”和“+”。功能都是将两个字符串连接起来，生成一个新的字符串。

例如：

```
Print  "Visual" + "Basic"                    '结果为"VisualBasic"
Print "洪都" & "大桥"                         '结果为"洪都大桥"
```

在字符串变量名后使用“&”时要注意，变量与运算符“&”之间应加一个空格。这是因为“&”不仅是字符串连接符，还是长整型的类型符。当变量与符号“&”不加空格连在一起时，VB系统会优先把它作为类型符处理，这会造成程序出错。

**1. 连接符“+”**

若“+”两边的操作数均为字符型，则进行字符串连接运算；若两边均为数值型，则符号“+”为加号，进行加法运算；若一边为数字字符串，另一边为数值型，则VB系统自动将数字字符串转换为数值，然后进行加法运算；若一边为非数字字符串，另一边为数值型，则会出现“类型不匹配”的错误。

```
"ab" + "cd"                                  '结果为字符串"abcd"
"12" + "34"                                  '结果为字符串"1234"
12 + 34                                      '结果为数值46
"12" + 34                                    '结果为数值46
"abcd" +34                                   '提示“类型不匹配”的错误
```

**2. 连接符“&”**

不管左右两边是字符型、数值型还是别的类型，系统先将两边的操作数转换成字符型，然后再连接。

```
"ab" & "cd"                                  '结果为字符串"abcd"
"12" & "34"                                  '结果为字符串"1234"
12 & 34                                      '结果为字符串"1234"
"12" & 34                                    '结果为字符串"1234"
"abcd" & 34                                  '不会出错，结果为字符串"abcd34"
True & 2                                     '结果为字符串"True2"
```

下面程序中操作数包含变量、属性等，是用变量和属性的值参加运算，运行结果在注释中。

```
Private Sub Form_Click()
    Dim t As Date
    t = #3/1/2009#
    Print t & 10                             '结果为字符串"2009-3-110"
    Print Form1.Enabled & 2                  '结果为字符串"True2"
End Sub
```

变量和属性参加运算时，要注意以下两点：

① 用变量的值和属性的值参加运算，而不是变量名和属性名。如上面的第1个结果是"2009-3-110"，而不是"t10"；第2个结果是"True2"，而不是" Form1.Enabled 2"。

② 变量和属性都是有数据类型的，如Enabled属性是逻辑型，Text属性是字符型，故参加运算时要注意是否符合运算符需要的类型，避免产生“类型不匹配”的错误。

另外，“&”和“+”两个运算符在“+”作为字符串连接符时优先级是相同的。若“+”作为加法运算，则优先级高于“&”。

```
12 & 34 + "5"                                '先进行加法运算，结果为字符串"1239"
12 & "34" + "5"                              '优先级相同，结果为字符串"12345"
"12" + "34" & 5                              '优先级相同，结果为字符串"12345"
```

### 2.4.3 关系运算符与关系表达式

关系运算也称比较运算，用来比较两个操作数的大小，若大小关系成立，结果为 True，否则为 False。关系运算符都是双目运算符，通常用在程序的条件判断中。表 2-4 列出了 VB 中的关系运算符。

表 2-4　　Visual Basic 的关系运算符

| 运 算 符 | 含　义 | 举　例 | 结　果 |
|---|---|---|---|
| > | 大于 | 9>7 | True |
| < | 小于 | "a"<"A" | False |
| = | 等于 | "a"="A" | False |
| >= | 大于等于 | 10>=10 | True |
| <= | 小于等于 | 10<=10 | True |
| <> | 不等于 | 10<>10 | False |
| Like | 字符串匹配 | "qwert" Like "?we*" | True |
| Is | 对象引用比较 | | |

说明：

（1）关系运算符的优先级相同。

（2）关系运算的操作数可以是所有能比较大小的数据类型，具体为数值型、字符型、日期型、逻辑型。

（3）若两个操作数是数值型，则按其值的大小比较。

注意：

① 关系运算符的左右操作数一般要求类型相同。当类型不同时，VB 会按形式值进行转换后再比较。若转换不成功，则显示“类型不匹配”的错误。

例如：

```
123="123"                    '结果为 True。先将 "123" 转换成数值 123，然后比较
1 > True                     '结果为 True。先将 True 转换成 -1，然后比较
True <"www"                  '转换不成功，出现 " 类型不匹配 " 的错误
```

② 对单精度或双精度数进行比较时，因为机器的运算误差，可能会得不到预期的结果。因此应避免直接比较两个浮点数是否相等，而改用对误差的判断。

若要比较两个浮点数 a 和 b 是否相等，可用关系表达式：

```
Abs(a - b) < 1E-6
```

只要 a 和 b 的差小于一个很小的数，就认为是相等。

（4）若两个操作数是字符型，则按字符的 ASCII 码值从左到右一一成对比较，即首先比较两个字符串的第 1 个字符，其 ASCII 码值大的字符串大，若第 1 个字符相同，则比较第 2 个字符，依此类推，直到出现不同的字符为止。

例如：

```
"a" > "A"                    '由于小写字母的 ASCII 码大于大写字母，结果为 True
"ABE" > "ABC"                '结果为 True
"AB" > "ABC"                 '结果为 False
```

```
"102" > "12"                    '由于"0"的ASCII码小于"2"，结果为False
"102" > 12                      '先将"102"转换成数值102，然后比较，结果为True
```

从ASCII码表可知，空串（Null）<空格字符<数字字符<大写字母<小写字母。

（5）若一边为非数字字符串，另一边为数值型或日期型，则会产生“类型不匹配”的错误；若一边为数字字符串，另一边为数值型或日期型，则系统会将数字字符串、逻辑型、日期型数据转换成数值再进行比较，日期型数据转换成日期的数值表示形式。

```
"123" > #12/30/1900#            '结果为False，相当于123>365
```

（6）若两个操作数为日期型，则后面的日期比前面的大。若一边是日期型，另一边是数值型或逻辑型，则系统将日期型和逻辑型转换成数值型后再进行比较。

例如：

```
#3/14/2009# < #3/15/2009#       '结果为True
False > #12/29/1899#            '结果为True，相当于0>-1
```

（7）若两个操作数为逻辑型，则False大于True。

例如：

```
True < False                    '结果为True
```

（8）汉字字符大于西文字符。汉字之间按区位码比较。

```
"我" > "zzzz"                   '结果为True
```

（9）“Like”运算符与通配符：“?”、“*”、“#”、[字符列表]、[!字符列表]结合使用，在数据库的SQL语句中经常使用，用于模糊查询。其中“?”表示任何单一字符，“*”表示任意个字符，“#”表示任何一个数字（0～9），[字符列表]表示字符列表中的任何单一字符，[!字符列表]表示不在字符列表中的任何单一字符。

例如：

```
姓名 Like "张*"                 '查找姓名变量中第一个字符为“张”的人
姓名 Like [!张]                 '查找姓名变量中没有“张”字的人
"abcde" Like "ab*"              '结果为True
"张三" Like "?三"               '结果为True
```

（10）“Is”关系运算符用于两个对象引用比较，本书不使用。

### 2.4.4 逻辑运算符与逻辑表达式

逻辑运算符用于对逻辑型数据进行运算，其结果仍为逻辑值（True或False）。用逻辑运算符连接起来的表达式称为逻辑表达式。逻辑运算也称布尔运算，逻辑表达式也称布尔表达式。

除了Not外，其他逻辑运算符都是双目运算符。逻辑运算通常也用在程序的条件判断中。表2-5列出了VB的逻辑运算符和运算优先级（在表中假定T表示True，F表示False）。

表2-5 Visual Basic的逻辑运算符

| 运算符 | 含义 | 优先级 | 说明 | 举例 | 结果 |
|---|---|---|---|---|---|
| Not | 非 | 1 | 当操作数为真时，结果为假<br>当操作数为假时，结果为真 | Not F<br>Not T | T<br>F |
| And | 与 | 2 | 两个操作数均为真时，结果才为真 | T And T<br>T And F | T<br>F |
| Or | 或 | 3 | 两个操作数中有一个为真时，结果为真 | T Or F<br>F Or F | T<br>F |

续表

| 运算符 | 含义 | 优先级 | 说　明 | 举　例 | 结果 |
|---|---|---|---|---|---|
| Xor | 异或 | 3 | 两个操作数不相同，即一真一假时，结果才为真，否则为假 | T Xor T<br>T Xor F | F<br>T |
| Eqv | 等价 | 4 | 两个操作数相同时，结果才为真 | T Eqv T<br>T Eqv F | T<br>F |
| Imp | 蕴含 | 5 | 第 1 个操作数为真，第 2 个操作数为假时，结果才为假，其余结果都为真 | T Imp F<br>T Imp T | F<br>T |

**说明：**

（1）逻辑运算符中最常用的是 Not、And、Or。

（2）逻辑运算符不仅能对逻辑型数据进行运算，还能对关系表达式进行运算（由于关系表达式的值是逻辑值）。在后面的应用中，And 和 Or 常用于对多个关系表达式进行逻辑判断。若有多个关系表达式用 And 进行连接，则必须所有关系表达式全部为真，结果才为真，用 Or 连接只要有一个关系成立结果就为真。

例如：某班评选特等奖学金的条件是高数、英语、计算机 3 门课的平均分不低于 90 分，且 3 门课的分数都不低于 85 分。

从题目的意思可以列出 4 个关系表达式，分别是：

```
平均分>=90        高数>=85        英语>=85        计算机>=85
```

要获得特等奖学金，上面 4 个条件都要满足。故上面 4 个条件要用 And 连接起来，即：

```
平均分>=90 And 高数>=85 And 英语>=85 And计算机>=85
```

若评选单科优秀奖学金的条件是 3 门课中任何一门的分数在 90 分以上（包括 90），不累计，那么下面 3 个条件：

```
高数>=90        英语>=90        计算机>=90
```

只要满足其中一个就可以了。这 3 个条件就应该用 Or 来连接，最终的逻辑表达式是：

```
高数>=90 Or 英语>=90 Or计算机>=90
```

（3）若逻辑运算符对数值进行运算，则以数值的二进制补码的值逐位进行逻辑运算。运算时先将操作数用二进制补码形式表示，然后二进制位 1 当作 True，0 当作 False 进行按位的逻辑运算，运算规则和逻辑运算相同。每位的运算结果是数值 1 或 0，计算出来的结果是二进制补码的形式，将结果转换成原码才是最终的答案。

**【例 2-2】**

（1）计算表达式 10 And 8 的值。

```
10D=        00001010B
8D=         00001000B      （And）
-------------------------------------
            00001000B      （8D 的补码）        表达式的值为 8
```

（2）计算表达式 10 Or 5 的值。

```
10D=        00001010B
5D=         00000101B      （Or）
-------------------------------------
            00001111B      （15D 的补码）       表达式的值为 15
```

（3）当两个操作数一个是逻辑型，另一个是数值型时，先将逻辑值按 True 转换成 -1，False 转换成 0 的原则转换成数值，然后进行按位逻辑运算。

（4）数学中判断一元二次方程是否有实根的条件是：$a \neq 0$ 且 $b^2-4ac \geqslant 0$ 写出 VB 的逻辑表达式是：

```
a<>0 And b^2-4*a*c>=0
```

（5）数学上判断 x 是否在区间 [a，b] 时，习惯上写成 $a \leqslant x \leqslant b$，但在 VB 中不能写成：

```
a<=x<=b
```

应写成：

```
a<=x And x<=b
```

（6）判断某个年份 y 是否为闰年，满足下面 2 个条件之一就是闰年：

① 能被 4 整除，但不能被 100 整除。

② 能被 400 整除。

对应的 VB 的合法的逻辑表达式是：

```
y Mod 4=0 And y Mod 100<>0 Or y Mod 400=0
```

### 2.4.5 日期型运算符和日期表达式

日期型数据有两种表示形式，一种是两边用“#”括起来，另一种表示形式是数值。日期型数据和数值型数据是类似的，数值型数据能够参加的运算，日期型数据基本上都能参加。

日期型数据参加运算的结果有两种类型：数值型和日期型。除了一个日期加上或减去一个数值、两个日期相加所得的结果为日期型外，其余的运算结果都是数值型。一个日期加上或减去一个数值 n，就是将该日期向后或向前推 n 天。

【例 2-3】日期型数据参加运算。运行结果如图 2-3 所示，程序如下：

```
Private Sub Form_Click()
    Dim s As Date, d As Date, m As Date
    m = #12/29/1899#                        ' 和 m=-1 价
    s = #12/31/1899#                        ' 和 s=1 等价
    d = #1/2/1900#                          ' 和 d=3 等价
    Print s + 10
    Print s - 10
    Print d - s
    Print m * 2
    Print d Mod 2
    Print s * d
End Sub
```

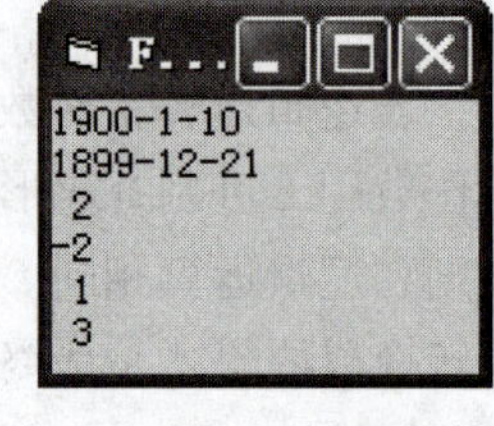


图 2-3　例 2-3 的运行结果

由于日期型数据在某种意义上等同于数值型数据，所以在后面介绍混合表达式的运算顺序时不单独列出。

### 2.4.6 混合运算的执行顺序

一个表达式可能含有多种类型的运算符，对于一个综合表达式，VB 按一定的顺序求值。一般顺序如下：

（1）函数运算。

（2）算术运算。不同的算术运算符按表 2-3 列出的优先级先后进行运算，优先级相同的按从左到右的顺序进行运算。

（3）字符运算符。“+” 和 “&” 优先级相同。

（4）关系运算。不同的关系运算符优先级相同，按从左到右的顺序运算。

（5）逻辑运算。不同的逻辑运算符按表 2-5 列出的优先级先后进行运算，优先级相同的按从左到右的顺序进行运算。

（6）括号可以改变运算顺序，括号内的优先。

在书写综合表达式时，应该注意以下几点：

（1）乘号不能省略，应该写成 “*”，不能用 “·” 代替。

（2）不允许两个运算符直接相连，应该用括号隔开。

（3）VB 中使用的括号全部是圆括号，不能使用方括号或花括号。

（4）指数运算如 A^B 中，当 A 或 B 不是单个常量或变量时，要用括号括起来。如 (2+3)^(1+2)。

**【例 2-4】**计算下面综合表达式的值。

（1）1 + 2 > 5 And 6 < 2

① 先进行算术运算 1+2，结果为 3。

② 然后进行关系运算 3>5，结果为 False。

③ 再进行关系运算 6<2，结果为 False。

④ 最后进行逻辑运算 False And False，结果为 False。

（2）Not 15 < 12 And 4 * 3 =8 + 4

① 先进行算术运算 4 * 3，结果为 12。

② 然后进行算术运算 8 + 4，结果为 12。

③ 再进行关系运算 15<12，结果为 False。

④ 再进行关系运算 12=12，结果为 True。

⑤ 再进行逻辑运算 Not False，结果为 True。

⑥ 最后进行逻辑运算 True And True，结果为 True。

（3）5 >= 5 Or 4 * 7 <> 7

步骤略，结果为 True。

（4）2009 Mod 4 = 0 And 2009 Mod 100 <> 0 Or 2009 Mod 400 = 0

步骤略，结果为 False。功能是判断 2009 年是否为闰年。

## 2.5 常用内部函数

内部函数也称标准函数，是 VB 系统已经定义好的函数，用户可以在编写程序时直接调用，不必声明。VB 提供了大量的内部函数，为编程者提供了很大的方便。内部函数按其功能分，可分为数学函数、字符串函数、转换函数、日期时间函数、格式输出函数、其他函数等。

为了讲解方便，本节用 N 表示数值表达式、C 表示字符表达式、D 表示日期表达式。用中括号括起来的地方表示可以省略。由于篇幅有限，本节只介绍一些常用的内部函数。其他函数的使用方法可以通过联机帮助或查阅相关资料来获得。

## 2.5.1 数学函数

数学函数与数学中的定义一样，如表 2-6 所示。

表 2-6 常用的数学函数

| 函 数 名 | 含 义 | 举 例 | 结 果 |
|---|---|---|---|
| Abs(N) | 取绝对值 | Abs(–5) | 5 |
| Cos(N) | 余弦函数 | Cos(1) | 0.5403 |
| Exp(N) | 以 e 为底的指数函数，即 $e^n$ | Exp(2) | 7.389 |
| Log(N) | 以 e 为底的自然对数 | Log(20) | 2.9957 |
| Rnd[(N)] | 产生随机数 | Rnd | 0 ～ 1 之间的数 |
| Sin(N) | 正弦函数 | Sin(1) | 0.8415 |
| Sgn(N) | 符号函数 | Sgn(–5) | –1 |
| Sqr(N) | 算术平方根 | Sqr(16) | 4 |
| Tan(N) | 正切函数 | Tan(1) | 1.557 |

说明：

（1）在三角函数中，N 的单位是弧度。Sqr(N) 函数的参数不能是负数。

（2）Rnd[(N)] 函数返回一个大于或等于 0 且小于 1 的随机数。

VB 是通过随机数生成器生成随机数的。让随机数生成器生成一个随机数，要为它提供一个“种子”（也可以说起始点）。在同一个“种子”下，Rnd 函数生成的随机数是相同的。

可选参数 N 是 Single 类型的数值表达式，N 的值决定了 Rnd 生成随机数的方式：

N<0　　每次都使用 N 作为随机数的种子，得到的结果相同。

N>0　　默认值。以上一个随机数作种子，产生下一个随机数。

N=0　　产生与最近生成的随机数相同的数。

Rnd 函数生成的随机数范围很小，可以对它进行一些变换以便得到某个指定范围内的随机数。假定 A、B 为两个整数，且 A<B，若要产生 [A,B) 之间的随机数和随机整数，可以使用下面的公式：

```
( B-A )*Rnd + A                 '产生任意随机数
Int ( ( B-A )*Rnd + A )         '产生任意随机整数，Int() 函数为转换函数中的取整函数
```

若要产生 [A,B] 之间的随机数和随机整数，可以使用下面的公式：

```
( B-A+1 )*Rnd + A               '产生任意随机数
Int ( ( B-A +1)*Rnd + A )       '产生任意随机整数
```

例如：

```
Int(101 * Rnd)                  '产生[ 0, 100] 的随机整数
17 * Rnd + 3                    '产生[ 3, 20) 的随机数
```

使用 Randomize 语句，即随机数发生器初始化语句，可以产生不同的随机数，否则程序每次运行将产生相同的随机数。

Randomize 语句格式如下：

```
Randomize [ 数值表达式]
```

常用语句：Randomize　Timer

用 Timer 函数的值作为种子。Timer 返回的是自午夜零点到现在时间所经过的秒数。

## 2.5.2　字符串函数

### 1. 字符串编码

VB 中的字符串长度是以字（习惯称字符）为单位的，也就是每个西文字符和每个汉字都作为一个字，占两个字节。这与传统的概念有所不同，原因是编码方式不同。

众所周知，西文字符采用 ASCII 编码，每个字符占一个字节。

Windows 系统对字符采用了 DBCS 编码（Double Byte Character Set），用来处理使用象形文字字符的东亚语言。DBCS 编码实际上是一套单字节与双字节的混合编码，即西文与 ASCII 编码是单字节，中文以两个字节编码。

在 VB 中，采用的是 Unicode 编码（国际标准化组织 ISO 字符标准）来存储和操作字符串。Unicode 编码全部用两个字节表示一个字符。为了保持对 ASCII 码的兼容性，保留 ASCII 码，仅将其每个码的字节数由一个变成两个，增加的字节以零填充。前面在介绍关系运算符时，强调“汉字字符大于西文字符”，就是这个道理。

为了不同软件系统的需要，VB 提供了 StrConv() 函数来转换 Unicode 与 DBCS 两种编码方式。

例如，Len() 函数是求字符串的字符数、LenB() 函数求字符串的字节数，下列程序可让大家明白 Unicode 编码与 DBCS 编码的区别。

下面程序的运行结果如图 2-4 所示。

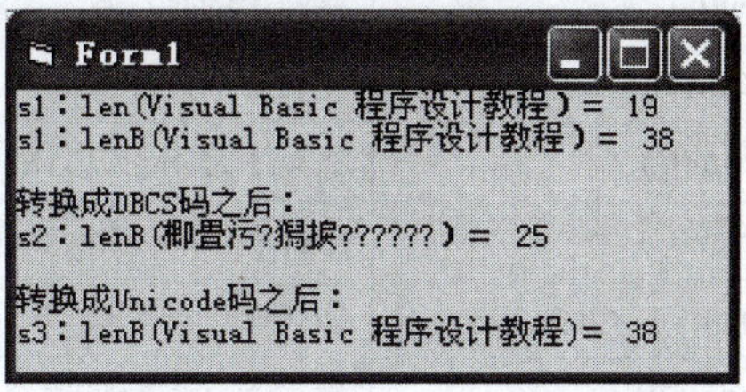

图 2-4　Unicode 与 DBCS 编码转换

```
Private Sub Form_Click()
    Dim s1$, s2$, s3$
    s1 = "Visual Basic 程序设计教程"
    Print "s1: len("; s1; ") = "; Len(s1)
    Print "s1: lenB("; s1; ") = "; LenB(s1)
    Print
    s2 = StrConv(s1, vbFromUnicode)
    Print "转换成 DBCS 码之后: "
    Print "s2: lenB("; s2; ") = "; LenB(s2)
    Print
    s3 = StrConv(s2, vbUnicode)
    Print "转换成 Unicode 码之后: "
    Print "s3: lenB("; s3; ") = "; LenB(s3)
End Sub
```

从运行结果可以看出，VB 系统以 Unicode 编码处理字符串，通过 StrConv() 函数转换成 DBCS 编码后，在 VB 系统下显示的是乱码。

### 2. 字符串函数

VB 的字符串函数十分丰富，如表 2-7 所示。

表 2-7 常用的字符串函数

| 函数名 | 含义 | 举例 | 结果 |
|---|---|---|---|
| InStr([N1],C1,C2[,M]) | 在 C1 中从第 N1 个位置开始查找第一次出现 C2 的位置，省略 N1 从头开始找，找不到结果为 0 | InStr("ABCDEABCD","CD")<br>InStr(4,"ABCDEABCD","CD")<br>InStr("ABCDEABCD","EF") | 3<br>8<br>0 |
| InStrRev(C1，C2[，N1][，M]) | 与 InStr 函数功能相同，区别是从串的尾部开始找 | InStrRev("ABCDEABCDE","CD")<br>InStrRev("ABCDEABCDE","CD",4)<br>InStrRev("ABCDEABCDE","CD",9) | 8<br>3<br>8 |
| Left(C，N) | 取 C 的左边 N 个字符 | Left("56789",3) | "567" |
| Right(C，N) | 取 C 的右边 N 个字符 | Right("56789",3) | "789" |
| Mid(C，N1[，N2]) | 在 C 中从 N1 位置开始向右取 N2 个字符，若省略 N2，则向右取所有的字符 | Mid("1A2B3C4D",2,4)<br>Mid("1A2B3C4D",2) | "A2B3"<br>" A2B3C4D " |
| Replace(C，C1，C2[，N1][，N2][，M]) | 在C中从N1开始将C2替代C1(有N2，替代N2次)，省略N1从头开始 | Replace("ABCDECD","CD","12")<br>Replace("ABCDECDCDE","CD","12",1)<br>Replace("ABCDECDCDE","CD","12",3,1) | "AB12E12"<br>"ABE1212E"<br>"12ECDCDE" |
| Len(C) | 字符串的字符数 | Len(" 智能 ABC") | 5 |
| LenB(C) | 字符串所占字节数 | Lenb(" 智能 ABC") | 10 |
| Ltrim(C) | 去掉字符串左边空格 | Ltrim("AB  CDE") | "AB  CDE" |
| Rtrim(C) | 去掉右边的空格 | Rtrim("AB  CDE") | "AB  CDE" |
| Trim(C) | 去掉两边的空格 | Trim("AB  CDE") | "AB  CDE" |
| Space(N) | 产生 N 个空格的字符串 | Space(4) | "    " |
| String(N，C) | 返回由 C 的首字符重复 N 遍构成的字符串 | String(6,"*!") | "******" |
| StrReverse(C) | 将字符串方序 | StrReverse("123456") | "654321" |
| StrComp(C1，C2[，M]) | 比较两个 C1 和 C2 的大小，结果为 -1，0，1 | StrComp("AB","CD")<br>StrComp("AB","AB")<br>StrComp("ab","AB") | –1<br>0<br>1 |
| Join(A[，D]) | 将数组 A 各元素按 D 分隔符连接成字符串 | A=array("ab","rt","89")<br>Join(A,"") | "abrt89" |
| Split(C[，D]) | 与 Join 作用相反。将字符串 C 按分隔符 D 分隔成字符数组 | A=Split("ab,rt,89",",") | A(0)="ab"<br>A(1)="rt"<br>A(2)="89" |

**说明：**

（1）在众多的字符串函数中，最常用的函数是找子串 InStr()、取子串 Mid()、求字符串长度 Len() 等函数，必须熟练掌握。

（2）参数中的 N 和 C 要注意先后顺序。

（3）函数的参数中的 M，用来表示是否要区分大小写。M=0，区分；M=1，不区分。省略 M 为区分大小写。

（4）还有一个函数跟字符串有关，但不方便归为字符串函数一类，这里单独列出来。

```
IsNumeric(参数)
```

功能：判断参数是否是一个数值。当参数为数值型或数字字符串时，返回 True，否则返回 False。

例如：

```
IsNumeric(100)                    '值为 True
IsNumeric("123")                  '值为 True
IsNumeric("12a")                  '值为 False
```

### 2.5.3　转换函数

转换函数用来实现不同类型数据之间的转换。常用的转换函数如表 2-8 所示。

表 2-8　常用的转换函数

| 函　数　名 | 含　　义 | 举　　例 | 结　　果 |
| --- | --- | --- | --- |
| Asc(C) | 求字符串 C 首字符的 ASCII 码 | Asc("abcd")<br>Asc("A") | 97<br>65 |
| Chr(N) | 将 ASCII 码转换成字符 | Chr(65) | "A" |
| Val(C) | 将数字字符串转换成数字 | Val("100")<br>Val("100ab12") | 123<br>100 |
| Str(N) | 将数值转换成字符串 | Str(123.456) | " 123.456" |
| Ucase(C) | 小写字母转换成大写字母 | Ucase("qWerT") | "QWERT" |
| Lcase(C) | 大写字母转换成小写字母 | Lcase("qWerT ") | "qwert" |
| Int(N) | 取不大于 N 的最大整数 | Int(5.9)<br>Int(–5.9) | 5<br>–6 |
| Fix(N) | 取 N 的整数部分 | Fix(–5.9) | –5 |
| Cint(N) | 将 N 四舍五入取整 | Cint(5.9) | 6 |
| Round(N1[, N2]) | 将 N1 四舍五入保留小数点后 N2 位，若 N2 省略，则没有小数 | Round(5.6789,2)<br>Round(5.6789) | 5.68<br>6 |
| Hex(N) | 将十进制数转换成十六进制数 | Hex(100) | 64 |
| Oct(N) | 将十进制数转换成八进制数 | Oct(100) | 144 |

**说明：**

（1）Str() 函数将非负数转换成字符型后，会在转换后的字符串左边增加空格即数值的符号位。如表达式 Str( 123.456) 的结果不是 "123.456"，而是 " 123.456"( 长度为 8 )。

（2）Val() 将数字字符串转换成数值类型，当字符串中出现数值类型规定的字符以外的字符时，则停止转换，函数返回的是停止转换前的结果。若第一个字符就不符合要求，则返回 0。例如下列表达式的对应值分别是：

```
Val("a12")                  '值为 0
Val("100ab12")              '值为 100
```

但是要注意，表达式 Val("1.23E4") 的值是 12300。

（3）对于 Cint() 函数要注意下面表达式的值，总结它们的规律（在表达式那一节总结过）。

```
Cint(2.5), Cint(3.5), Cint(4.5), Cint(5.5)
  2          4          4          6
```

## 2.5.4 日期、时间函数

常用的日期时间函数如表 2-9 所示。

表 2-9　　常用的日期时间函数

| 函数名 | 含义 | 举例 | 结果 |
|---|---|---|---|
| Date[()] | 返回系统日期 | Date() | 2009-2-21 |
| DateSerial(年,月,日) | 返回一个日期形式 | DateSerial(2009,2,21) | 2009-2-21 |
| DateValue(C) | 同上，但参数为字符串 | DateValue("2009,2,21") | 2009-2-21 |
| Year(C\|N) | 返回年份 | Year("2009,2,14") | 2009 |
| Month(C\|N) | 返回月份代号（1～12） | Month("2009,2,14") | 2 |
| MonthName(N) | 返回月份名 | MonthName(2) | 二月 |
| Day(C\|N) | 返回日期代号（1～31） | Day("2009,2,14")<br>Day(–1) | 14<br>29 |
| Time[()] | 返回系统时间 | Time | 10:23:57 |
| Timer | 返回自午夜零点到现在经过的秒数 | Timer | 70040.41 |
| Hour(C\|N) | 返回小时（0～23） | Hour("10:23:57") | 10 |
| Minute(C\|N) | 返回分钟（0～59） | Minute(Time) | 23 |
| Second(C\|N) | 返回秒（0～59） | Second(Time) | 57 |
| Now | 返回系统日期和时间 | Now | 2009-2-14 10:23:57 |
| WeekDay(C\|N) | 返回星期代号（1～7）<br>星期日为 1，星期六为 7 | WeekDay("2009,2,14") | 7 |
| WeekDayName(N) | 将星期代号（1～7）转换成星期名称 | WeekDayName(7) | 星期六 |

**说明：**

（1）Date()、Time()、Now() 函数都是返回系统日期或时间的函数，注意它们返回值的区别。

（2）日期函数的参数“C|N”表示可以是数值表达式，也可以是字符串表达式，其中“N”表示相对于 1899 年 12 月 30 日前后的天数。

（3）除了上述日期函数外，还有两个函数比较有用。由于这个函数参数较复杂，下面单独介绍。

① DateAdd() 增减日期函数

形式如下：

```
DateAdd（增减形式，增减量，要增减的日期变量）
```

作用：对要增减的日期变量按日期形式做增减。日期的增减形式见表 2-10。

表 2-10　　日期的增减形式

| 日期形式 | yyyy | q | m | y | d | w | ww | h | n | s |
|---|---|---|---|---|---|---|---|---|---|---|
| 含义 | 年 | 季 | 月 | 一年的天数 | 日 | 一周的日数 | 星期 | 时 | 分 | 秒 |

例如：

假设 Date() 函数返回值为 #2009-2-14#，则

```
DateAdd("ww",1,Date)
```

表示在 Date() 函数返回值的基础上加上一周，所以函数的结果是：#2009-2-21#。

② DateDiff() 函数求两个日期的间隔

形式如下：

```
DateDiff(要间隔的日期形式，日期1，日期2)
```

作用：按要间隔的日期形式求两个日期相差的时间。要间隔的日期形式见表 2-10。

注意　将日期 2 减去日期 1。

例如：要计算 2008 年 1 月 1 日出生的小宝宝到今天有多少天？表达式为：

```
DateDiff("d",#2008-1-1#,Date)                    '结果为 427 天
```

### 2.5.5　格式输出函数

格式输出函数有 Format() 函数，可以使数值、日期或字符串按指定的格式输出。在 VB 6.0 中，还增加了 FormatCurrency(货币格式)、FormatNumber(数字格式)、FormatPercent(百分比格式)，针对不同的数据，系统已预定义好了，用户只要调用相应的格式就可以了。格式输出函数返回的是一个字符串，一般用于 Print 方法中。本节主要介绍适用面广、格式丰富的 Format 函数，其格式如下：

```
Format(表达式[，格式字符串])
```

**说明：**

① 函数返回值类型为字符型。

② 函数功能是将表达式按格式字符串指定的格式转换成字符串。

③ 格式字符串由专门的格式说明字符组成，可分为 3 类：数值格式、日期格式和字符串格式。格式字符串要加双引号。

**1. 数值格式化**

数值格式化是将数值表达式的值按“格式字符串”所指定的格式输出。数值格式化对应的“格式字符串”可从表 2-11 中选取。

表 2-11　　数字格式说明符

| 符号 | 作　用 | 数值表达式 | 格式字符串 | 结　果 |
|---|---|---|---|---|
| 0 | 数字。实际数字位数小于符号位数，数字前后加 0 | 12.3456 | "000.00000"<br>"0.00" | "012.34560"<br>"12.35" |
| # | 数字。实际数字位数小于符号位数，数字前后不需要加 0 | 12.3456 | "###.#####"<br>"#.##" | "12.3456"<br>"12.35" |
| . | 加小数点 | 123 | "00.00" | "123.00" |
| , | 加千分位 | 123456.7896 | "#,000.0000" | "123,456.7896" |
| % | 数值乘以 100，加百分号 | 0.1234 | "#.000%" | "12.340%" |
| $ | 在数字前加 $ 符号 | 1234 | "$000" | "$1234" |

续表

| 符号 | 作　用 | 数值表达式 | 格式字符串 | 结　果 |
|---|---|---|---|---|
| +　− | 在数字前加 + 或 − | −1234 | "+0000"<br>"−0000" | "−+1234"<br>"−−1234" |
| E+　E− | 用指数表示 | 1234 | "0.00E+0" | "1.23E+3" |

说明：

符号“0”和“#”的相同之处：若要显示的数值表达式的整数部分位数多于格式字符串的位数，按实际数值显示；若小数部分的位数多于格式字符串的位数，按四舍五入显示。不同之处：当要显示的数值表达式的位数小于格式字符串的位数时，“0”按规定的位数显示，要在整数前或小数后补够 0，“#”按数值表达式的实际位数显示就可以了。

下面给出几个完整的 Format() 函数的例子：

```
Print Format(12.56,"###.000")              '结果为："12.560"
Print Format(0.1256,"##.000%")             '结果为："12.560%"
```

### 2. 日期和时间格式化

日期和时间格式化是将日期表达式的值或数值表达式的值以日期、时间的序数值按“格式字符串”指定的格式输出。“格式字符串”可从表 2-12 中选取。

表 2-12　　　　日期和时间格式说明符

| 符　号 | 作　用 | 符　号 | 作　用 |
|---|---|---|---|
| d | 表示日期（1 ～ 31），个位前不加 0 | dd | 显示日期（01 ～ 31），个位前加 0 |
| ddd | 显示星期缩写（Sun ～ Sat） | dddd | 显示星期全名（Sunday ～ Saturday） |
| ddddd | 显示完整日期（yy/mm/dd） | dddddd | 显示完整长日期（yyyy 年 m 月 d 日） |
| w | 星期为数字（1 ～ 7，1 是星期天） | w+++w | 一年中的星期数（0 ～ 53） |
| m | 显示月份（1 ～ 12），个位前不加 0 | mm | 显示月份（01 ～ 12），个位前加 0 |
| mmm | 显示月份缩写（Jan ～ Dec） | mmmm | 月份全名（January ～ December） |
| y | 显示一年中的天（1 ～ 366） | yy | 两位数显示年份（00 ～ 99） |
| yyyy | 显示四位数的年份（0100 ～ 9999） | q | 季度数（1 ～ 4） |
| h | 显示小时（0 ～ 23），个位前不加 0 | hh | 显示小时（00 ～ 23），个位前加 0 |
| m | 在 h 后显示分（0 ～ 59），个位前不加 0 | mm | 在 h 后显示分（00 ～ 59），各位前加 0 |
| s | 显示秒（0 ～ 59），个位前不加 0 | ss | 显示秒（00 ～ 59），个位前加 0 |
| m | 显示完整时间（时、分和秒）默认格式为 hh：mm：ss | AM/PM，am/pm | 12 小时的时钟，中午前为 AM 或 am，中午后为 PM 或 pm |
| A/P，a/p | 12 小时的时钟，中午前 A 或 a，中午后 P 或 p | | |

说明：

（1）时间分钟的格式说明符 m、mm 与月份的说明符相同，区分的方法是：跟在 h、hh 后的为分钟，否则为月份。

（2）非格式说明符“-”、“/”、“：”等照原样显示。

【例 2-5】利用 Format() 函数显示日期和时间。运行结果如图 2-5 所示，程序如下：

```
Private Sub Form_Click()
    Dim MyTime As Date, MyDate As Date
    Form1.FontSize = 12
    MyDate = #2/14/2009#
    MyTime = #8:23:57 PM#
    Print Format(MyDate, "m/d/yy")
    Print Format(MyDate, "mmmm-yy")
    Print Format(MyTime, "h-m-s AM/PM" )
    Print Format(MyTime, "hh:mm:ss A/P")
    Print Format(Date, "dddd,mmmmm,dd,yyyy")
    Print Format(Now, "yyyy 年 m 月 dd hh:mm")
End Sub
```

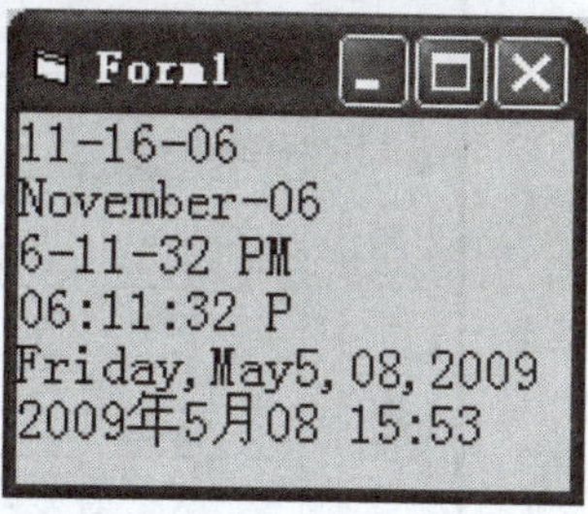


图 2-5　例 2-5 的运行结果

### 3. 字符串格式化

字符串格式化是将字符串按指定的格式进行大小写显示等。字符串格式符见表 2-13。

表 2-13　字符串格式符

| 符号 | 作　用 | 字符串表达式 | 格式字符串 | 结　果 |
|---|---|---|---|---|
| < | 强迫以小写显示 | "ABcde" | "<" | "abcde" |
| > | 强迫以大写显示 | "ABcde" | ">" | "ABCDE" |
| @ | 实际字符位数小于符号位数，字符前加空格 | "ABcde" | "@@@@@@@" | "  ABcde" |
| & | 实际字符位数小于符号位数，字符前不加空格 | "ABcde" | "&&&&&&&" | "ABcde" |

## 2.5.6　其他函数

VB 不但提供了可调用的内部函数，还可以通过函数调用各种应用程序，也就是凡是能在 DOS 或 Windows 下运行的可执行程序，也可以在 VB 中调用。这是通过 Shell() 函数来实现的。

Shell() 函数的格式如下：

```
Shell（命令字符串[，窗口类型]）
```

其中：

命令字符串：表示执行的应用程序名，包括其路径，它必须是可执行文件（扩展名为 .COM、.EXE、.BAT 等）。

窗口类型：表示执行应用程序的窗口大小，可以是 0～4、6 的整型数值。一般取 1，代表正常窗口状态。默认值为 2，表示窗口会以一个具有焦点的图标来显示。

函数成功调用的返回值为一个任务表示 ID，它是运行程序的唯一标识，用于程序调试时判断执行的应用程序是否正确。

【例 2-6】利用 Shell() 函数在窗体单击时依次运行 Windows 的计算器和 MS-DOS 方式窗口。程序如下，运行界面如图 2-6 和图 2-7 所示。

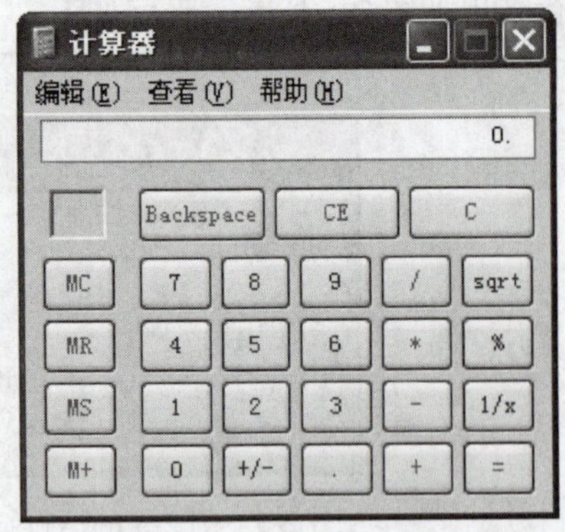


图 2-6　计算器界面

图 2-7　DOS 运行界面

```
Private Sub Form_Click()
    i = Shell("C:\WINDOWS\system32\calc.exe")
    j = Shell("C:\WINDOWS\system32\command.com")
End Sub
```

计算机安装的操作系统不同，“calc.exe”等应用程序所在的路径会有所不同。

# 第3章 Visual Basic 程序初步

Visual Basic 中的语句是执行具体操作的指令。顺序结构就是程序的各语句按出现的先后次序执行。在 Visual Basic 中构成顺序结构的主要有赋值语句，输入语句、输出语句等。输入、输出语句可以通过文本框控件、标签控件、Print 方法、InputBox 函数、MsgBox 函数、过程等来实现。

## 3.1 结构化程序设计

20 世纪 60 年代末，著名学者 E.W.Dijkstra 首先提出了“结构化程序设计”的思想。这种方法要求程序设计者按照一定的结构形式来设计和编写程序，使程序易阅读、易理解、易修改和易维护。这个结构形式主要包括两方面的内容。

（1）在程序设计中，采用自顶向下、逐步细化的原则。按照自顶向下、逐步细化的原则，应用程序设计过程应自顶向下分成若干层次，逐步加以解决：每一个层次是在前一层的基础上，是对前一层设计的细化，这个过程形成一个树结构。这样，一个较复杂的大问题，就被层层分解成为多个相对独立的、易于解决的小模块，有利于程序设计工作的分工和组织，也使调试工作比较容易进行。

（2）在程序设计中，编写程序的控制结构仅由 3 种基本的控制结构——顺序结构、选择结构和循环结构组成。

顺序结构是一种最简单的程序结构，它是按从上到下的顺序执行程序。

选择结构又称为分支结构，是一种跳转性语句的程序结构。它根据给定的条件判断应该执行哪一条分支。

循环结构是一种重复执行的结构，它根据给定的条件，判断是否需重复执行循环体。循环结构有两种形式：当型结构和直到型结构。当型结构在条件成立时反复执行循环体，否则退出循环结构，先判断后执行。直到型结构反复执行循环体，直到给出的条件成立时退出循环结构，先执行后判断。直到型结构的循环体至少执行一次，而当型结构的循环体有可能一次也不执行。

Visual Basic 虽然是面向对象的程序设计语言，但它仍然支持结构化程序设计。实际上，在对象的内部结构中，经常利用结构化的程序设计技术，使代码结构清晰，具有良好的可读性、可理解性。

# 3.2 赋值语句

赋值语句是程序中最基本的语句，赋值语句可将指定的值赋值给某个变量或对象的属性。它是最简单的顺序结构，其使用语法如下：

```
[Let] <变量>=<表达式>
```

或：<对象名>.<属性>=<表达式>

其含义是将表达式的值赋给变量或属性。

其语法说明如下。

（1）Let 可选的。显式使用 Let 关键字也是一种格式，但通常都省略该关键字。

（2）变量或属性名是必需的。变量或属性的名称应遵循标准变量命名约定。

（3）表达式是必需的。赋给变量或属性的值。“=”号称之为赋值号。

（4）赋值语句具有计算和赋值的双重功能，它首先计算“=”号右边的表达式，然后把结果赋给“=”号左侧的变量。不要把赋值号“=”与关系运算符的等号混淆。等号表示其两侧的值相等，而赋值号“=”的作用是将一个值赋给一个变量。

例如，下面两个语句的作用是不同的：

```
x = y        '将 y 的值赋给 x
y = x        '将 x 的值赋给 y
```

因此，赋值号两侧的内容不能随意互换。

说明：

（1）在 VB 中，如果变量未被赋值而直接引用，则数值型变量的值为 0，字符型变量的值为空串 ""。

（2）x=x+1　它表示把 x 原有的值加上 1 再重新赋给 x，这个语句往往用于计数。

（3）赋值号左边只能是变量，不能是常量、常数符号、表达式。下列语句均为错误的赋值语句：

```
cos(x) = x + y      ' 左边是标准函数的调用
10 = x + y          ' 左边是常量
x + y = 10          ' 左边是表达式
```

（4）只有当表达式是一种与变量兼容的数据类型时，该表达式的值才可以赋给变量或属性。不能将字符串表达式的值赋给数值变量，也不能将数值表达式的值赋给字符串变量。如果这样做，就会在编译时出现错误。

（5）将一种数值类型的表达式赋给另一种数值类型的变量时，会强制将该表达式的值转换为左边变量的数值类型。

（6）不能在一条赋值语句中，同时给多个变量赋值。

例如：要对 x，y，z 3 个变量值赋初值 1，如语句书写语法上没错，但结果不正确：

```
x = y = z = 1
```

执行该语句前 x，y，z 的变量值默认是 0，Visual Basic 在编译时，只有 x 后面的“=”号是赋值号，右边的两个“=”作为关系运算符处理，先进行 y=z 比较，都为零，结果为 True(－1)；接着 True=1 比较结果 False(0)；最后将 False 赋值给 x，因此最后三个变量中的值仍为 0。正确书写应用 3 个赋值语句完成。

# 3.3　数据输出和输入

## 3.3.1　Print 方法

Print 方法用于在窗体、立即窗口、图片框、打印机等对象中显示文本字符串和表达式的值。Print 方法的格式和功能与早期 BASIC 语言中的 Print 语句类似。其使用语法如下：

```
[ 对象名 .] Print [ [ Spc(n) | Tab(n)]] [ 表达式列表][ ; | , ]
```

说明：

（1）“对象名”可以是窗体、立即窗口（Debug）、图片框、打印机（Printer）等对象。如果省略“对象名”，则在当前窗体上输出。例如：

```
Form1.Print "Visual Basic"                    ' 在 Form1 窗体中显示 "Visual Basic"
Picture1.Print "Visual Basic"                 ' 在图片框 Picture1 中显示 "Visual Basic"
Print "Visual Basic"                          ' 在当前窗体中显示 "Visual Basic"
```

（2）“表达式列表”是写在同一行上的若干个表达式，它们可以是算术表达式、字符串表达式、关系表达式和布尔表达式，各表达式之间用逗号或分号间隔。Print 方法具有计算和显示的双重功能，对于表达式，先计算后显示。例如：

```
Print 2*6+3                                   ' 显示：15
Print "aa" & "bb" ;2*6+3                      ' 显示：aabb 15
```

（3）Print 方法的显示格式有分区格式和紧凑格式两种。

当各表达式用逗号作为分隔符时，按打印区域显示数据项，每隔 14 列开始一个打印区，每列的宽度是所选字体磅值大小的所有字符的平均宽度。

当各表达式用分号作为分隔符时，输出格式为紧凑格式，此时将在每个数值后面增加一个空格，如果数值为正数，将把正号显示为空格。在 Print 方法中，可以将逗号和分号混合使用。

（4）一般情况下，每一次 Print 方法要自动换行，即后面执行 Print 时将在新的一行上显示信息。为了仍在同一行上显示，可以在 Print 方法末尾加上分号或逗号。

（5）为了使数据按指定的位置输出，VB 提供了几个与 Print 配合使用的函数。

① Tab 函数。Tab 函数与 Print 方法或 Print# 语句一起使用，对输出进行定位。格式如下：

```
Tab(n)
```

其中：n 为数值表达式，其值为整数，代表从最左端开始计算的第 n 列，表示在输出前把光标或打印头移到该列。通常最左边的列号为 1。如果当前的显示位置已经超过 n，则自动下移一行。当 n 大于行的宽度时，显示位置为 n Mod <行宽>，如果 n < 1，则把输出位置移到第 1 列。

Tab 函数把显示或打印位置移到由参数 n 指定的列数，从此列开始输出数据。要输出的内容放在 Tab 函数后面，并用分号隔开。例如：

```
Print Tab(10); "姓名";Tab(30);"年龄"
```

当在一个 Print 方法中有多个 Tab 函数时，每个 Tab 函数对应一个输出项，各输入项之间用分号隔开。

② Spc 函数。在 Print 方法或 Print# 语句中，用 Spc 函数跳过 n 个空格。使用格式如下：

```
Spc(n)
```

其中：n 是在显示或打印下一个表达式之前插入的空格数。代表从当前打印位置起空 n 个空格。Spc 函数与输出项之间用分号隔开。例如：

```
Print " ABC " ;Spc(5);  " DEP "      ' 输出：ABC     DFE
```

当 Print 方法与不同大小的字体一起使用时，使用 Spc 函数打印的空格字符的宽度总是等于选用字体内以磅数为单位的所有字符的平均宽度。

Spc 函数与 Tab 函数的作用类似，可以互相代替。但应注意，Tab 函数从对象的左端开始计数，而 Spc 函数只表示两个输出项之间的间隔。

除 Spc 函数外，还可以用 Space(n) 函数（产生 n 个空格），该函数与 Spc 函数的功能类似。

【例 3-1】阅读下列程序，写出下列程序运行结果：

```
Private Sub Form_Click()
    FontSize = 12
    x = 1: y = 2: z = 4
    Print "12345678901234567890"
    Print x, y, z
    Print x; y; z; -x; -y; -z
    Print x, y,
    Print z
    Print "x="; x, "y="; y, "z="; z
    Print x; "+"; y; "="; x + y
    Print  "12345678901234567890"
    Print Tab(10); x; Spc(5); -y
End Sub
```

程序运行结果如图 3-1 所示。

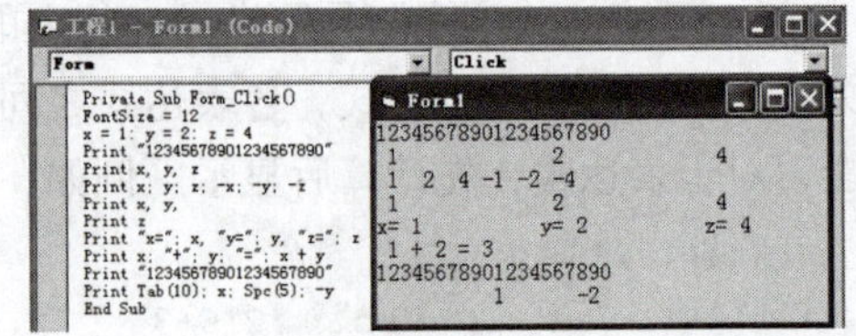

图 3-1　程序运行结果

## 3.3.2　特殊打印格式

### 1. 打印机对象

Visual Basic 提供的打印机对象（Printer）允许用户使用安装在 Windows 中的打印机。使用打印机对象的 Print 方法可以把以往输出到屏幕的内容输出到打印机，而利用 PrintPicture 方法可用来打印图形。

（1）打印机对象的常用属性。

FontCount：打印机可用的字体总数。

FontName：字体名称。其值是字符串表达式，指定所用的字体名，如 Printer. FontName = "宋体"。

FontSize：字体大小。属性值为数值表达式，以磅为单位指定所用字体大小。

PrintQuality：打印质量。设置或返回打印机的分辨率，是整型数（−1 ～ −4 对应分辨率从低到高）如设置草稿质量 Printer.PrintQuality = −1。

（2）打印机对象的常用方法

Print：打印。向打印机输出文本或数据。

Pset, Line, Circle：分别为画点、画线、画园。

PaintPicture：打印图形。

EndDoc：文档结束。用于终止发送给 Printer 对象的打印操作，将文档释放到打印设备或后台打印程序。如果在运行此方法后立即调用，则不会打印额外的空白页。

NewPage：用以结束 Printer 对象中的当前页并进到下一页。

KillDoc：删除文档。立即终止当前的打印。

2. 打印 Visual Basic 代码

打印前先要设置好打印机。选择“文件”/“打印设置”命令，会出现一个“打印设置”对话框，用户可以选择打印机的名称以及打印机纸的大小。

在工程窗口内选择要打印哪个窗体或模块中的代码，接着选择“文件”/“打印”命令，出现“打印”对话框。

在“范围”选项区域中选择“当前模块”单选按扭，在打印内容选项区域中选中“代码”复选框。打印质量分高、中、低和草稿 4 种，选择好后单击“确定”按扭即可打印。

3. 打印 Visual Basic 窗体

选择“文件”/“打印”命令，不仅可以打印代码，也可打印窗体。只要在对话框的“打印内容”选项区域中选中“窗体图像”复选框即可。

此外，使用窗体 PrintForm 方法也可以打印窗体中的文本及图像，其语法为：

```
[ 窗体名 .] PrintForm
```

其中，窗体名为要打印的窗体。注意，当窗体中包含用绘图方法绘制的图形时，只有把窗体 AutoRedraw 属性设为 True，图形被打印。

### 3.3.3 Cls 方法

Cls 方法可以清除 Form 或 PictureBox 中由 Print 方法和图形方法在运行时所生成的文本或图形，并把光标移到对象的左上角（0，0）。Cls 方法的语法格式为：

```
[ 对象名称 .] Cls
```

其中“对象名称”可以是窗体（Form）或图片框（PictureBox），如果省略“对象名称”，则清除当前窗体上由 Print 方法和图形方法在运行时所生成的文本或图形。例如：

```
Picture1.Cls          ' 清除图片框 Picture1 上的文本或图形
Cls                   ' 清除当前窗体上的文本或图形
```

在设计时 Form 中使用 Picture 属性设置的背景位图和放置的控件不受 Cls 影响。要清除此时的背景图，需要用 LoadPicture 方法。

### 3.3.4 输入对话框

在基于 Windows 的应用程序中，对话框被用来提示用户提供应用程序继续运行所需的数据或者向用户显示信息。

VB 提供了一个既方便又好用的内置式对话框——输入对话框。输入对话框显示了要求用户输入内容的消息、用户能够输入数据的文本框，以及“确定”和“取消”命令按钮，用来接受或终止输入数据。

在对话框来中显示提示，等待用户输入正文或按下按钮，并返回包含文本框内容的 String。其语法格式是：

```
InputBox(prompt[ ,title][ ,default][ ,xpos][ ,ypos][ ,helpfile,context])
```

InputBox 函数的语法具有以下几个命名参数：

其中：

（1）prompt 是必需的：作为对话框消息出现的字符串表达式。prompt 的最大长度大约是 1024 个字符，由所用字符的宽度决定。如果 prompt 包含多个行，则可在各行之间用回车符 (Chr(13))、换行符 (Chr(10)) 或回车换行符的组合 (Chr(13)&Chr(10)) 来分隔。

（2）title 是可选的。显示对话框标题栏中的字符串表达式。如果省略 title，则把应用程序名放入标题栏中。

（3）default 是可选的。显示文本框中的字符串表达式，在没有其他输入时作为默认值。如果省略 default，则文本框为空。

（4）xpos 是可选的。数值表达式，成对出现，指定对话框的左边与屏幕左边的水平距离。如果省略 xpos，则对话框会在水平方向居中。

（5）ypos 是可选的。数值表达式，成对出现，指定对话框的上边与屏幕上边的距离。如果省略 ypos，则对话框被放置在屏幕垂直方向距下边大约三分之一的位置。

（6）helpfile 是可选的。字符串表达式，识别帮助文件，用该文件为对话框提供上下文相关的帮助。

（7）context 是可选的。数值表达式，由帮助文件的作者指定给某个帮助主题的帮助上下文编号。如果已提供 context，则也必须要提供 helpfile。

在使用 InputBox 函数时，应注意：

（1）各项参数次序必须一一对应，除了 <prompt>（提示）一项不能省略外，其余各项均可省略，处于中间的默认部分要用逗号占位符跳过。

（2）执行 InputBox 函数后，产生一个对话框，提示用户输入数据。光标位于对话框底部的输入区内。

（3）InputBox 函数的返回值是一个字符串。如果需要引用输入的值参加运算，需要用相应的转换函数，如 Val() 把 InputBox 函数的返回值转换成数值类型，再参加运算。

（4）每执行一次 InputBox，只能输入一个数据，在实际应用中，如果需要输入多个值，常常与循环语句或数组结合使用。

**【例 3-2】**编写程序，输入姓名、班级和两门课的成绩，在窗体上打印姓名、班级和两门功课的总分，用 InputBox 函数输入数据，如图 3-2 所示。

图 3-2　InputBox 示例

```
Private Sub Form_Click()
    Cls
    Title = "InputBox示例"
    YourName = InputBox("请输入你的姓名" + Chr(10) + Chr(13) + "按回车键结束", Title)
       Yourclass = InputBox("请输入你的班级", Title)
    num1 = InputBox("请输入数学成绩", Title)
    Num2 = InputBox("请输入英语成绩", Title)
    Sum = Val(num1) + Val(Num2)
    Print "姓名:"; YourName; ","; "班级:"; Yourclass; ","; "总成绩:"; Sum
End Sub
```

### 3.3.5　消息对话框

执行 VB 提供的 MsgBox 函数，可以在屏幕上出现一个消息框，消息框通知用户消息并等待用户来选择消息框中的按钮，MsgBox 函数返回一个与用户所选按钮相对应的整数。当用户单击某个按钮后，将返回一个数值以标明用户单击了哪个按钮。

语法格式如下。

```
MsgBox(prompt[ ,buttons][ ,title][ ,helpfile,context])
```

MsgBox 函数的语法具有以下几个命名参数。

① prompt 是必需的参数。字符串表达式，作为显示在对话框中的消息。prompt 的最大长度大约为 1024 个字符，由所用字符的宽度决定。如果 prompt 的内容超过一行，则可以在每一行之间用回车符 (Chr(13))、换行符 (Chr(10)) 或是回车与换行符的组合 (Chr(13)&Chr(10)) 将各行分隔开来。

② buttons 是可选的参数。数值表达式是值的总和，指定显示按钮的数目及形式、使用的图标样式、默认按钮是什么以及消息框的强制回应等。如果省略，则 buttons 的默认值为 0。具体设置值如表 3-1 所示。

表 3-1　　buttons 参数设置

| 常　量 | 值 | 描　述 |
|---|---|---|
| vbOKOnly | 0 | 只显示 OK 按钮 |
| vbOKCancel | 1 | 显示 OK 及 Cancel 按钮 |
| vbAbortRetryIgnore | 2 | 显示 Abort、Retry 及 Ignore 按钮 |
| vbYesNoCancel | 3 | 显示 Yes、No 及 Cancel 按钮 |
| VbYesNo | 4 | 显示 Yes 及 No 按钮 |
| vbRetryCancel | 5 | 显示 Retry 及 Cancel 按钮 |
| VbCritical | 16 | 显示 CriticalMessage 图标 |
| vbQuestion | 32 | 显示 WarningQuery 图标 |
| vbExclamation | 48 | 显示 WarningMessage 图标 |
| vbInformation | 64 | 显示 InformationMessage 图标 |
| vbDefaultButton1 | 0 | 第 1 个按钮是默认值 |
| vbDefaultButton2 | 256 | 第二个按钮是默认值 |
| VbDefaultButton3 | 512 | 第三个按钮是默认值 |
| VbDefaultButton4 | 768 | 第四个按钮是默认值 |
| vbApplicationModal | 0 | 应用程序强制返回；应用程序一直被挂起，直到用户对消息框作出响应才继续工作 |
| vbSystemModal | 4096 | 系统强制返回；全部应用程序都被挂起，直到用户对消息框作出响应才继续工作 |
| VbMsgBoxHelpButton | 16384 | 将 Help 按钮添加到消息框 |
| vbMsgBoxSetForeground | 65536 | 指定消息框窗口作为前景窗口 |
| vbMsgBoxRight | 524288 | 文本为右对齐 |
| vbMsgBoxRtlReading | 1048576 | 指定文本应为在希伯来和阿拉伯语系统中的从右到左显示 |

③ title 是可选的参数。在对话框标题栏中显示的字符串表达式。如果省略 title，则将应用程序名放在标题栏中。

④ helpfile 是可选的参数。字符串表达式，识别用来向对话框提供上下文相关帮助的帮助文件。

⑤ contextcontext 是可选的参数。数值表达式，由帮助文件的作者指定给适当的帮助主题的帮助上下文编号。如果提供了 context，则也必须提供 helpfile。

第 1 组值（0～5）描述了对话框中显示的按钮的类型与数目；第 2 组值（16, 32, 48, 64）描述了图标的样式；第 3 组值（0, 256, 512）说明哪一个按钮是默认值；而第 4 组值（0, 4096）则决定消息框的强制返回性。将这些数字相加以生成 buttons 参数值的时候，只能由每组值取用一个数字。

注意的是表中这些常数都是 Visual Basic for Applications (VBA) 指定的。结果，可以在程序代码中到处使用这些常数名称，而不必使用实际数值。

【例 3-3】输入圆的半径，求圆的面积，如图 3-3 所示。

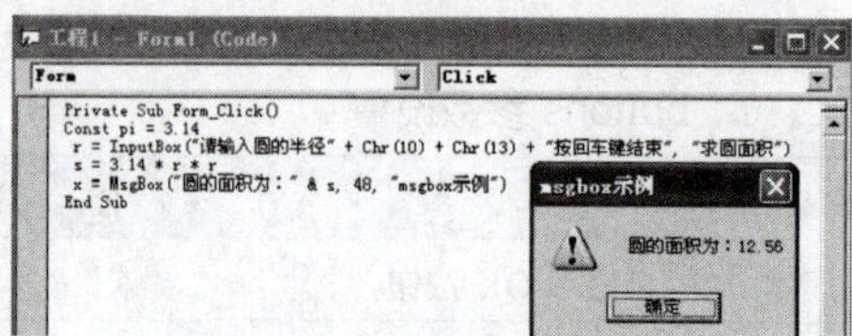

图 3-3　MsgBox 函数示例

```
Private Sub Form_Click()
    Const pi = 3.14
    r = InputBox("请输入圆的半径" + Chr(10) + Chr(13) + "按回车键结束", "求圆面积")
    s = 3.14 * r * r
    x = MsgBox("圆的面积为：" & s, 48, "msgbox示例")
End Sub
```

InputBox 的更多举例可以参考选择结构的示例。

MsgBox 函数的返回值如表 3-2 所示。

表 3-2　MsgBox 函数返回值

| 常　数 | 值 | 描　述 |
|---|---|---|
| vbOK | 1 | OK　用户单击"确定"按钮 |
| vbCancel | 2 | Cancel　用户单击"取消"按钮 |
| vbAbort | 3 | Abort　用户单击"放弃"按钮 |
| vbRetry | 4 | Retry　用户单击"就绪"按钮 |
| vbIgnore | 5 | Ignore　用户单击"忽略"按钮 |
| vbYes | 6 | Yes　用户单击"是"按钮 |
| vbNo | 7 | No　用户单击"否"按钮 |

MsgBox 函数也可以写成语句形式。

格式：MsgBox <prompt>

MsgBox 语句与 MsgBox 函数的区别是：MsgBox 语句没有返回值，也不用圆括号"()"，所以常用于较简单的信息显示。其他用法与 MsgBox 函数相同。例如：

```
Private Sub Command1_Click()
   MsgBox "程序暂停，按确定继续"
End Sub
```

图 3-4　MsgBox 语句示例

运行该程序，会显示如图 3-4 所示的对话框，单击"确定"按钮或按回车键，程序将执行后续语句。

# 3.4　常 用 语 句

**1. 结束语句**

格式：End

功能：结束程序的运行或结束一个过程模块。

在执行时，End 语句会重置所有模块级变量和所有模块的静态局部变量。若要保留这些变量的值，改为使用 Stop 语句，则可以在保留这些变量值的基础上恢复执行。

End 语句提供了一种强迫中止程序的方法。VB 程序正常结束应该卸载所有的窗体，只要没有其他程序引用该程序公共类模块创建的对象并无代码执行，程序将立即关闭。

在 Visual Basic 中，还有多种形式的 End 语句，如 End Sub、End Function、End If、End Select、End Type 等，与对应语句配对使用，用于结束一个过程或块。

**2. 暂停语句**

暂停语句主要用来把正在执行的解释程序设置为中断模式，以便用户对当前正在运行的程序进行检查和调试。

格式：Stop

功能：用来暂停程序的执行，同时打开立即窗口。它的运作类似"运行"菜单中的"中断"命令。

也可以通过单击工具栏上的"中断"按钮来实现或使用 Ctrl + Break 组合键。通常用户在调试程序时，在程序中用 Stop 语句设置断点。当程序执行到该语句时，暂停程序的执行，但仍保持文件打开状态，并不退出 Visual Basic，这时用户可对程序进行相应的检查和调试。

但如果在可执行文件（.EXE）中含有 Stop 语句，当程序执行到该语句时，则将关闭所有文件。因此，一旦 Visual Basic 程序调试结束后，在生成可执行文件之前，应删去程序代码中所有的 Stop 语句。

# 3.5　基 本 控 件

控件同窗体一样，也是 Visual Basic 的对象。因为有了控件，才使 Visual Basic 功能强大且使用方便。Visual Basic 中的控件分为 3 类：标准控件（也称内部控件）、ActiveX 控件和可插入对象。

控件以图标的形式在如图 3-5 所示的“工具箱”中列出。启动 Visual Basic 后，工具箱内显示的是标准控件。

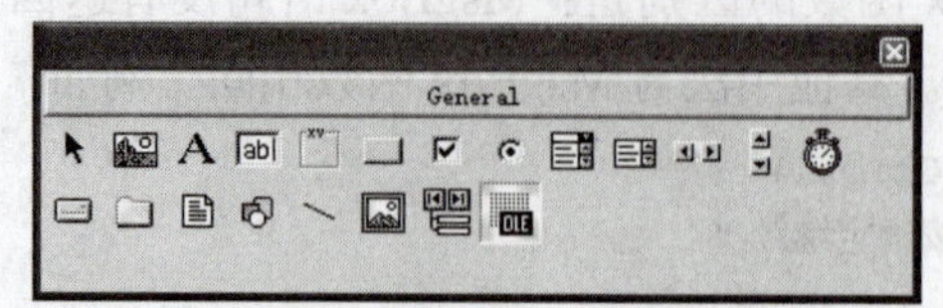


图 3-5　控件的工具箱

## 3.5.1　标准控件

Visual Basic 提供了二十多个标准控件供用户在设计时使用，标准控件的名称、作用分类如表 3-3 所示。

表 3-3　标准控件的名称和作用

| 图　标 | 名　称 | 作　用 |
|---|---|---|
| | Pointer（指针） | 这不是一个控件，在选择指针后只能改变窗体中绘制的控件的大小，或移动这些控件 |
| | Label（标签） | 用于显示（输出）文本，但不能输入或编辑文本 |
| | TextBox（文本框） | 输入、输出文本，并可以对文本进行编辑 |
| | PictureBox（图片框） | 显示图形或文字。可以装入多种格式图形，接受图形方法的输出，或作为其他控件的容器 |
| | Image（图像框） | 在窗体上显示位图、图标或源文件中的图形图像。Image 控件与 PictureBox 相比，它使用的资源要少一些 |
| | CommandButton（命令按钮） | 创建按钮，选择它来执行某项命令 |
| | Frame（框架） | 美化其他控件并对控件进行分组。为了将控件分组，首先要绘制框架，然后在框架中画出控件 |
| | OptionButton（单选按钮） | 允许显示多个选项，但只能从中选择一项 |
| | CheckBox（复选框） | 又称检查框，用它很容易指出某事的真假，有多个选择时，也可用它显示这些选择 |
| | ComboBox（组合框） | 为用户提供对列表的选择，可看作文本框和列表框的组合。使用时可从下拉列表中选择一项，也可在文本框中输入值 |
| | ListBox（列表框） | 用于显示项的列表，可从这些项中选择一项。如果包含的项太多而无法一次显示出来，则可滚动列表框 |
| | HScrollBar（水平滚动条） | 用于表示一定范围内的数值选择。可快速移动很长的列表或大量信息，可在标尺上指示当前位置，或作为速度或数量的指示器 |
| | VScrollBar（垂直滚动条） | 同 HscrollBar 控件，唯一不同的是一个是水平的，一个是垂直的 |
| | Timer（计时器） | 在指定的时间间隔内产生定时器事件。该控件在运行时不可见 |
| | DriveListBox（驱动器列表框） | 显示当前系统中驱动器列表 |
| | DirListBox（目录列表框） | 显示当前驱动器上的目录列表 |

续表

| 图　标 | 名　称 | 作　用 |
|---|---|---|
|  | FileListBox（文件列表框） | 显示当前目录中的文件列表 |
|  | Shape（形状） | 在窗体上绘制矩形、圆角矩形、正方形、圆角正方形、椭圆形或圆形 |
|  | Line（直线） | 在窗体上画直线 |
|  | Data（数据） | 用于访问数据库 |
|  | OLE（OLE 容器） | 用于对象的链接与嵌入 |

创建窗体以后，在设计用户界面时，用户可以使用工具箱中的各种控件，根据自己的需求在窗体上画出各种控件，并设置界面控件的行为和功能。本节将介绍控件的画法和基本操作。

**1. 控件的画法**

可以通过两种方法在窗体上画一个控件，第 1 种方法，即拖动鼠标可以在窗体画一个控件以画文本框为例，步骤如下。

（1）单击工具箱中的文本框图标。

（2）把鼠标移到窗体上，此时鼠标的光标变为“+”号（“+”号的中心就是控件左上角的位置）。

（3）把“+”号移到窗体的适当位置，拖动鼠标，窗体上画出一个方框，即在窗体上画出一个文本框。

第 2 种方法比较简单，即双击工具箱中的某个所需要的控件图标（例如文本框），就可以在窗体中央画出该控件，与第 1 种方法所不同的是用第 2 种方法所画的控件的大小和位置是固定的。

在一般情况下，工具箱中的指针（左上角的箭头）是反相显示的。单击某个控件图标后，该图标反相显示（此时指针不再反相显示），即可在窗体上画出相应的控件。画完后，图标不再反相显示。也就是说，每单击一次工具箱中的某个图标，只能在窗体相应位置上画一个相应的控件。如果要画多个某种类型的控件，就必须多次单击相应的控件图标。

为了能单击一次控件图标即可在窗体上画出多个相同类型的控件，可按如下步骤操作。

（1）按住 Ctrl 键。

（2）单击工具箱中要画的控件图标，然后松开 Ctrl 键。

（3）在窗体上画出控件（一个或多个）。

（4）画完后，单击工具箱中的指针图标（或其他图标）。

**2. 控件的基本操作**

在窗体上画出控件后，其大小、位置不一定符合要求，此时可以对控件的大小、位置进行修改。

（1）控件的选择。画完一个控件后，在该控件的边框上显示 8 个黑色小方块，表明该控件是“活动”的。要对控件进行操作，首先要选择要操作的控件，即成为活动控件（或当前控件）。刚画完的控件，就是活动控件。不活动的控件不能进行任何操作，只要单击一个不活动的控件（控件内部），就可把这个控件变为活动控件。而单击控件的外部，则把这个控件变为不活动的控件。

有时候，可能需要对多个控件进行操作，如移动、删除多个控件，对多个控件设置相同属性等。为了对多个控件进行操作，首先必须选择多个控件，通常有两种方法：一是按住 Shift 键，然后单击每个要选择的控件；二是把鼠标移到窗体的适当位置（没有控件的地方），然后拖动鼠标，画出一个虚线矩形，该矩形内或边线经过的控件，即被选中。在被选择的多个控件中，有一个控件的周围是实心小方块（其他是空心小方块），这个控件称为“基准控件”。对被选择的控件进行调整大小、对齐等操作时，以“基准控件”为准。

（2）控件的缩放和移动。当控件处于活动状态时，直接用鼠标拖拉上、下、左、右小方块，即可使控件在相应的方向上放大或缩小；如果拖拉4个角上的小方块，则可以使控件在两个方向上同时放大或缩小。

把鼠标指针移到活动控件的内部，按住鼠标左键拖动，则可以把控件拖拉到窗体内的任何位置。

除此之外，还可以通过改变属性列表中的某些属性值来改变控件或窗体的大小、位置。在属性列表中，有4种属性与窗体及控件的大小和位置有关，即Width，Height，Top和Left。在属性窗口中单击属性名称，其右侧一列即显示活动控件或窗体与该属性有关的值（一般以twip为单位），此时键入新的值，即可改变大小或位置。其位置由Top和Left确定，大小由Width和Height确定。

（3）控件的复制和删除。Visual Basic允许对画好的控件进行复制，首先选择要复制的控件，执行“复制”命令（编辑菜单中），然后执行“粘贴”命令，屏幕上将显示一个对话框，询问是否要建立控件数组，单击“否”按钮后，就把选择的控件复制到窗体的左上角，再拖动到合适的位置，即完成复制。

要删除一个控件，首先将控件变为活动控件，然后按“Del”键，即可删除该控件。

（4）多个控件的操作。在窗体的多个控件之间，经常要进行对齐和调整。主要包括：

- 多个控件的对齐；
- 多个控件的间距调整；
- 多个控件的统一尺寸；
- 多个控件的前后顺序。

具体操作时，先选择多个控件，然后使用“格式”菜单的“对齐”、“统一尺寸”等选项，或在“视图”菜单的“工具栏”中选择“窗体编辑器（Form Editor）”打开窗体编辑器工具栏，使用其中的工具进行操作。也可以通过属性窗口修改，选择了多个控件以后，在属性窗口只显示它们的共同属性。如果修改其属性值，则被选择的所有控件的属性值都将作相应的改变。

### 3. 控件的命名和控件值

（1）控件的命名约定。每一个窗体和控件都有自己的名称，也就是Name属性值。在建立窗体或控件时，系统自动给窗体或控件一个名称，如Form1，Command1，List1等。如果在窗体上画出几个相同类型的控件，则控件名称中的序号自动增加，如文本框控件Text1、Text2、Text3等。同样，在应用程序中增加窗体，窗体名称的序号也自动增加，如Form1、Form2和Form3等。

使用系统默认的名称，会使程序的可读性比较差。为了能见名知义，提高程序的可读性，最好用具有一定意义的名字作为对象的Name属性值，可以从名字上看出对象的类型。一种比较好的命名方式是，用3个小写字母作为对象的Name属性的前缀。因此，一个控件的命名采取如下的方式。

控件前缀（用于表示控件的类型）+控件代表的意义或作用

例如，若Command1命令按钮的作用是确定，可将命名为“cmdOk”，其中“cmd”是前缀，表明它是一个命令按钮控件，“Ok”表明按钮的意义是确定。再如：cmdWelcome，txtDisply，cmdEnd，frmFirst等。这种命名方式称为“匈牙利命名法”。

建议使用的部分对象的命名前缀以及只写对象名不写属性名时系统默认的属性如表3-4所示。

表 3-4　　部分对象的命名前缀及默认属性

| 对　象 | 默认属性 | 前　缀 | 举　例 |
| --- | --- | --- | --- |
| Form（窗体） | Caption | frm | frmMain |
| Label（标签） | Caption | lbl | lblTitle |
| TextBox（文本框） | Text | txt | txtName |
| PictureBox（图片框） | Picture | pic | picMove |
| Image（图像框） | Picture | img | imgDisp |
| CommandButton（命令按钮） | Value | cmd | cmdOk |
| Frame（框架） | Value | fra | fraCity |
| OptionButton（单选按钮） | Value | opt | optItalic |
| CheckBox（复选框） | Value | chk | chkBold |
| ComboBox（组合框） | Text | cbo | cboAuthor |
| ListBox（列表框） | Text | lst | lstBook |
| HScrollBar（水平滚动条） | Value | hsb | hsbRate |
| VScrollBar（垂直滚动条） | Value | vsb | vsbNum |
| Timer（计时器） | Enabled | tmr | tmrflash |
| DriveListBox（驱动器列表框） | Drive | drv | drvName |
| DirListBox（目录列表框） | Path | dir | dirSelect |
| FileListBox（文件列表框） | Filename | fil | filCopy |
| Line（直线） | Visible | lin | linDraw |
| Shape（形状） | Shape | shp | shpOval |
| Data（数据） | Caption | dat | datStudent |
| DBCombo（数据约束组合框） | Text | dbc | dbcStudent |
| DBGrid（数据约束网格） | Text | dbg | dbgStudent |
| DBList（数据约束列表框） | Text | dbl | dblStudent |

（2）常用控件的控件值。一个控件有好多属性，在一般情况下，设置属性值通过“控件 . 属性”格式设置。

例如：

```
Label1.Caption= "欢迎使用Visual Basic"
```

把 Label1 的 Caption 属性设置为字符串“欢迎使用 Visual Basic”。

为了方便使用，Visual Basic 规定了其中的一个属性为默认属性。通常把默认属性称为控件值，控件值是一个控件的最重要或最常用的属性。表 3-4 所示为一些控件的默认属性。在程序中默认属性可以省略而不书写。即在设置默认属性的属性值时，可以不必写出属性名，如上例的语句可以改为：

```
Label1 = "欢迎使用Visual Basic"
```

使用控件值可以减少代码，但会降低程序的可读性。因此，给控件属性赋值时，建议仍使用“控件 . 属性”格式。

### 3.5.2 命令按钮

在 Visual Basic 应用程序中，要使用户可以与应用程序进行交互，最容易的方法是单击命令按钮（CommandButton）。命令按钮控件常常用来接收用户的操作信息，用以激发某些事件。在应用程序界面中，命令按钮直观形象，操作方便，其事件过程编程简单方便，是 Visual Basic 应用程序开发人员的首选控件。

命令按钮的属性除包括前面窗体讲到的 Name、Top、Left、Height、Width、FontName、FontSize、FontBold、FontItalic、FontUnderline、BackColor、ForeColor、Enabled、Visible 等属性外，它还有以下主要属性。

**1．命令按钮的常用属性**

（1）Cancel 属性。设置命令按钮是否为 Cancel 按钮，即当用户按 Esc 键时，是否触发它的 Click 事件。

其值为 True 时表示响应 Cancel 事件；为 False 表示不响应 Cancel 事件。该命令按钮为 Cancel 按钮。

（2）Caption 属性。设置命令按钮的标题，即命令按钮上显示的文字。

该属性也可为命令按钮创建快捷键，其方法为在想要指定为快捷键的字符前加一个（&）符号，如要为“Print”命令按钮设快捷键“Alt+P”，则其 Caption 属性应设置为“&Print”。“&”符号只在属性窗口内出现，不会在窗体的命令按钮上显示出来，但它使得该命令按钮的标题的第 1 个字母下面有一条下画线。

（3）Default 属性。设置命令按钮是否为默认按钮，即当运行程序时，用户按回车键时，就激活它。其值为逻辑值。值为 True 时表示该命令按钮为默认按钮；为 False（默认值）表示该命令按钮不是默认按钮。

一个窗体上只能有一个命令按钮为默认按钮。

（4）Enabled 属性。设置命令按钮是否能被按下。值为 True（默认值）时表示该命令按钮能被按下以执行特定功能；为 False 表示该命令按钮不能按下来执行特定功能。

（5）Picture 属性。设置命令按钮上显示的图形。其使用语法如下：

```
Object.Picture[ = 图形文件名 ]
```

只有在命令按钮的 Style 属性设置为 1 时，才会在命令按钮上显示图形。设计时可以从属性窗口中加载图片。在运行时，也可以在位图，图标，或元文件上使用 LoadPicture 函数来设置该属性。

（6）Style 属性。设置命令按钮的类型。其值为 0 时表示为标准按钮；为 1 时表示为图形按钮，这时会在标题文本的上方显示由 Picture 属性指定的图形。

（7）ToolTipText 属性。返回或设置一个工具提示。假如命令按钮用图像作为对象的标签，那么能够使用此属性以较少的话解释每个对象。当运行时光标在对象上徘徊约 1 秒时，该字符串将显示在该对象下面的一个小矩形框中。

### 2. 命令按钮的常用事件

命令按钮主要用来执行某一功能，通常在命令按钮的 Click 事件中编写一段程序，当用户用鼠标单击这个按钮时，就会启动这段程序，执行某一特定的功能。

当用户在命令按钮上单击鼠标时触发。其基本语法如下：

```
Sub Command_Click([ Index As Integer] )
```

其中，Command 是命令按钮的名称。Index 是一个整数，若该命令按钮属于一个控件数组，则 Index 表示该命令按钮在数组中的下标，否则不需要这一参数。

【例 3-4】创造 3 个命令按钮，单击第 1 个命令按钮，设置显示字体为 16 号宋体，在窗体上显示字符串“第一个按钮”，单击第 2 个命令按钮，设置显示字体为 20 号楷体，在窗体上显示字符串“第二个按钮”，单击第 3 个命令按钮，设置显示字体为 22 号黑体，在窗体上显示字符串“第三个按钮”，并设置第一个按钮不可用，第 1 个按钮的标题为“second”，并创建快捷键。

根据题意，设计如下：

（1）设置用户界面，创建 3 个命令按钮。

（2）设置对象属性，如表 3-5 所示，界面如图 3-6 所示。

表 3-5　　设置对象属性

| 控 件 名 | 属 性 名 | 属 性 值 |
|---|---|---|
| Commamd1 | caption | 第一个按钮 |
| Commamd2 | caption | 第二个按钮 |
| Commamd3 | caption | 第三个按钮 |

（3）代码设计。

```
Private Sub Command1_Click()
    FontSize = 16
    FontName = "宋体"
    Print "第一个按钮"
End Sub

Private Sub Command2_Click()
    FontSize = 20
    FontName = "楷体_GB2312"
    Print "第二个按钮"
End Sub

Private Sub Command3_Click()
    FontSize = 24
    FontName = "黑体"
    Print "第三个按钮"
    Command1.Enabled = False
    Command2.Caption = "&second"
End Sub
```

（4）程序运行结果如图 3-7 所示。

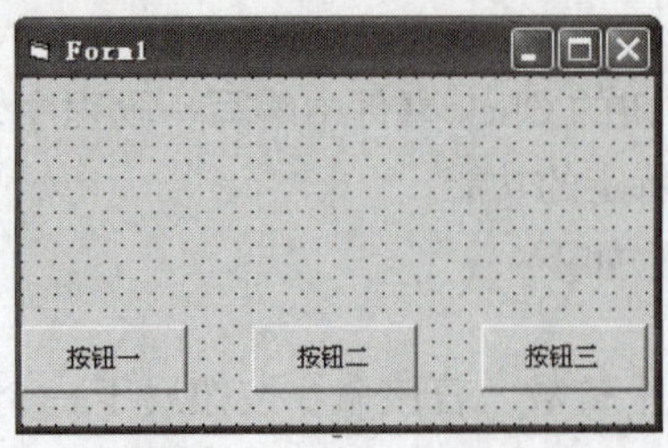


图 3-6　用户界面设计

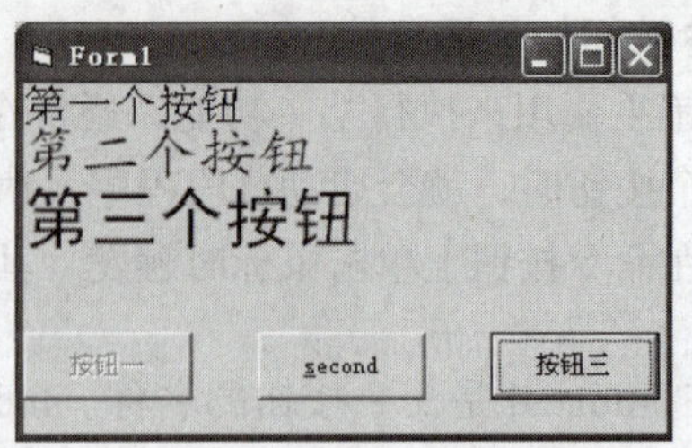


图 3-7　程序运行结果

### 3.5.3　标签

Label 控件是图形控件，可以显示用户不能直接改变的文本。标签也是 VB 中最简单的控件，用于显示字符串，通常显示的是文字说明信息，但不能编辑标签控件。

可以编写代码来改变 Label 控件显示的文本，以响应运行时的事件。例如，如果一个应用程序要几分钟时间作改动，则可以在 Label 中显示进程状态信息。还可以使用 Label 来标识控件，例如，TextBox 控件没有自己的 Caption 属性，这时就可以使用 Label 来标识这个控件。

**1. 属性**

标签的属性很多，下面介绍几个常用的属性。

（1）Alignment 属性。设置标签中文本的对齐方式。其中的“值”可以为 0，1 或 2。0（默认值）表示左对齐；1 表示右对齐；2 表示居中。

（2）AutoSize 属性。返回一个逻辑值，以决定控件是否自动改变大小以显示其全部内容。

True：自动改变控件大小以显示全部内容。

False：（默认值）保持控件大小不变。超出控件区域的内容被裁剪掉。

（3）BackStyle 属性。设置标签的背景样式。其中的“值”可以为 0 或 1。1（默认值）表示是不透明的；0 表示是透明的。

（4）BorderStyle 属性。设置标签的边框样式。其中的“值”可以为 0 或 1。0（默认值）表示无边框；1 表示单线边框。

（5）Caption 属性。设置标签的文本内容。

（6）WordWrap 属性。返回或设置一个值，是否要进行水平或垂直展开以适合其 Caption 属性中指定的文本的要求设置，也就是标签的文本在显示时是否有自动折行功能。

其中 True 表示具有自动折行功能；False（默认值）表示没有自动折行功能。

如果 AutoSize 和 WordWrap 都设置为 True，文本将会自动换行，而不会增加 Label 控件的大小，但有一种情况例外，那就是所输入的一个单词的长度要大于 Label 宽度。此时，AutoSize 属性有更高的优先级，并且 Label 的宽度将增加到适应这个长的单字。

**2. 标签的常用事件和方法**

标签最常用的事件是 Click（单击）事件和 DblClick（双击）事件。但通常标签只起到在窗体上显示文本的作用，标签控件不用来触发事件过程，不必编写事件过程。例如，可以用标签为文本框、列表框、组合框等控件附加说明性信息。

标签常用的方法是 Move 方法。

其基本语法如下：

```
Move left,top,width,height
```

其中 left、top、width、height 分别表示移动目的位置的坐标和大小。left 为必要参数，其他 3 个为可选参数。

【例 3-5】利用两个标签控件，显示具有浮雕效果的文字。

分析：浮雕效果实际上是使显示的文字利用白色和黑色的错位叠加来实现。为了实现错位，只要使两个标签的 Left、Top 属性值有一点差距。为了避免叠加上去的标签覆盖原来标签显示的文字，要将标签的 BackStyle 背景样式属性设置为 0，即透明的。

两个标签的 Caption、FontSize、FontName 都是相同的，其余属性如表 3-6 所示，程序运行结果如图 3-8 所示。

表 3-6 属性设置

| 控 件 名 | 属 性 名 | 属 性 值 |
|---|---|---|
| Label1 | （BorderStyle 边框样式） | 1' 有边框 |
| | 背景样式（BackStyle） | 1' 不透明 |
| | 前景颜色（ForeColor） | &H0000000&' 白 |
| | 标签定位（Left、Top） | 240、360 |
| | Fontsize | 一号 |
| | Fontname | 华文行楷 |
| | Caption | 欢迎使用程序语言 |
| Label2 | （BorderStyle 边框样式） | 0' 无边框 |
| | 背景样式（BackStyle） | 0' 透明 |
| | 前景颜色（ForeColor） | &H00FFFFFF&' 黑 |
| | 标签定位（Left、Top） | 300、460 |
| | Fontsize | 一号 |
| | Fontname | 华文行楷 |
| | Caption | 欢迎使用程序语言 |

图 3-8 标签运行效果图

### 3.5.4 文本框

TextBox 控件，又称文本框控件，它被用来显示用户输入的信息，是 Windows 操作系统下进行人机对话的常用元素。

所谓人机对话，就是计算机能获知用户给它的信息，同时，它也能作出相应的反馈，对于前者，除了用鼠标向计算机发出命令外，也常需要用键盘向计算机输入一些内容，如键入用户的姓名、年龄、性别等。

在 VB 编程中，一般都是以文本框控件来实现，即用户输入的信息，都是放入文本框中的。

文本框提供了所有基本字处理功能，在 Windows 环境中几乎所有的输入动作都是利用文本框来完成的。文本框是个相当灵活的输入工具，可以输入单行文本，也可以输入多行文本，还具有根据控件的大小自动换行以及添加基本格式的功能。默认情况下，文本框只能输入单行文本，并且最多可以输入 2 048 个字符。

**1. 文本框的常用属性**

（1）Text 属性。设置控件中显示的文本内容。其设置值最多可以有 2 048 个字符，但是如果 MultiLine 属性设置为 True，此时最大限制大约是 32KB。

（2）MaxLength 属性。设置文本框中输入的字符串长度是否有限制。默认值为 0，表示该单行文本框中字符串的长度只受操作系统内存的限制；若设置为大于 0 的数，则表示能够输入的最大字符数目。

（3）MultiLine 属性。设置文本框是否以多行方式显示文本。设置为 True 时以多行文本方式显示；设置为 False（默认）时以单行方式显示，超出文本框宽度的部分被截除。

（4）PasswordChar 属性。设置是否在控件中显示用户键入的字符。如果该属性设置为某一字符，那么无论 Text 属性值是什么，在文本框中都只显示该字符。另外，要想使该属性有效，MultiLine 属性必须设置为 False。

常常会遇见这样的文本框——密码对话框。它也属于文本框，不同的是，在此框中输入文字时，会被“*”代替，起到保密的作用。做这种密码的对话框很简单，所要做的只是将属性 PasswordChar 改为“*”。

（5）ScrollBars 属性。设置文本框是否有垂直或水平滚动条。其使用语法如下：

```
Object.ScrollBars=值
```

其中的“值”可以为 0，1，2，3。其中

0：（默认值）表示没有滚动条。

1：表示有水平滚动条。

2：表示有垂直滚动条。

3：表示有水平和垂直滚动条。注意，要想使该属性有效，MultiLine 属性必须设置为 True。

（6）SelLength、SelStart 和 SelText 属性。

SelLength：返回 / 设置选定的字符数。

SelStart：返回 / 设置选定文本的起始点。

SelText：返回 / 设置包含当前选定文本的字符串。

（7）Alignment 属性。设置或返回一个值，决定控件中的文本对齐方式。TextBox 控件在运行时为只读。

0：（默认值）文本左对齐。

1：文本右对齐。

2：文本居中。

（8）Locked 属性。返回一个逻辑值，指出一个控件能否被编辑。

False（默认值）：用户可以编辑控件或其内容。

True 用户不能编辑控件或其内容。

2．文本框的常用事件和方法

文本框的常用方法有 SetFocus 方法，较常用的事件是 Click、DblClick 等鼠标事件，同时支持 Change、KeyPress、GotFocus、LostFocus 等事件。

（1）Change 事件

当文本框的内容被修改时触发。其基本语法如下：

```
Sub Text_Change([ Index As Integer] )
```

其中，Text 是文本框的名称。Index 是一个整数，若该文本框属于一个控件数组，则 Index 表示该文本框在数组中的下标，否则不需要这一参数。

（2）KeyPress 事件

当在文本框中按任一键时触发。其基本语法如下：

```
Sub Text_KeyPress(KeyAscii As Integer)
```

其中，KeyAscii 为按键对应的一个键码。

（3）SetFocus 方法

将焦点移动到指定的对象。

**【例 3-6】**编程，从一个文本框中输入文字，在另外两个文本框中显示同样相同的内容，但在 3 个文本框中显示不同的文字效果。单击“清除”按钮时则清除 3 个文本框中的内容。运行结果如图 3-9 所示。

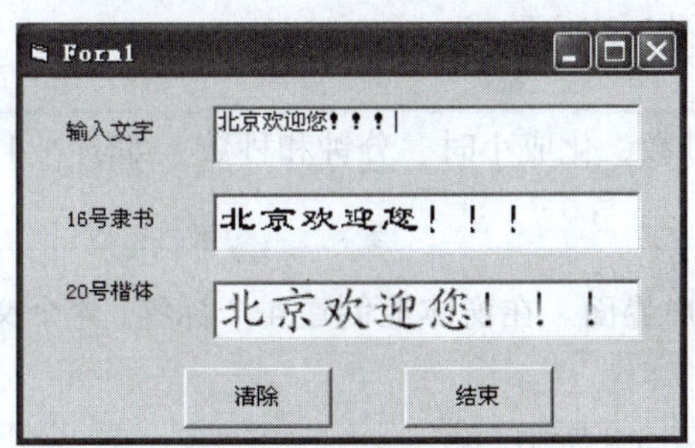


图 3-9　文本框示例

（1）设计用户界面。在窗体上创建 3 个标签用于显示提示信息，3 个文本框用于显示内容，2 个命令按钮用于清除和结束。

（2）设置对象属性，如表 3-7 所示。

表 3-7　　属性设置

| 控　件　名 | 属　性　名 | 属　性　值 |
|---|---|---|
| Commamd1 | Caption | 清除 |
| Commamd2 | Caption | 结束 |
| Label1 | Caption | 输入文字 |
| Label2 | Caption | 16 号隶书 |
| Label3 | Caption | 20 号楷体 |

续表

| 控 件 名 | 属 性 名 | 属 性 值 |
|---|---|---|
| Text1 | Text | “” |
| Text2 | Text | “” |
| Text3 | Text | “” |

（3）编写程序代码。

```
Private Sub Form_Load()
    Text2.FontName = "隶书"
    Text2.FontSize = 16
    Text3.FontName = "楷体_GB2312"
    Text3.FontSize = 20
End Sub
Private Sub Text1_Change()
    Text2.Text = Text1.Text
    Text3.Text = Text1.Text
End Sub
Private Sub Command1_Click()                 '"清除"按钮
    Text1.Text = ""                          '清除文本框 Text1 的内容
    Text2.Text = ""                          '清除文本框 Text2 的内容
    Text3.Text = ""                          '清除文本框 Text3 的内容
    Text1.SetFocus                           '设置焦点
End Sub
```

（4）运行程序，结果如图 3-9 所示。

**【例 3-7】**输入一个总秒数，化成小时、分钟和秒数。如输入 4 852 秒，则应输出 1 小时 20 分 52 秒。

（1）创建应用程序的用户界面。在窗体上创建 4 个标签，4 个文本框，一个命令按钮，界面如图 3-10 所示。

（2）设置对象属性，如表 3-8 所示。

表 3-8　　属性设置

| 控 件 名 | 属 性 名 | 属 性 值 |
|---|---|---|
| Commamd1 | Caption | 转换 |
| Label1 | Caption | 输入秒数 |
| Label2 | Caption | 小时 |
| Label3 | Caption | 分 |
| Label3 | Caption | 秒 |
| Text1 、Text2、Text3、Text4 | Text | “” |

（3）编写程序代码。

```
Private Sub Command1_Click()
    Dim h As Integer, m As Integer, s As Integer, t As Integer
```

```
    t = Val(Text1.Text)
    h = t \ 3600
    t = t - h * 3600
    m = t \ 60
    s = t - m * 60
    Text2.Text = h
    Text3.Text = m
    Text4.Text = s
End Sub
```

（4）程序运行结果如图 3-11 所示。

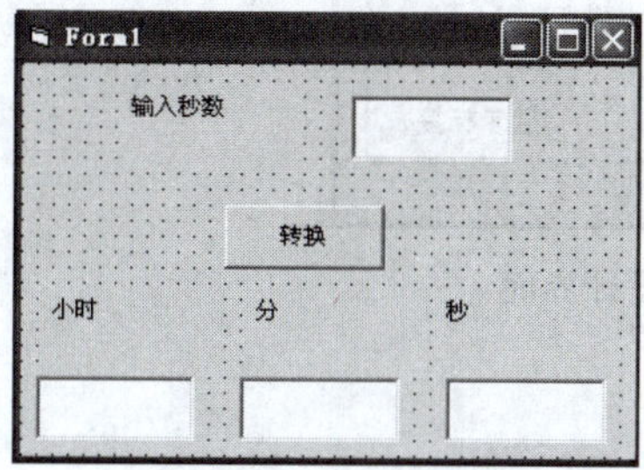

图 3-10　时间转换示例界面

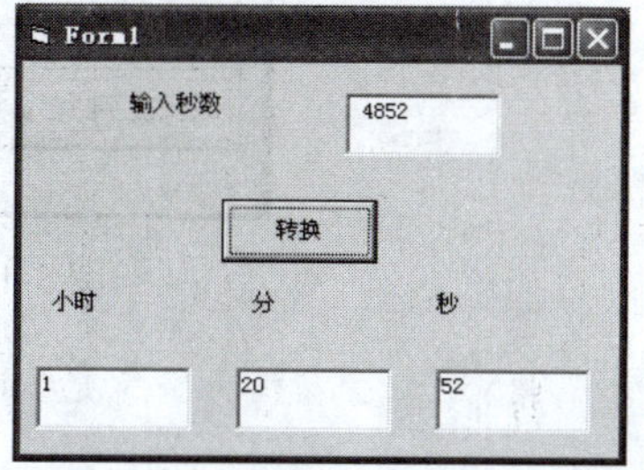

图 3-11　时间转换示例运行结果

**【例 3-8】** 编写一程序实现标签的显示和隐藏，以及改变文字的颜色。

（1）界面设计。在窗体上建立一个标签（Label1）和 3 个命令按钮（Command1、Command2 和 Command3），3 个命令按钮分别使用组合键 Alt+C、Alt+H 和 Alt+D。

（2）具体的属性设置，如表 3-9 所示。

表 3-9　属性设置

| 控　件　名 | 属　性　名 | 属　性　值 |
|---|---|---|
| Commamd1 | Caption | 改变文字颜色 &c |
| Commamd1 | Caption | 隐藏标签 &h |
| Commamd1 | Caption | 显示标签 &d |
| Label1 | Caption | 北京欢迎您！！ |

（3）编写程序代码。

```
Private Sub Form_Load()
    Randomize
    Label1.BackColor = QBColor(15)          '背景色
    Label1.ForeColor = QBColor(0)           '文字颜色
    Label1.FontSize = 18                    '字体大小
End Sub
Private Sub Command1_Click()                '"改变文字颜色"按钮
    Clr = Int(15 * Rnd)                     '产生随机颜色码
    Label1.ForeColor = QBColor(Clr)
End Sub
Private Sub Command2_Click()                '"隐藏标签"按钮
```

```
    Label1.Visible = False                       ' 隐藏标签
End Sub
Private Sub Command3_Click()                     '"显示标签"按钮
    Label1.Visible = True                        ' 显示标签
End Sub
```

（4）运行程序，界面如图 3-12 所示。

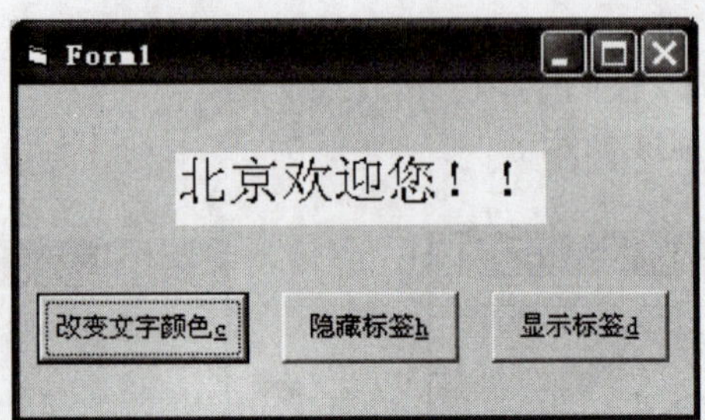


图 3-12　例 3.8 设计界面

# 第 4 章 选择结构程序设计

在程序设计中，如果我们没有选择控制流语句，程序便从左至右、自顶向下地执行这些语句。有些简单程序可以只用单向流程来编写，有些流程可以依靠运算符的优先级来控制，在日常生活和工作中，经常要根据不同的情况，选择不同的处理方法。同样，在程序设计过程中，也常常要根据不同的条件，采用不同的操作。有了选择结构就可控制程序执行的流程，选择结构的特点是：根据给定的条件，如果条件为真，则执行某条语句，否则执行另外的语句或不做任何操作。Visual Basic 提供了多种不同形式的条件语句。

## 4.1 算法介绍

### 4.1.1 算法介绍

**1. 算法概述**

所谓算法，是对特定问题求解步骤的一种描述，它是指令的有限序列，其中每个指令表示一个或多个操作。数据结构和算法构成计算机程序。算法有以下特性。

（1）有穷性。算法必须在执行有穷步骤后结束，且每一步都可以在有穷时间内完成。

（2）确定性。算法中的每一步都必须有明确的含义，不会引起二义性，并且算法只有唯一的执行路径，即相同的输入只会得到相同的输出。

（3）可行性。算法必须是可行的，即算法中的操作都可以通过已有的基本运算完成。

（4）输入。算法可以有零个或多个输入。

（5）输出。算法有一个或多个输出，这些输出同输入有特定的关系。

**2. 算法设计的要求**

要设计一个“好”的算法，应该考虑达到以下目标。

（1）正确性。算法应该满足具体问题的要求，对于输入数据能够得到符合要求的结果。

（2）可读性。算法的可读性，即有助于人的理解，便于修改和调试。

（3）健壮性。当输入数据非法时，算法能够正确处理，而不会出错。

（4）效率与存储量要求。效率指的是算法执行的时间。一个算法执行的时间越少，算法的效率越高。存储量要求指的是算法执行过程中所需要的最大存储空间。

一个好的算法要有高的执行效率和低的存储量需求，但是在实际实现中，二者往往不可兼得。通常用大的空间开销来提高算法执行效率，或者以降低执行速度作为减少空间开销的代价。决定一个算法的效率和存储量需求的因素包括书写程序的语言、生成的机器语言的质量、机器执行指令的速度等，但最重要的是算法要解决的问题的规模。算法效率和空间存储量要求的度量用时间复杂度和空间复杂度来描述，感兴趣的读者可参看数据结构等，在此不再赘述。

#### 3. 简单算法举例

【例 4-1】求 1+2+3+4+5。

S1：先求 1+2，得到结果 3。

S2：将步骤 1 得到的和 3 再加上 3，得到结果 6。

S3：将 6 再加上 4，得 10。

S4：将 10 再加上 5，得 15。得到最后结果。

这样的算法虽然是正确的，但太烦琐。因为如果我们求的是 1+2+3+…+100，那么步骤冗长，因此我们就在想解决问题的方法。

可以设两个变量，一个变量 P 用于存放总和，一个变量 I 用于存放要加的数。可以将算法改写如下：

S1：令 P=0

S2：令 I=1

S3：计算 P+I，和仍旧放在变量 P 中，可表示为 P+I=>P

S4：令 I 的值加 1，即 I+1 => I

S5：如果 I 不大于 5，返回重新执行步骤 S3；否则，执行 S6

S6：最后得到 P 的值就是 1+2+3+4+5 的值，输出 P，算法结束。

如果题目改为求 1+2+3+…+100。

算法只需作很少的改动即可：

S1：0=>P

S2：1=>I

S3：P+I=>P

S4：I+1=>I

S5：若 I ≤ 100，返回 S3；否则，执行 S。

S6：输出 P，算法结束。

### 4.1.2 算法的表示

一个算法设计好后，可以采用不同的表示形式，以便交流和阅读。常用的表示算法的方法有：自然语言、伪代码、流程图。自然语言就是人们日常使用的语言，可以是汉语、英语或其他语言。用自然语言描述算法具有通俗易懂的优点。伪代码（pseudo code）一般介于自然语言与程序设计语言之间，它具有自然语言灵活的特点，同时又接近于程序设计语言的描述。但需指出，用伪代码所描述的算法，一般不能直接作为程序来执行，最后还需转换成用某种程序设计语言所描述的程序。

流程图用一些图框、流程线以及文字说明来表示算法。用图来表示算法，直观、形象、容易理解。

① 传统流程图。美国国家标准化协会（American National Standard Institute，ANSI）规定了

一些常用的流程图符号，各种流程图符号如图 4-1 所示。

这种传统流程图虽然形象直观，但对流程线的使用没有限制。流程可以随意转移，变得毫无规律，难以阅读和维护。

② 结构化流程图。针对传统流程图中流程线的使用无限制可能导致流程图毫无规律。1996 年，Bohra 和 Jacopini 提出了 3 种基本结构：顺序结构、选择结构、循环结构，用这 3 种基本结构作为表示一个良好算法的基本单元，改进传统流程图，使传统流程图结构化，从而大大提高流程图的规律性，也便于人们阅读和维护。

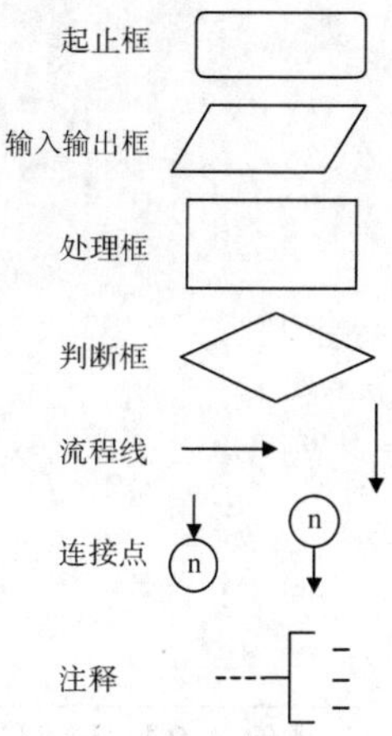

起止框
输入输出框
处理框
判断框
流程线
连接点
注释

图 4-1　流程图符号

- 顺序结构：顺序结构是程序中最基本的结构，计算机在执行顺序结构的程序时，按语句出现的先后次序依次执行，如图 4-2（a）所示，计算机将先执行语句 1，再执行语句 2。
- 选择结构：在程序执行过程中并不是全是顺序执行，有时在执行过程中，需要根据给定的条件中否成立来选择下一个需执行的语句。图 4-2（b）所示为选择结构的流程图。其运行过程是先判断条件是否成立，如果条件成立，则执行语句序列 1，如果条件不成立，则执行语句序列 2。根据给定的条件是否满足，从两个分支中选择执行其中的一个。

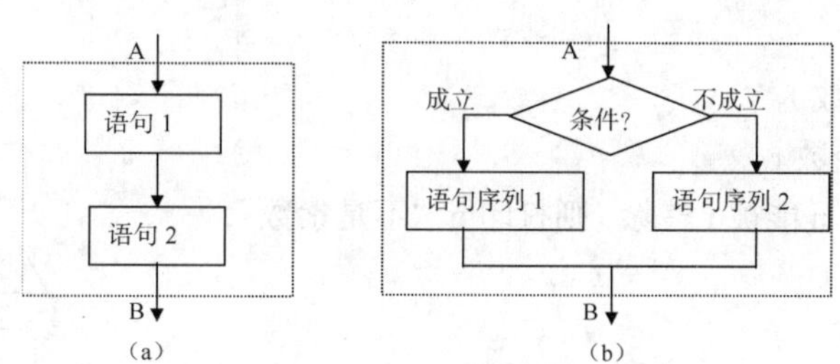


图 4-2　顺序结构与选择结构流程图

- 循环结构：循环结构用于重复执行一些相同或相似的操作，也就是若干条语句的重复执行。要使计算机能够正确地完成循环操作，就必须使循环在有限次的执行后退出，因此，循环的执行要在一定的条件下进行。根据对条件的判断位置不同，可以有两类循环结构：当型循环和直到型循环。

当型循环结构，如图 4-3（a）所示。其工作流程是：流程执行到 A 首先判断条件是否成立，如果条件成立，则执行语句序列 1；执行完后，再判断条件是否成立，若条件依旧成立，再继续执行序列 1 操作。如此反复执行，直到条件不成立为止，这时不再执行语句序列 1，退出循环，执行循环体后的语句。

直到型循环结构，如图 4-3（b）所示。其工作流程是：当程序运行到 A 点，首先执行语句序列 1 操作，然后判断条件是否成立，如果条件成立，则继续执行语句序列 1；再判断条件是否成立，若条件仍然成立，再执行序列 1 操作。如此反复执行，直到某次条件不成立时为止，这时不再执行序列 1 操作，而是退出循环，执行循环体后和语句。

1973 年美国学者 I.Nassi 和 B.Shneiderman 提出了另一种流程图形式。在这种流程图中完全去掉了流程线。全部算法写在一个矩形框内，在框内还可以包含其他的框。这种流程图又称 N-S 流程图，有兴趣的同学可参考其他书籍。

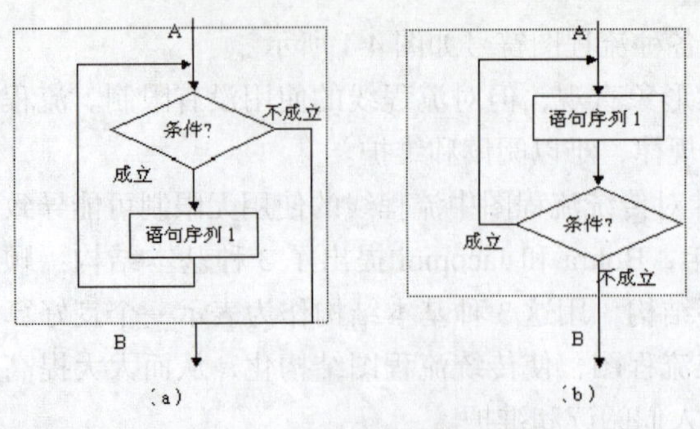


图 4-3 循环结构流程图

【例 4-2】从键盘输入一个大于或等于 3 的正整数，判断它是否是一个素数。

所谓素数，是指除了 1 和该数本身之外，不能被其他任何整数整除的正整数。例如，13 就是一个素数，因为它不能被 2、3、4、…、12 整除。

判断一个正整数 n( n ≥ 3 ) 是否为素数的方法是很简单的：将 n 作为被除数，将 2 到（n−1）各个整数轮流作为除数，如果都不能被整除，则 n 为素数。

算法可以表示如下。

S1：输入 n 的值。

S2：2=>i( i 作为除数 )。

S3：n 被 i 除，得余数 r。

S4：如果 r=0，表示 n 能被 i 整除，则打印 n “不是素数”，算法结束；否则执行 S5。

S5：i+1=>i。

S6：如果 i ≤ n − 1，返回 S3；否则打印 n “是素数”，然后结束。

我们知道如果一个数不是素数，那么一定能够写成 n=a ×b，如果 a 大于等于根号 n，另一个数 b 一定小于根号 n。在实际编程中，n 不必判断被 2 到（n − 1）的整数整除，只需判断被 2 到 n 的平方根之间的整数整除即可。例如，判断 13 是否素数，只需将 13 被 2、3 除即可，如都除不尽，n 必为素数。S6 步骤可改为

S6：如果 i<=n 的平方根，返回 S2；否则算法结束。

上面的 S1，S2，…代表步骤 1，步骤 2，…，S 是 step( 步 ) 的缩写。这是写算法的习惯用法。

判断一个数是否是素数的算法用流程图表示如图 4-4 所示。

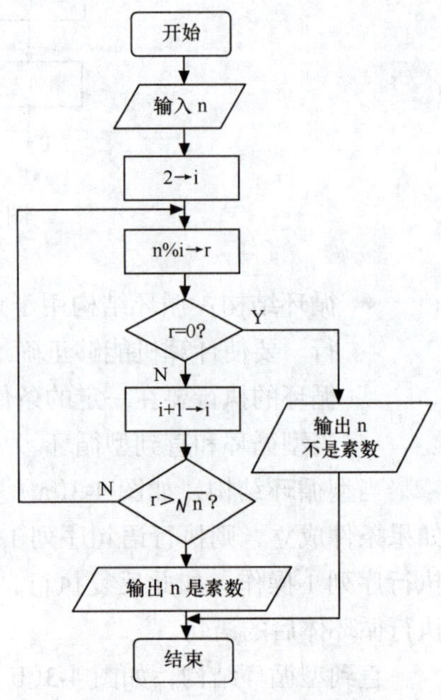


图 4-4 判断 n 是否是素数

## 4.2 条件语句

Visual Basic 中的选择结构通过条件语句（也称 If 语句）来完成，条件语句有多种形式：单

分支、双分支和多分支等。在程序设计中，条件语句一般使用以下两种格式：单行结构条件语句和块结构条件语句。下面我们来具体介绍。

### 4.2.1 单分支结构语句

单分支结构语句，书写格式有两种：单行结构和块结构。

**1. “单行结构”格式**

```
If <条件表达式> Then <语句序列>
```

**2. “块结构”格式**

```
If <条件表达式> Then
  <语句序列>
End If
```

功能：如图 4-5 所示，首先计算 <条件表达式> 的值，然后对其值进行判断，若其值为真 True，则顺序执行 <语句序列>；若其值为假 False，则跳过 <语句序列>(即不执行 <语句序列>)，执行 Endif 语句之后的后续语句。

说明：

（1）条件表达式可以是任何计算数值的表达式。Visual Basic 将这个值解释为 True 或 False：一个为零的数值为 False，而任何非零数值都被看作 True。若条件表达式为 True，则 Visual Basic 执行 Then 关键字后面的所有语句。

（2）在行结构中，一般为一条语句，如果是多条语句，必须用“：”分开，且在一行上书写。

（3）在“块结构”格式中，If 和 End If 必须成对出现。

例如：已知两个数 x 和 y，比较它们的大小，使得 x>y。

分析：给定任意两个数 x 和 y，他们有两种可能，一种情况是 x 大于 y，那么我们直接输出就是了，另一种情况是 x<y，那么我们要交换两个变量的值，第 1 步就是先把 x 的值保留起来，我们用一个变量 t 来存放，第 2 步是把 y 的值赋值给 x，这样 x 就由原来的值变成了 y 的值，第 3 步，y 要变成 x 原有的值，而 x 原有的值存放在 t 中了，所以只要把 t 的值赋给 y 就行了，整个过程可用图 4-6 来表示。

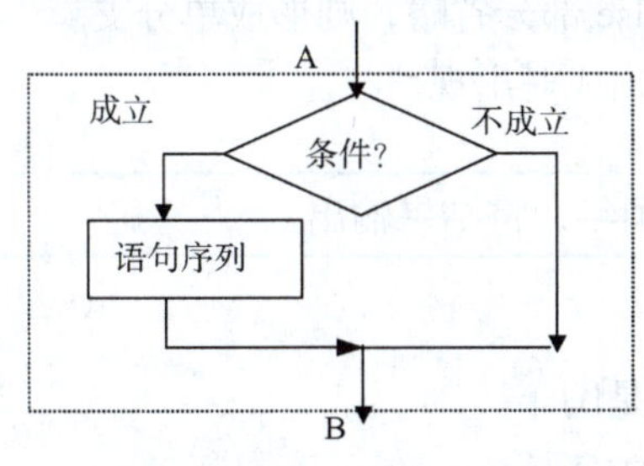

图 4-5 单分支结构流程图

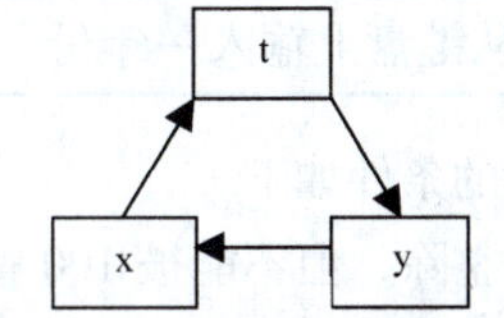

图 4-6 交换两个变量的值

用单行语句描述如下：

```
If  x<y Then  t=x:  x=y:  y=t
```

用块语句描述如下：

```
If  x<y Then
    t=x
    x=y
    y=t
```

```
End If
```

如果把 3 条赋值语句改成下列形式：请思考一下 x 和 y 的值变化情况。

（假设 x=2:y=3）

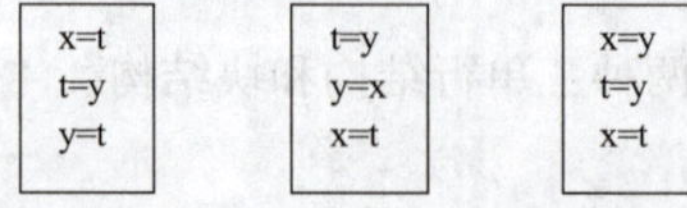

我们首先分析左边的代码，第 1 条赋值语句是把 t 赋值给 x，t 未赋值，系统默认为 0，所以 x=0，第 2 条语句是把 y 赋值给 t，那么 t=3，第 3 条语句是把 t 的值赋给 y，那么 y=3。所以没有起到交换两个数据的作用。同理，通过分析我们可以知道只有中间的代码可以用来交换两个变量的值，右边的方法也不可以。

## 4.2.2 双分支语句

双分支结构语句，书写格式也有两种：单行结构和块结构。

1. **单行结构**

```
If  <条件表达式 >  Then  <语句序列 1>  [ Else <语句序列 2> ]
```

2. **块结构**

```
If <条件表达式> Then
  <语句序列 1>
[ Else
  <语句序列 2> ]
End If
```

**功能：**

先计算 <条件表达式>，然后对其值进行判断，若其值为真，则顺序执行 <语句序列 1>，然后执行 ENDIF 语句之后的后续语句；若其值为假，则顺序执行 <语句序列 2>，然后执行 ENDIF 语句之后的后续语句。其执行过程如图 4-2（b）所示。

**说明：**

（1）如果 Else 部分存在，形成双分支。如果 Else 部分省略，则形成单分支。

（2）在“块结构”条件语句，If 和 End If 也必须成对出现。

**【例 4-3】**从键盘上输入一年份，判定是否是闰年，将结果输出。

分析：闰年的条件如下。

（1）能被 4 整除，但不能被 100 整除的年份都是闰年。

（2）能被 100 整除，又能被 400 整除的年份是闰年。

因此，算法可表示如下。

S1：从键盘上输入一数，赋值给 y。

S2：判断 y 能否被 4 整除，但不能被 100 整除，或者 y 能被 100 整除，又能被 400 整除。

S3：如果条件 S2 成立，则，输出 y “是闰年”；然后执行 S5。

S4：如果条件 S2 不成立，输出 y “不是闰年”；然后执行 S5。

S5：算法停止。

我们在这设计一个窗体的单击事件，代码如下：

```
Private Sub Form_Click()
    y = Val(InputBox("输入年份", "判断闰年"))
    If (y Mod 4 = 0 And y Mod 100 <> 0) Or (y Mod 400 = 0) Then
        MsgBox "是闰年"
    Else
        MsgBox "不是闰年"
    End If
End Sub
```

运行程序，程序界面如图 4-7 所示。

图 4-7　判断闰年的运行界面

【例 4-4】计算分段函数$y=\begin{cases}\sin x+\sqrt{x^2+1} & x\neq 0\\ \cos x-x^3+3x & x=0\end{cases}$

分析：根据前面所学的知识，我们可以用多种方法实现。

方法一：我们可以用单行结构实现。

```
Private Sub Form_Click()
    x = Val(Text1.Text)
    If x = 0 Then y = Cos(x) - x ^ 3 + 3 * x
    If x <> 0 Then y = Sin(x) + Sqr(x * x + 1)
    Text2.Text = y
End Sub
```

方法二：用双分支结构实现。

```
Private Sub Form_Click()
    x = Val(Text1.Text)
    If x <> 0 Then
     y = Sin(x) + Sqr(x * x + 1)
    Else
     y = Cos(x) - x ^ 3 + 3 * x
End If
Text2.Text = y
End Sub
```

我们把上面的 If 语句改成如下方式，想想结果如何。

```
y=cos(x) - x^3+3*x
If x<>0 Then  y=sin(x)+sqr(x*x+1)
```

通过验证，上述方法是可行的，上面两条语句是首先不管 x 的取值范围首先让 y=cos(x) – x^3+3*x，然后判断 x 的值，如果 x 不等于零，y 的赋值不对，要重新赋值 y=sin(x)+sqr(x*x+1)。

思考一下，把 If 语句改成下列语句能否实现上述功能：

```
If x=0  Then  y=cos(x) - x^3+3*x
y=sin(x)+sqr(x*x+1)
```

提示

不管 x 的值，最后结果都是 y=sin(x)+sqr(x × x+1)。

再例如：求 x 和 y 中的最大数，将最大数存储在变量 Max 中。

```
If x > y Then
    Max = x
 Else
   Max = y
End if
```

【例 4-5】密码验证，界面如图 4-8 所示。从文本框输入密码，假设密码为 123，如果密码正确，弹出对话框显示密码正确，如果密码不正确，弹出对话框显示密码不正确，并清空文本框，以便再次输入验证。

```
'Load 事件是在窗体被装载时自动发生的事件
Private Sub Form_Load()
   Text1.PasswordChar = "*"          '在文本框中只显示 * 号
End Sub
```

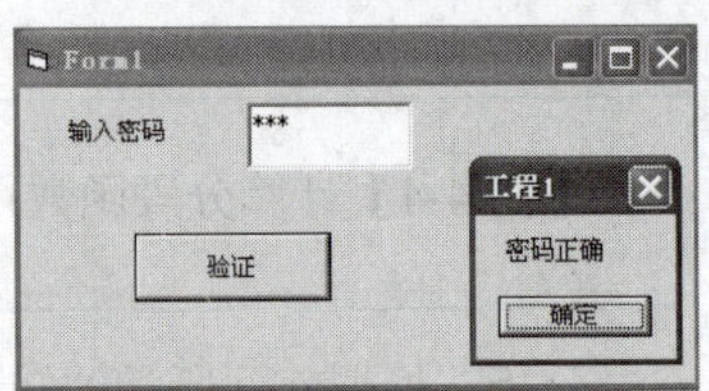

图 4-8　密码验证运行界面

在代码中我们通过 Load 事件设置 Text1 的 PasswordChar 属性。

```
Private Sub Command1_Click()
   k = Text1.Text
   If k = "123"  Then                 '假设密码为 123
     MsgBox "密码正确"
   Else
     MsgBox "密码不正确"
     Text1.Text = ""
   End If
End Sub
```

### 4.2.3　IIf 函数

IIf 函数是一种条件函数，可以代替 If 语句，其格式如下：

IIf ( 条件表达式，True- 部分结果，False- 部分结果 )

**功能：**

根据条件判断，选择 True- 部分或 False- 部分的值。当条件为 True 时，计算并返回 True- 部分的值；当条件为 False 时，计算并返回 False- 部分的值。

**说明：**

（1）条件一般为关系表达式和逻辑表达式。也可为算术表达式，表达式值为非 0 时，按 True 进行判断，表达式值为 0 时，按 False 进行判断。

（2）IIf 函数的引用将产生一个返回值，其值与 True- 部分和 False- 部分的类型一致。

（3）True- 部分和 False- 部分为表达式、变量或函数。

例如，求 x，y 中大的数，赋值给 Max 变量，语句如下：

```
Max=IIf (x>y,x,y)
```

判断一个整数是奇数还是偶数，语句如下：

```
Print IIf(x Mod 2=0,"偶数","奇数")
```

### 4.2.4　多支结构语句

双分支结构只能根据条件的 True 和 False 决定处理两个分支中的其中一个。当实际处理的问题有多种条件（超过两种）时，就要用到多分支语句。多分支语句有两种：If…Then…ElseIf 语句和 Select Case 语句。

1. If…Then…ElseIf 语句

格式：

```
 IF <条件表达式 1> Then
    〈语句序列 1〉
[ElseIf <条件表达式 2 > Then
   <语句序列 2>]
   …
[ElseIf 条件表达式 n Then
   <语句序列 n>]
[Else
   <语句序列 n+1>]
End If
```

功能：

依次判断多个条件表达式，选择执行第 1 个逻辑值为真的 <条件表达式> 所对应得到语句序列。

该语句具体的执行过程是：如图 4-9 所示，系统依次判断每个语句中的 <条件表达式>，遇到第 1 个逻辑值为真的表达式时，则执行该条件下的语句序列，之后其他语句被忽略，而转去执行 End If 语句之后的语句。若所有的语句之后的条件表达式的值均为假时，在没有可选项 Else 语句的情况下，将执行 End If 语句之后的语句；在有可选项的情况下，则执行 Else 语句下的语句序列，然后再执行 End If 语句以后的语句。

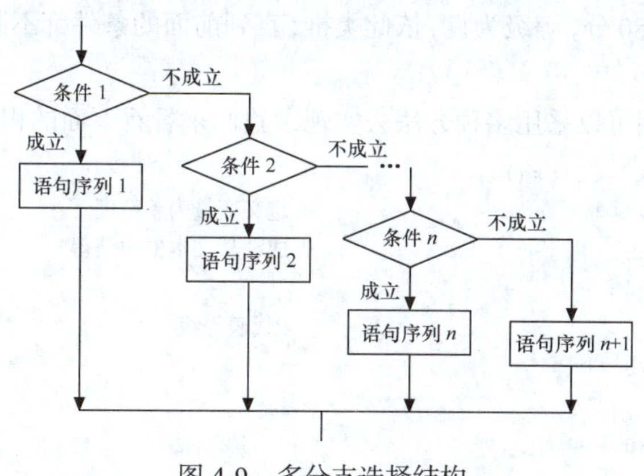


图 4-9　多分支选择结构

说明：

（1）语句序列 1 到语句序列 $n$+1 中只有一个被执行，无论哪个被执行后，流程都会到 End If 的下一条语句去。

（2）ElseIf(没有空格）不能写成 Else If。

（3）当多分支中有多个条件同时满足，则只执行第 1 个与之匹配的语句序列。因此，要注意对多分支的条件的书写次序，防止某些值被过滤。

（4）If 和 End If 必须成对出现。

（5）If...Then...ElseIf 只是 If...Then...Else 的一个特例。注意，可以使用任意数量的 ElseIf 子句，或者一个也不用。可以有一个 Else 子句，而不管有没有 ElseIf 子句。

**【例 4-6】**已知百分制成绩 mark，要求显示对应的五级制，如图 4-10 所示，如果成绩大于等于 90 分为优秀、89 ～ 80 分为良，79 ～ 70 分为中，69 ～ 60 分为及格，小于 60 分为不及格。

根据给定的条件，我们知道条件有多种情况，采用多分支结构，方法如下：

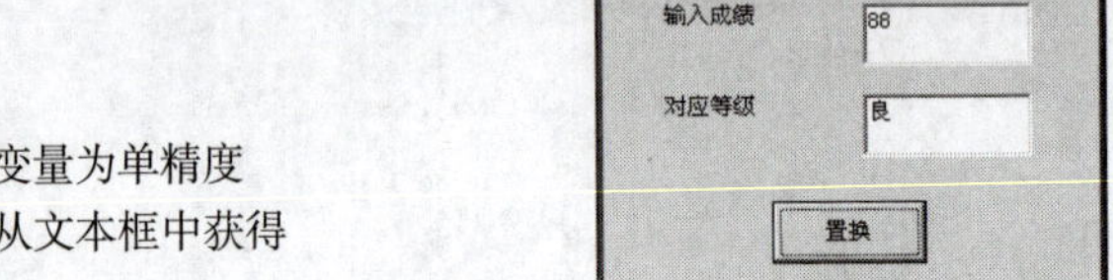


图 4-10　例 4.6 运行界面

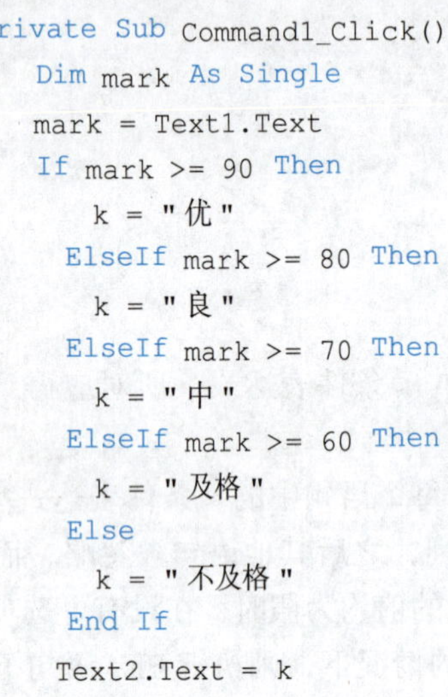

```
Private Sub Command1_Click()
  Dim mark As Single                 '定义变量为单精度
  mark = Text1.Text                  '成绩从文本框中获得
  If mark >= 90 Then
     k = "优"
   ElseIf mark >= 80 Then
     k = "良"
   ElseIf mark >= 70 Then
     k = "中"
   ElseIf mark >= 60 Then
     k = "及格"
   Else
     k = "不及格"
   End If
   Text2.Text = k                          '结果显示在文本框中
End Sub
```

上述方法，是采用大于等于 90 分为第 1 个判断，如果大于 90 分，等级为优，否则也就是小于 90 分但如果大于等于 80 分，等级为良，依此类推，直到前面的条件都不满足，也就是小于 60 分，等级为不及格。

在设计算法时，我们可以采用多种方法去实现，我们来看看下面的程序代码：

```
Private Sub Command1_Click()
  Dim mark As Single                      '定义变量为单精度
  mark = Text1.Text                       '成绩从文本框中获得
  If mark < 60 Then
    k = "不及格"                          'k 代表等级
  ElseIf mark < 70 Then
    k = "及格"
  ElseIf mark < 80 Then
    k = "中"
  ElseIf mark < 90 Then
    k = "良"
  Else
    k = "优"
   End If
  Text2.Text = k                          '结果显示在文本框中
```

```
End Sub
```

上面的代码是首先给定不及格的条件，如果成绩小于 60 分，等级为不及格，否则也就是大于等于 60 分但小于 70 分，等级为及格，依此类推。

把上面的选择结构稍微修改一下，看看结果如何？

```
Private Sub Command1_Click()
    Dim mark As Single                          '定义变量为单精度
    mark = Text1.Text                           '成绩从文本框中获得
    If mark >= 60 Then
        k = "及格"                               'k代表等级
    ElseIf mark >= 70 Then
        k = "中"
    ElseIf mark >= 80 Then
        k = "良"
    ElseIf mark >= 90 Then
        k = "优"
    Else
        k = "不及格"
    End If
    Text2.Text = k                      '结果显示在文本框中
End Sub
```

仔细阅读，我们不难发现，该程序只有两个结果，那就是凡是大于等于 60 分的都是及格，小于 60 分的都不及格，分析程序我们发现第 1 个条件是大于等于 60 分，只要我们的数据大于 60 分就满足条件，而满足条件就执行满足条件时所要执行的语句，即打印出及格，根据定义我们知道 If 造句的流程，满足条件后执行相应的语句后就结束，而不再管后面的条件是否满足。

### 2. Select Case 语句

Visual Basic 提供 Select Case 结构替代 If...Then...Else，从而可在多个语句块中有选择地执行其中一个。Select Case 语句的能力与 If...Then...Else 语句类似，但对多重选择的情况，Select Case 语句使代码更加易读。

Select Case 在结构的上方处理一个测试表达式并只计算一次。然后，Visual Basic 将表达式的值与结构中的每个 Case 的值进行比较。如果相等，就执行与该 Case 相关联的语句序列。

```
Select Case 测试表达式
    Case 表达式列表 1
        语句序列 1
    Case 表达式列表 2
        语句序列 2
       …
    Case 表达式列表 n
        语句序列 n
   [Case Else
        语句序列 n+1]
End Select
```

**功能：**

根据测试表达式的值，依次与表达式列表 1 到表达式列表 n 所描述的“域值”范围进行比较，如果与表达式列表 i 的“域值”范围相匹配，则选择执行语句序列 i( i 为 1 ～ n 之间的整数 )，然后到 End Case 后下一条语句去。

如果与所有表达式列表的“域值”范围都不匹配，并且 Case Else 存在，则执行语句序列 n+1，然后到 End Case 后下一条语句去，其流程如图 4-6 所示。

说明：

（1）测试表达式可以是数值表达式或字符串表达式，一般为变量或常量。

（2）表达式列表用来描述测试表达式的可能取值情况，可以由多个表达式组成，表达式与表达式之间要用“,”隔开，必须与测试表达式的数据类型相同。表达式列表有以下 3 种形式：

常数形式：Case 常数。例如：

```
Case case 2, 3, 5              '这条语句表示测试表达式如果等于 2 或者等于 3 或等于 5
```

常数范围形式：Case 常数 To 常数。例如：

```
Case 1 To 10                   '这条语句表示测试表达式大于等于 1 小于等于 10
```

比较判定形式：Case Is 关系运算符 常数。例如：

```
Case Is > 50                   '这条语句表示测试表达式大于 50
```

（3）表达式列表的 3 种形式在数据类型相同的情况下可以混合使用。对于表示常数范围的形式，必须把较小的值写在前面，较大的值写在后面。例如：

```
Case 2, 4, 5 To 8, Is>10
```

表示当值为 2、4、5 到 8，大于 10 的时候都执行该 Case 子句下的语句块。

```
Case 5 To 3
```

是错误的 Case 子句，因为较大值在前面，应写为 Case 3 To 5。

（4）如果相同的检测条件在多个 Case 子句中出现，那么执行符合条件的第 1 个 Case 子句下的语句块。

我们把上面的例 4-5 用 Select Case 语句去实现，编码如下。

方法一：用 Is 关系表达式实现。

```
Private Sub Command1_Click()
  mark = Val(Text1.Text)                      'val 函数把字符型数据转换为数值型
  Select Case mark                            '注意这里测试表达式 mark
    Case Is >= 90                             '注意其格式书写，Case Is 关系运算符常数
      k = "优"                                'k 代表等级
    Case Is >= 80
      k = "良"
    Case Is >= 70
      k = "中"
    Case Is >= 60
      k = "及格"
    Case Else
      k = "不及格"
  End Select
  Text2.Text = k                              '结果显示在文本框中
End Sub
```

根据 Select Case 的格式，我们可以采用以下方法。

方法二：用表达式 1 To 表达式 2。

```
Private Sub Command1_Click()
  mark = Val(Text1.Text)                'val 函数把字符型数据转换为数值型
  Select Case mark                      '注意这里测试表达式 mark
    Case 90 to 100                      '注意其格式书写，Case 常数 To 常数
```

```
            k = "优"                    'k代表等级
          Case 80 To 89
            k = "良"
          Case 70 To 79
            k = "中"
          Case 60 To 69
            k = "及格"
          Case Else
            k = "不及格"
        End Select
        Text2.Text = k                  '结果显示在文本框中
    End Sub
```

强调一点，Select Case 结构每次都要在开始处计算表达式的值。而 If...Then...Else 结构为每个 ElseIf 语句计算不同的表达式。只有在 If 语句和每一个 ElseIf 语句计算相同表达式时，才能用 Select Case 结构替换 If...Then...Else 结构。

【例 4-7】某商店进行购物打折优惠活动促销，根据每位顾客一次性购物的消费额给予不同的折扣，具体方法如下。

（1）购物 1 000 元以上的九五折优惠。
（2）购物 2 000 元以上的九折优惠。
（3）购物 3 000 元以上的八五折优惠。
（4）购物 5 000 元以上的八折优惠。

请用 Select Case 语句编写程序，输入购物消费额，计算出优惠后应收款。程序运行界面如图 4-11 所示。

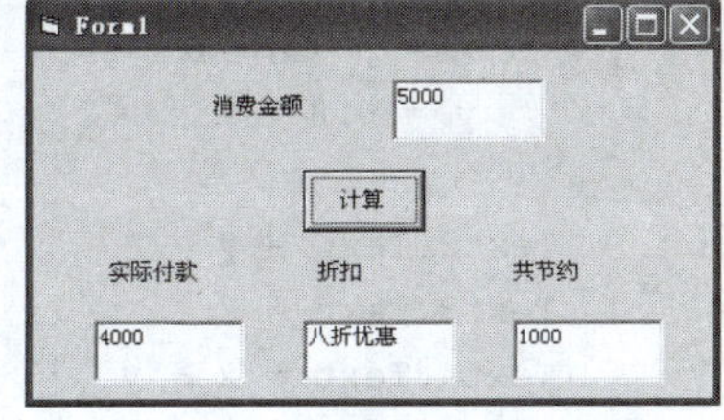

图 4-11　例 4.7 运行界面

```
    Private Sub Command1_Click()
        Dim x As Single, y As Single
        x = Val(Text1.Text)                 '从文本框中获取实际消费金额 x
        Select Case x                       '判断 x 的值
          Case Is < 1000
            k = "无优惠"                     'k代表折扣
            y = x                           'y代表实际付款
          Case Is < 2000
            k = "九五折优惠"
            y = 0.95 * x
          Case Is < 3000
            k = "九折优惠"
            y = 0.9 * x
          Case Is < 5000
            k = "八五折优惠"
            y = 0.85 * x
          Case Is >= 5000
            k = "八折优惠"
            y = 0.8 * x
        End Select
        Text2.Text = y                      '在文本框 2 中显示实际付款
```

```
    Text3.Text = k                           ' 在文本框 3 中显示折扣
    Text4.Text = x - y                       ' 在文本框 4 中节约总数
End Sub
```

如果改成多分支语句，代码如下：

```
Private Sub Command1_Click()
   Dim x As Single, y As Single
   x = Val(Text1.Text)                       ' 从文本框中获取实际消费金额 x
   If x < 1000 Then                          ' 判断 x 的值
      k = "无优惠"                            'k 代表折扣
      y = x                                  'y 代表实际付款
    ElseIf x < 2000 Then
      k = "九五折优惠"
      y = 0.95 * x
    ElseIf x < 3000 Then
      k = "九折优惠"
      y = 0.9 * x
    ElseIf x < 5000 Then
      k = "八五折优惠"
      y = 0.85 * x
    Else
      k = "八折优惠"
      y = 0.8 * x
   End If
   Text2.Text = y                            ' 在文本框 2 中显示实际付款
   Text3.Text = k                            ' 在文本框 3 中显示折扣
   Text4.Text = x - y                        ' 在文本框 4 中节约总数
End Sub
```

### 4.2.5 Choose 函数

Choose 的格式如下：

```
Choose(整数表达式，选项列表)
```

**说明：**

Choose 根据整数表达式的值来决定返回选项列表中的某个值。如果整数表达式值是 1，则 Choose 会返回列表中的第 1 个选项。如果整数表达式值是 2，则会返回列表中的第 2 个选项，依此类推。若整数表达式的值小于 1 或大于列出的选项数目时，Choose 函数返回 Null。

例如，Nop 取值为 1 ～ 4，根据 Nop 的值，转换成 +、－、×、÷ 运算符，语句代码如下：

```
Op= Choose(Nop, "+", "ā", "×", "÷")
```

当值为 1 时，返回字符串“+”，然后放入 Op 变量中，当值为 2 时，返回字符串“－”，依此类推；当 Nop 是 1 ～ 4 的非整数时，系统会自动使用取 Nop 的整数进行再判断；若 Nop 不在 1 ～ 4 之间，函数返回 Null 值。

## 4.3 选择结构的嵌套

将一个选择结构放在另一个选择结构内，称为选择结构的嵌套。If 语句的多分支格式实际上是一种 If 结构的嵌套形式。选择结构的嵌套既可以是同一种结构的嵌套，也可以是不同结构之间的嵌套。即可以在 If 结构中又包含 If 语句，或在 Select 结构语句中包含 If 语句等形式。常见的格式为：

```
If <表达式 1> Then
   If  <表达式 11> Then
     ...
   End If
    ...
End If
```

注意：

（1）在选择结构的嵌套中，应注意 Else 与 If 的配对关系。

（2）每个 If 都要与 End If 配对。

（3）多个 If 嵌套，End If 与它最接近的 If 配对。

（4）书写为锯齿型。

例如：若 x 大于 0，则 y 等于 1；若 x 小于 0，则 y 等于－1；否则，y 等于 0。

语句如下：

```
If  x>0 Then
  y=1
Else
  If  x<0 Then
    y=-1
  Else
    y=0
  End If
End If
```

此例中的 If 语句的 Else 子句中又出现 If 语句，形成了嵌套。

**【例 4-8】**从键盘输入任意 3 个数 x、y、z，编程交换 3 个数，使得 x>y>x。

分析：对于这类题，解决方法很多，图 4-12 所示为一种算法的描述。在这里通过 If 的嵌套来实现数据的交换。

程序代码如下：

```
Private Sub  Form_Load()
   Show
   x = Val(InputBox ("enter x:"))
   y = Val(InputBox ("enter y:"))
   z = Val(InputBox ("enter z:"))
   Print  "输入时的三个数 x、y、z 为: "; x; y; z
   If  x < y Then  t = x: x = y: y = t
   If  y < z Then
          t = y: y = z: z = t
          If  x < y Then
              t = x: x = y: y = t
          End If
   End If
```

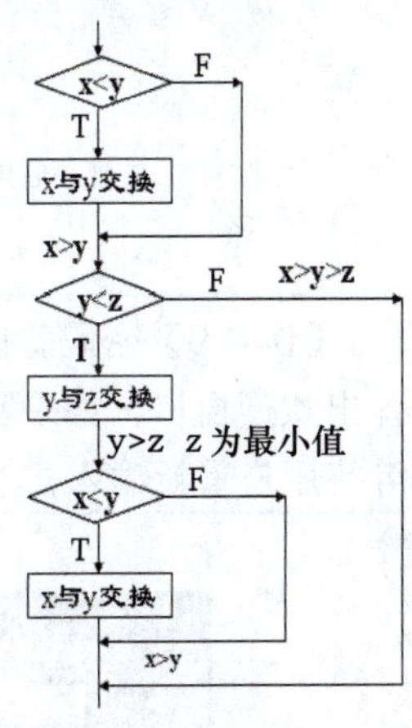

图 4-12　例 4.8 算法描述

```
    Print "排序后的三个数 x、y、z 为: "; x; y; z
End Sub
```

阅读程序，我们知道，该程序首先让 x 和 y 进行比较，保证 x 大于 y，然后让 y 和 z 进行比较，如果 y 大于 z，那么什么也不用再做了，满足 x>y>x，如果 y 小于 z，那么就要交换 y 和 z 的值，也就是把小数放在最后了，这时候要比较的就是 x 和已交换了数据的 y 了。

在实际编程前，我们首行要想清楚解题的思路，只有思路清晰，编程就不难了，比如这道题，我们可以分 3 步做。

（1）找出 3 个数中的最大数放在 x 中。

（2）找出第二大的数放在 y 中。

（3）第三大的数就是 z。

第 1 步我们没有办法一步到位，又必须分成两步。

（1.1）找出 x 和 y 中的最大数放在 x 中。

（1.2）找出 x 和 z 中的最大数放在 x 中。

而第 2 步就是找出 y 和 z 中的最大数放于 y 中。

因此根据上面的描述，我们只要用 3 个 if 语句就能实现。

代码如下：

```
Private Sub Form_Load()
    Show                                    '用 Show 方法可以显示窗体
    x = Val(InputBox("enter x:"))
    y = Val(InputBox("enter y:"))
    z = Val(InputBox("enter z:"))
    Print "输入时的三个数 x、y、z 为: "; x; y; z
    If x < y Then                           'x 和 y 进行比较，大数放在 x 中
     t = x: x = y: y = t
    End If
    If x < z Then                           'x 和 z 进行比较，大数放在 z 中
     t = z: z = x: x = t
     End If
    If y < z Then                                   'y 和 z 进行比较，大数放在 y 中
     t = y: y = z: z = t
    End If
    Print "排序后的三个数 x、y、z 为: "; x; y; z
End Sub
```

**【例 4-9】**密码验证程序，如图 4-13 所示，从文本框中输入密码，单击确定，如果密码正确，弹出欢迎窗口，如果密码错误，弹出提示错误信息，如图 4-14 所示，单击重试，清空文本框，等待用户重新输入，单击取消，程序结束。

图 4-13　密码验证程序输入界面的提示信息

图 4-14　密码验证程序密码正确和密码错误的提示信息

分析：要让密码不可见，我们要设置 Text1.PasswordChar = "*"，在这里采用 Form_Load() 来

实现。在这里面我们假设密码为 aaa。程序代码如下：

```
Private Sub Form_Load()
    Text1.PasswordChar = "*"
    Text1 = ""
End Sub
Private Sub command1_click()
     Dim I As Integer
     If Text1.Text <> "aaa" Then
      I = MsgBox(" 密码错误 ", 5 + vbExclamation, " 输入密码 ")
      If I <> 4 Then                        ' 单击取消
         End
       Else                                 ' 单击重试
         Text1.Text = ""
         Text1.SetFocus
       End If
   End If
 End Sub
```

【例 4-10】对任意的 a、b、c，求 $ax^2+bx+c=0$ 的根，运行界面如图 4-15 所示。

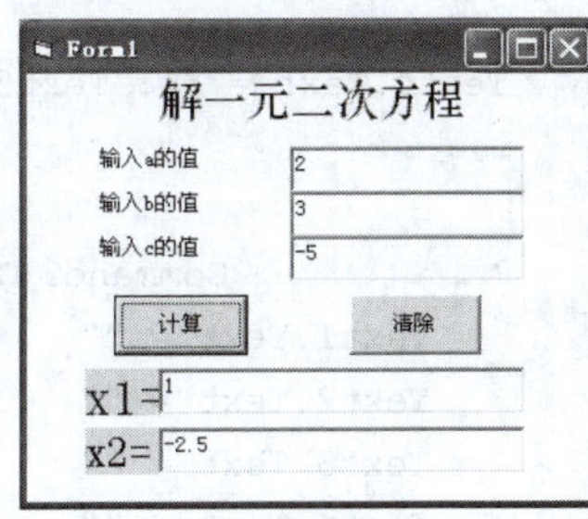


图 4-15　求一元二次方程

分析：针对 a、b、c 不同的取值，其方程的解不同，具体分析如下。

（1）如果 a、b、c 中有非数字，数据不符，要求重新输入。如果是数字，则执行（2）。

（2）如果 a=0

如果 b=0，有两种情况如果 c=0，方程有无穷解。如果 c ≠ 0，方程无解。

如果 b ≠ 0，方程有一个解 x= −c / b。

（3）如果 a ≠ 0，求 b ^ 2−4 * a * c：

$b^2-4ac=0$，有两个相等的实根；

$b^2-4ac>0$，有两个不等的实根；

$b^2-4ac<0$，有两个共轭的复根；

根据上面的分析，用户界面等不再详述，代码如下：

```
Private Sub Command1_Click( )       ' 计算
If Not IsNumeric(Text1.Text) Or Not IsNumeric(Text2.Text) Or Not IsNumeric(Text3.
Text) Then
    MsgBox        " 三个数中有的不是数字，重新输入 "
    Text1.Text = ""
    Text2.Text = ""
    Text3.Text = ""
Else
    a = Val(Text1.Text)
    b = Val(Text2.Text)
    c = Val(Text3.Text)
   If a = 0 Then
     If b = 0 Then
```

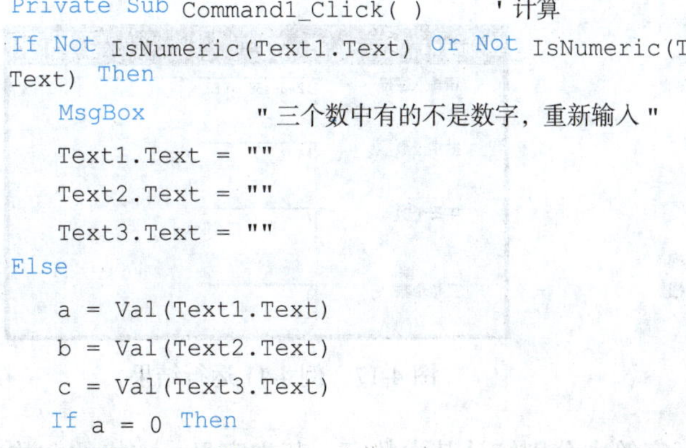

```
            If c = 0 Then
               X1 = "无穷解"
             Else
               X1 = "无解"
             End If
         Else
             X1 = -c / b
         End If
     Else
         k = b ^ 2 - 4 * a * c
         If k > 0 Then
             X1 = (-b + Sqr(k)) / (2 * a)
             X2 = (-b - Sqr(k)) / (2 * a)
         ElseIf k = 0 Then
             X1 = -b / (2 * a): X2 = -b / (2 * a)
         Else
             X1 = -b / (2 * a) & "+" & Sqr(-k) / (2 * a) & "i"
             X2 = -b / (2 * a) & "-" & Sqr(-k) / (2 * a) & "i"
         End If
     End If
  End If
  Text4.Text = X1: Text5.Text = X2
End Sub

Private Sub Command2_Click()  '清除
    Text1.Text = ""
    Text2.Text = ""
    Text3.Text = ""
    Text4.Text = ""
    Text5.Text = ""
End Sub
```

分析上面的程序，我们可以得出算法，如图 4-16 所示，每一个括号代表一个 If 语句。

【例 4-11】从文本框中输入一行字符，分别统计其中数字、英文字母、空格的个数。要求输出统计结果。运行结果如图 4-17 所示。

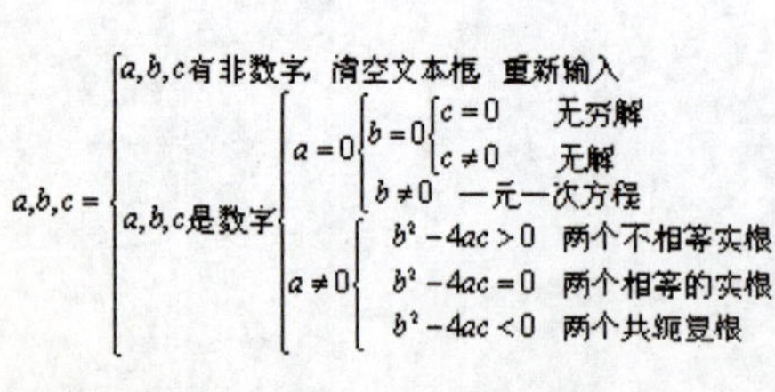


图 4-16　算法分析

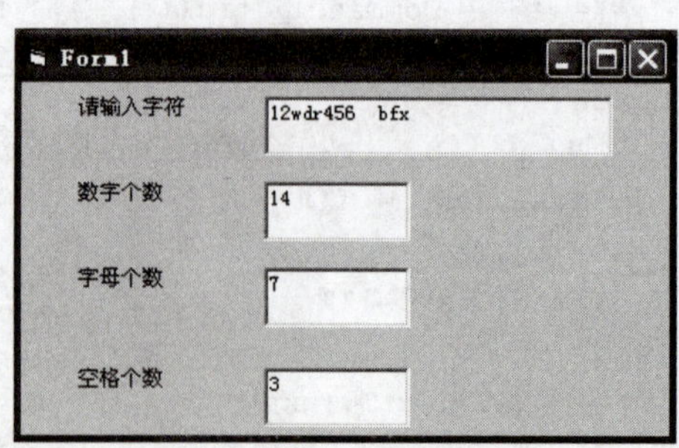


图 4-17　例 4-11 运行结果

**分析**：根据当前所学知识，要从一行字符中分别统计其中数字、英文字母、空格的个数，只好利用前面文本框事件中 keypres 的事件，其格式如下：

```
Private Sub text1_keypress(keyascii As Integer)
……
End Sub
```

每按一个键就判断是什么字符，最后通过按回车键来打印出各种字符数的多少。需要解释的是，由于每按一个键都会触发该事件，要统计所有字符的个数，要在通用声明处定义窗体级变量 x、y 和 z，以保证每次触发事件后把上一次事件的结果可以传到一次事件中。

程序代码：

```
Dim x%, y%, z%                                        '定义窗体级变量
Private Sub text1_keypress(keyascii As Integer)
   Dim c$
   c$ = Chr(keyascii)                                 '求 keyascii 对应的字符
   If UCase(c) >= "A" And UCase(c) <= "Z" Then        '不区分大小写
     x = x + 1                                        '变量 x 用于统计字母个数
   ElseIf c >= "0" And c <= "9" Then
     y = y + 1                                        '变量用于统计字母个数
   ElseIf c = " " Then
     z = z + 1                                        '变量用于统计空格个数
   End If
   If keyascii = 13 Then
        Text2.Text = x
        Text3.Text = y
        Text4.Text = z
   End If
End Sub
```

可以再阅读下列程序代码，运行后可以发现，同样能够完成题目给定的功能，在程序运行过程中，每输入一个字符程序都会统计各种字符的多少。如果同学学习了循环这章后就可以更方便地实现程序的功能。

```
Dim x, y, z
Private Sub Text1_Change()
   m = Text1.Text
   If Right(m, 1) = " " Then
     x = x + 1
   ElseIf IsNumeric(Right(m, 1)) Then
     y = y + 1
   ElseIf UCase(Right(m, 1)) >= "A" And UCase(Right(m, 1)) <= "Z" Then
     z = z + 1
   End If
   Text2.Text = Str(x)
   Text3.Text = Str(y)
   Text4.Text = Str(z)
End Sub
```

# 第5章 循环结构程序设计

前面我们已经学习了顺序和选择结构的程序设计，而在许多实际问题中还需要用到循环控制结构。例如，求若干个数之和，迭代求根等。

循环结构也是结构化程序设计的基本结构之一，它和顺序、选择结构共同作为各种复杂程序的基本构造单元。它通过判断给定的条件，如果条件成立，则重复执行某一些语句（称为循环体）；否则，结束循环。

VB 中可以使用 3 种基本循环控制结构，要注意它们实现循环控制的条件，在程序中选用哪一种循环语句，通常要根据具体问题具体分析。

## 5.1 循 环 语 句

### 5.1.1 For...Next 语句

For 循环又称计数型循环，一般用于循环次数预知的场合。

**1. 语句格式**

```
For <循环变量>=<初值> TO <终值> [Step<步长>]
        <语句序列>   ⎫
        [Exit For]   ⎬循环体
Next <循环变量>      ⎭
```

**2. 使用说明**

（1）循环必须遵循“先检查、后执行”的原则，即先检查循环变量是否超过终值，然后决定是否执行循环体。

（2）循环变量：也称循环控制变量，必须为数值型。

（3）初值、终值：为数值表达式，若值不是整数，系统会自动取整。

（4）步长：为数值表达式，可为正数，也可为负数。若值不是整数，系统也会自动取整。

- 当初值＜终值时，步长应取 >0，作递增循环；若步长 =1，可省略 Step 子句。
- 当初值＞终值时，步长应取 <0 时，作递减循环。
- 如果步长为 0，而循环体内又无退出循环的语句（如 Exit For），则会造成死循环。

（5）循环次数的计算公式：N=Int((终值—初值)/ 步长 +1)

例如：
```
For I=2 to 13 Step 3          '循环执行次数为：Int((13－2)/3+1)=4
    Print I                   '输出 I 的值分别为 2 5 8 11
```

```
    Next I
Print I                          '循环结束后，循环变量 I 的值为 14
```

（6）每次循环变量“增加”步长是自动完成的，循环体中并未出现改变循环变量值的语句。不过，VB 中允许在循环体中改变循环变量的值，但这样会影响循环次数。

```
例如：For I=2 to 13 Step 3       '循环执行次数为 :Int((13 - 2)/3+1)=4
        Print I                 '输出 I 的值分别为 2 7 12
        I=I+2
      Next I                    '实际循环执行 3 次
      Print I                   '循环结束后，循环变量 I 的值为 17
```

（7）Next 后面的循环变量与 For 语句中的循环变量相同，且两者必须成对出现。

（8）关于 Exit　For 语句的说明：一般情况下，当循环变量超过终值时，循环正常结束。但有些情况下，可能需要在循环变量到达终值前退出循环，此时可通过 Exit　For 语句来实现。允许在循环体内任意位置出现一次或多次 Exit For 语句。

```
例如：For I=1 to 100
        S=S+I
        If S>=4000 Then Exit For   '该语句通常在条件判断之后使用
      Next I
```

在执行上述程序时，若累加和 S 超过 4 000，则程序从 For 循环提前退出，执行 Next 语句后面的语句。

### 3. 执行过程

（1）给循环变量赋初值。

（2）判断其值是否在终值内。如果在终值内，则执行循环体，并将循环变量增加一个步长值，然后返回循环开始，判断能否进行下一轮循环；如果不在终值内，则结束循环，执行 Next 后的语句，其工作流程如图 5-1 所示。

【例 5-1】分析下面的程序，运行后界面如图 5-2 所示。

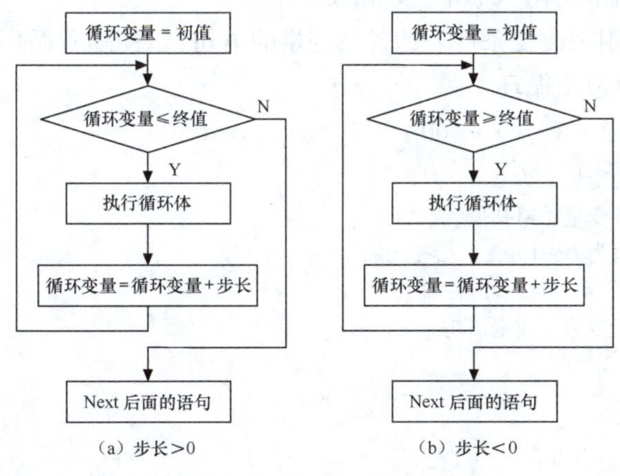


图 5-1　For...Next 工作流程

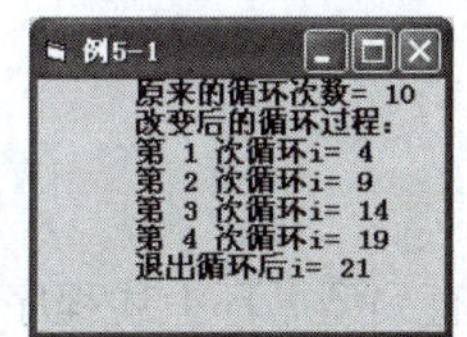


图 5-2　运行界面

程序如下：

```
Private Sub Form_Click()
    Print Spc(6); "原来的循环次数 ="; 10
```

```
    Print Spc(6); "改变后的循环过程："
    j = 0
    For i = 1 To 20 Step 2
     i = i + 3
     j = j + 1
     Print Spc(6); "第"; j; "次循环 i="; i
    Next i
    Print Spc(6); "退出循环后 i="; i
End Sub
```

**说明：**

（1）在本例中，循环次数本应该为 10 次，循环变量的值依次为 1，3，5，7，…，17，19；而当循环体内执行了赋值语句 i=i+3 后，循环变量的值就变为 4，9，14，19，循环次数大大减少了。

（2）退出循环时，循环变量应保持退出时的值，如本例中，退出循环时，i 的值为 21。

### 5.1.2 Do...Loop 语句

Do 循环又称条件型循环，用于循环次数未知的场合。具有很强的灵活性，它可以根据需要，决定是条件满足时执行循环体，还是先执行循环体，再来判断条件是否成立。

**1. 语句格式**

格式 1：（当型循环）

```
Do 【While | Until <条件表达式>】
        <语句序列>        } 循环体
     [Exit Do]
Loop
```

格式 2：（直到型循环）

```
Do
        <语句序列>        } 循环体
     [Exit Do]
Loop 【While | Until <条件表达式>】
```

**2. 使用说明**

（1）格式 1 为当型循环，其特点是先判断条件，后执行循环体，有可能一次也不执行循环；格式 2 为直到型循环，其特点是先执行循环体后再判断条件，至少执行一次循环。

（2）条件表达式：为关系或逻辑型；若为数值型，以 0 表示 False，非 0 表示 True。

（3）While 用于条件为 True 时执行循环体，Until 正好相反。

（4）在循环体内一般应有一个专门用来改变条件表达式中变量的语句，以使随着循环的执行，条件趋于不成立（或成立），最后能结束退出循环。

例如：用当型循环编程计算 S = 1 + 2 + 3 + … + 100

```
S=0                         '累加前变量 S 为 0
I=1                         '给循环变量 I 赋初值
Do While I<=100             '还可写为 Do Until I>100
    S=S+I
    I=I+1                   '循环变量值 I 改变语句
Loop
Print S
```

若用直到型循环上述程序改为：

```
S=0
I=1
Do
    S=S+I
    I=I+1                   ' 循环变量值 I 改变语句
Loop While I<=100           ' 还可写为 Loop Until I>100
```

```
Print S
```

可以看到：对同一个问题既可以用当型循环，又可以用直到型循环处理，一般情况下，两种得到的结果也一样。但如果 While( Until ) 后面的条件表达式一开始就不成立（成立），则两种循环的结果是不同的。如给循环变量赋初值 I=101，运行上述两程序，观察此时的运行结果有什么不同？

（5）Exit Do 语句的说明：类似于 Exit For 语句，其作用是退出它所在的循环结构。该语句通常在条件判断之后使用，例如 IF…Then Exit Do，当执行该语句后，将提前退出循环，执行 Loop 后的下一条语句。允许在循环体内任意位置出现一次或多次 Exit Do 语句。

### 3. 执行过程

格式 1：

先进行条件判断，然后执行循环体。若使用 While 关键字，则当条件为 True 时执行循环体，直到条件为 False 时终止循环；若使用 Until 关键字，则当条件为 False 时执行循环体，直到当条件为 True 时终止循环，其工作流程如图 5-3 所示。

格式 2：

先执行一次循环体，然后再进行条件判断。若使用 While 关键字，则当条件为 True 时再次执行循环体，直到条件为 False 时终止循环；若使用 Until 关键字，则当条件为 False 时再次执行循环体，直到当条件为 True 时终止循环，其工作流程如图 5-4 所示。

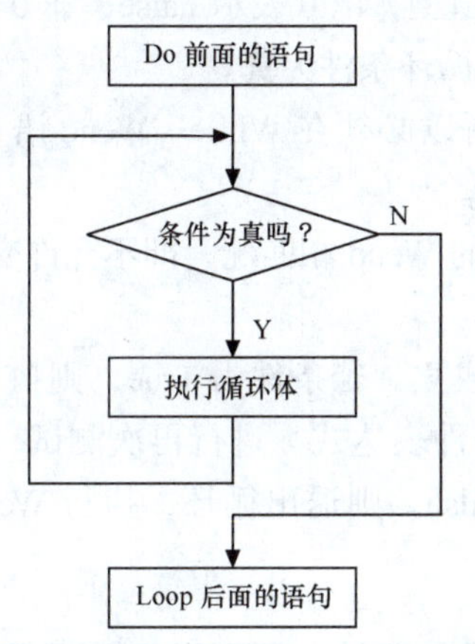

图 5-3 Do While...Loop 工作流程

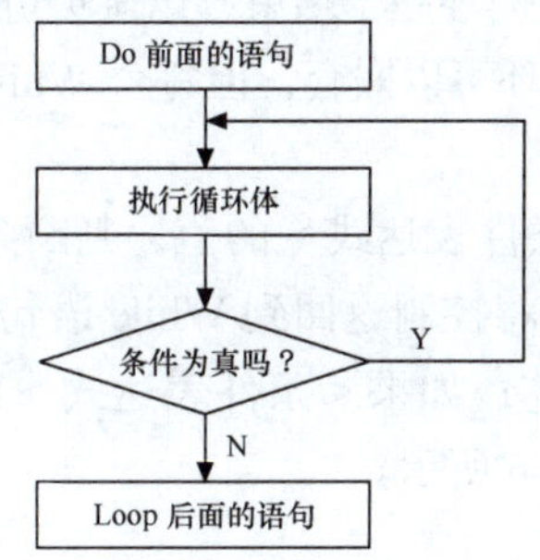


图 5-4 Do...Loop While 工作流程

**【例 5-2】**编写程序：计算在 1 ～ 100 之间，即能被 3 整除，又能被 7 整除的最小数。运行后界面如图 5-5 所示。

图 5-5 运行界面

程序如下：

```
Private Sub Command1_Click()
  Dim n As Integer
  n = 1
  Do
    If n Mod 3 = 0 And n Mod 7 = 0 Then
     Label1.Caption = "最小值为:" & n
     Exit Do        '提前结束循环
```

```
        End If
        n = n + 1
    Loop While n <= 100
End Sub
```

在循环的执行过程中，可以通过设置条件，强制提前结束循环。

### 5.1.3 While...Wend 语句

While 循环又称当循环，也用于循环次数不确定，但控制条件可知的场合。它可以根据给定条件的成立与否决定程序的流程。

**1. 语句格式**

```
While <条件表达式>
  <语句序列>
Wend
```

**2. 使用说明**

（1）While 循环语句应先对条件进行判断，然后才决定是否执行循环体。如果开始条件就不成立，则循环体一次也不会执行。

（2）<条件表达式>：为关系或逻辑型；若为数值型，以 0 表示 False，非 0 表示 True。

（3）进入循环前，应为循环控制变量赋值，以使循环条件为真。

（4）While 循环语句本身不能修改循环条件，所以必须在 While…Wend 语句的循环体内设置相应的语句，使循环趋于结束，以避免造成死循环。

（5）While 循环可以嵌套，但每个 While 和最近的 Wend 相匹配，即不允许交叉嵌套。

**3. 执行过程**

首先计算<条件表达式>的值，判断条件是否成立。若条件为 True，则执行循环体，当遇到 Wend 语句时，将控制返回到 While 语句并对<条件表达式>进行再次测试，如果仍为 True，则继续执行循环体；如果<条件表达式>的值为 False，则退出循环，执行 Wend 后面的语句，其工作流程如图 5-6 所示。

【例 5-3】计算 1+2+3+…+100 的值。运行后界面如图 5-7 所示。

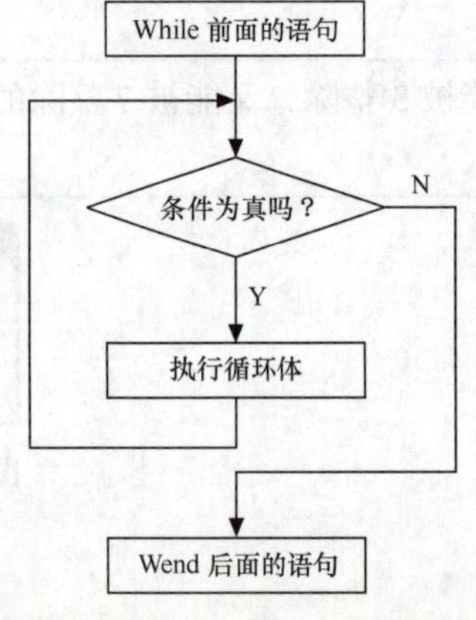


图 5-6 While...Wend 工作流程

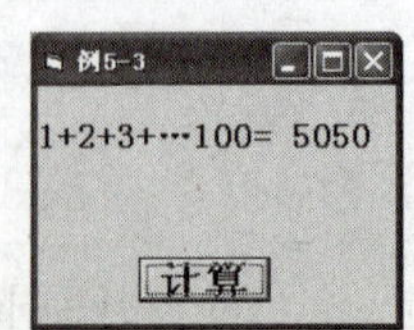


图 5-7 运行界面

程序如下：

```
Private Sub Command1_Click()
    Dim s As Single,  i As Integer
    s=0              ' 累加前变量 s 赋初值为 0
    i=1              ' 给循环变量 i 赋初值
    While i<=100
        s=s+i
        i=i+1        ' 循环变量改变
     Wend
    Print "1+2+3+…100="; S
 End Sub
```

## 5.2 多重循环

当一个循环体内含有另一个循环结构时，就形成了循环嵌套，又称多重循环。嵌套的层数可以根据需要而定，嵌套一层称为二重循环，嵌套二层称为三重循环……

前面介绍的几种基本循环结构都可以相互嵌套，下面介绍几种常见的二重嵌套形式：

```
(1)For I=…
   …
     For J=…
      …
     Next J
    …
   Next I
```

```
(2)For I=…
   …
     Do While/Until…
      …
     Loop
    …
   Next I
```

```
(3)Do While/Until…
   …
     Do While/Until…
      …
     Loop
    …
   Loop
```

```
(4)Do While/Until…
   …
     For J=…
      …
     Next J
    …
   Loop
```

```
(5)Do
   …
     For J=…
      …
     Next J
    …
   Loop While/Until…
```

```
(6)Do
   …
     Do…
      …
     Loop While/Until…
    …
   Loop While/Until…
```

**说明：**

（1）在使用循环嵌套时，内循环变量与外循环变量不能同名。

（2）外循环必须完全包含内循环，不能交叉。

例如：以下的程序段都是错误的。

```
For j=1 To 5
  For k=2 To 8 ' 内外循环交叉
   …
  Next j
Next k
```

```
For I=1 To 5
  For I=2 To 8  ' 内外循环变量同名
   …
  Next I
Next I
```

（3）不能从循环体外转向循环体内，也不能从外循环转向内循环，反之则可以。

（4）在循环体内可以使用条件语句与 Exit For/Exit Do 等语句来提前结束循环，如果用到多重循环体中，Exit For/Exit Do 语句只能用来退出本层循环。

**例如：**下面的程序段中执行 Exit For 语句后，程序流程将退出内层 For 循环。

```
    For N=3 to 99 step 2
     K=Int(Sqr(N))
     For I=2 to K
        If N Mod I=0 Then Exit For      ' 退出内层For循环
     Next I
     If I>K Then Print N;"是素数"
Next N
```

【例 5-4】分析下列二重循环。运行后界面如图 5-8 所示。

程序如下：

```
Private Sub Form_click()
    Dim i%, j%
    For i = 1 To 3
      For j = 5 To 6
        Picture1.Print i,j
      Next j
    Next i
End Sub
```

在本例中，整个内循环其实就是外循环的循环体。从上面的运行结果可以看出，外循环的控制变量每改变一次，内循环的循环体就执行了两次（j=5，j=6）循环体的语句（print i，j），所以内循环体总共执行了 3×2 次循环，才算完成了整个循环过程。

【例 5-5】打印下三角的九九乘法表。运行后界面如图 5-9 所示。

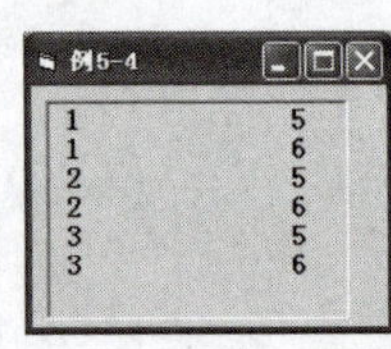


图 5-8 运行界面

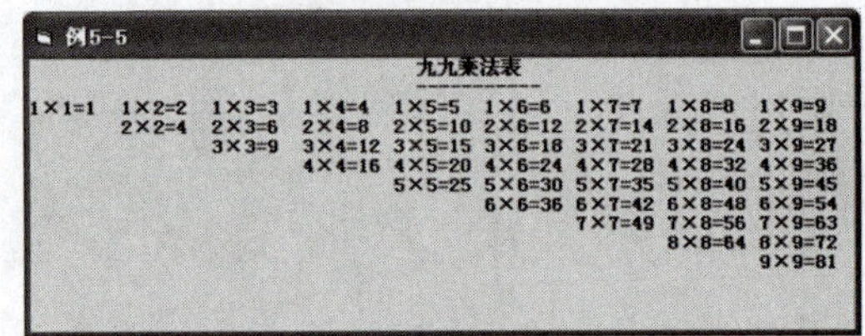


图 5-9 运行界面

程序如下：

```
Private Sub Form_Click()
    Dim se As String
       Print Tab(35); "九九乘法表"
       Print Tab(35); "-----------"
       For i = 1 To 9
          For j = i To 9
             se = i & "×" & j & "=" & i * j
             Print Tab((j - 1) * 9 + 1); se;
          Next j
          Print
       Next i
```

```
End Sub
```

思考：若要打印上三角的九九乘法表，程序如何改动？

【例 5-5】编写程序，显示出所有水仙花数。所谓水仙花数，是指一个 3 位数，其各位数字立方和等于该数字本身。例如，153 是水仙花数，因为：$153=1^3+5^3+3^3$。

方法一：用三重循环将三个 1 位数合并成一个 3 位数。

```
Private Sub Form_click()
    Dim i As Integer, j As Integer, k As Integer
    For i = 1 To 9              'i 表示百位上的数
      For j = 0 To 9            'j 表示十位上的数
        For k = 0 To 9          'k 表示个位上的数
          n = i * 100 + j * 10 + k
          If i ^ 3 + j ^ 3 + k ^ 3 = n Then Print n
          Next k
        Next j
     Next i
End Sub
```

方法二：将一个 3 位数的百位、十位及个位分离出来，再计算它们的立方和，根据立方和是否等于 n 来判断该 3 位数是否为水仙花数。

```
Private Sub Form_click()
    Dim i As Integer, j As Integer, k As Integer
    Dim n As Integer
    For n = 100 To 999
       i = n \ 100                      'i 表示得到百位上的数
       j = n \ 10 - i * 10              'j 表示得到十位上的数
       k = n Mod 10                     'k 表示得到个位上的数
         If i ^ 3 + j ^ 3 + k ^ 3 = n Then Print n
     Next n
End Sub
```

思考：

（1）本题使用两种方法来实现，试分析哪种方法比较好？

（2）方法二中语句 j=n\10 − i*10 能否改为 j=n\10 mod 10？

# 5.3　其他控制语句

## 5.3.1　Exit 语句

在 VB 中，有多种形式的 Exit 语句，用于退出某种控制结构的执行。如 Exit　For、Exit Do、Exit Sub、Exit Function 等。

【例 5-7】以下程序用来测试出口语句的执行情况。

程序如下：

```
Private Sub Form_click()
   Dim i%,  num%
   Do
     For i = 1 To 1000
       num = Int(Rnd * 100)
       Print num;
       Select Case num
          Case 7: Exit For
          Case 29: Exit Do
          Case 54: Exit Sub
       End Select
     Next i
     Print  "exit for"
   Loop
   Print  "exit do"
End Sub
```

程序运行后，单击窗体，每次循环将产生一个随机数。当随机数取值为 7 时，退出 For 循环；取值为 29 时，退出 Do 循环；取值为 54 时，退出 Sub 过程。

### 5.3.2 With...End With 语句

**1. 语句格式**

```
With 对象
    语句块
End With
```

**2. 功能**

用于对某个对象执行一系列语句，而不用重复指出该对象的名称。

例如：用 With 语句设置标签 MyLabel 的多个属性，可以在 With 语句中引用对象一次。

```
With MyLabel
    .height=1000      ' 属性前的 "." 不能省略
    .width=1500
    .FontSize=20
    .caption="This is mylabel"
    End With
```

### 5.3.3 GoTo 语句

GoTo 语句是无条件地转移到本过程中指定的行。在某些情况下，可以使用 GoTo 语句，但不提倡多用。

**1. 语句格式**

```
GoTo<标号|行号>
```

**2. 使用说明**

（1）<标号>：是任何字符的组合，不区分大小写，必须以字母开头，以冒号（：）结尾，且必须放在行的开始位置。

（2）<行号>：可以是任何数值的组合，在使用行号的模块内，该组合是唯一的。行号必须放在行的开始位置。

例如：求 1+2+3+…+100 的程序也可写成如下形式：

```
Dim S As Single, I As Integer
S=0                    ' 累加前变量 S 赋初值为 0
I=1
PP:
    S=S+I              '累加求和
    I=I+1
If I<=100 Then GoTO PP
Print "1+2+3+…100="; S
```

由于 GoTo 语句是非结构化语句，过多的使用，会使程序代码不易阅读及调试，建议尽可能地少用或不用 GoTo 语句，而使用结构化控制语句。

## 5.4 应 用 举 例

采用循环控制语句编程，既可以简化程序，又能提高效率。使用时，必须遵守“先检查，后执行”的原则，解决好循环三要素：进入循环的条件、循环体的算法、结束循环的条件。

下面我们将通过几个典型程序来掌握循环结构中的常用算法。

**1．累计求加、阶乘问题**

此类问题都要使用循环结构，根据问题的要求，确定循环变量的初值、终值或结束条件及用来表示和、阶乘的变量初值。

累加是在原有和的基础上一次一次地，每次加一个数；而连乘是在原有积的基础上一次一次地，每次乘一个数。

例如：下面程序是采用不同循环语句实现输出 1 ～ 10 之间的所有奇数及计算它们的和。运行后界面如图 5-10 所示。

① For 循环语句

```
Private Sub Form_Click()
    sum=0
    For i=1 To 10 Step 2
        Text1=Text1 & Str(i) & Chr(13) & Chr(10)    '回车用 ASCII 码值 13 表示
        sum=sum+i
    Next i
    Print sum
End Sub
```

② Do 循环语句

```
Private Sub Form_Click()
    sum=0
    i=1
    Do While i<=10
        Text1=Text1 & Str(i) & Chr(13) & Chr(10) '换行用 ASCII 码值 10 表示
        sum=sum+i
        i=i+2
    Loop
    Print sum
End sub
```

又如：分别采用不同的循环语句计算并输出 n!，运行后界面如图 5-11 所示。

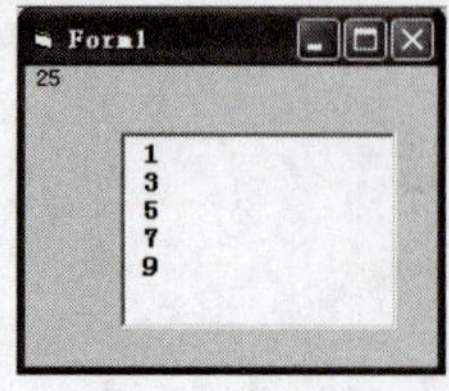

图 5-10　运行界面

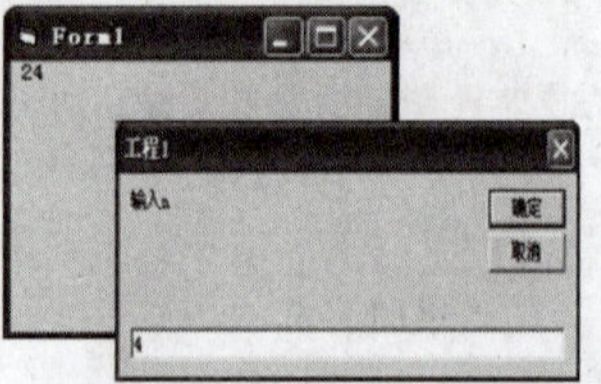

图 5-11　运行界面

① For 循环语句

```
Private Sub Form_Click()
    n=Val(InputBox(" 输入 n"))
   s=1
   For i=1 To n
      s=s*i
   Next i
   Print s
End Sub
```

② Do 循环语句

```
Private Sub Form_Click()
   n=Val(InputBox(" 输入 n"))
   s=1
   i=1
   Do While i<=n
       s=s*i
       i=i+1
   Loop
   Print s
End Sub
```

③ While 循环语句

```
Private Sub Form_Click()
   n=Val(InputBox(" 输入 n"))
   s=1
   i=1
   While i<=n
       s=s*i
       i=i+1
   Wend
   Print s
End Sub
```

从上面两个简单的例子可以看出，一般累加和连乘都是通过循环结构和循环体内的一条表示累加性（sum=sum+i）或连乘性的语句（s=s*i）来实现。需要强调的是，对存放累加和或连乘的变量应该放在循环体外设置初值，一般累加变量为 0，而连乘变量为 1。

**【例 5-8】**用以下公式计算 sin(*x*) 的值。当最后一项的绝对值小于 $10^{-7}$ 时，停止计算。*x* 的值由键盘输入。

$$\sin(x)=x-\frac{x^3}{3!}+\frac{x^5}{5!}-\frac{x^7}{7!}+\cdots+(-1)^{n-2}\frac{x^{2n-3}}{(2n-3)!}+(-1)^{n-1}\frac{x^{2n-1}}{(2n-1)!}$$

分析：

（1）设变量 t 用于存放中间项的计算结果，t 的初值 $t_1$ 为 x，并且当第 n 项的值 $t_n<10^{-7}$ 时结束计算，因此可将循环结束的条件设置为 t 的绝对值小于 eps(IE － 7)。

（2）在该题中，可以看出第 n 项 tn 和第 n-1 项 tn-1 存在以下递推关系：

$t_1$=x

$t_n$=$t_{n-1}$*(-x*x)/((2*n-2)*(2*n-1))

由此，可以通过使用循环语句来计算各项的值并完成累加。

算法描述。

```
t= 第一项值
s=t
n=1
Do While Abs(t)>eps
t= 第 n 项的值
s=s+t
Loop
```

程序如下：

```
Private Sub Command1_Click()
   Dim x!, t!, n%, s%
   Const eps = 0.0000001
   x = Val(InputBox(" 请输入 x 的值 :"))
   t = x
   s = x
   n = 1
   Do While Abs(t) > eps
      n = n + 1
      t = t * (-x * x) / ((2 * n - 2) * (2 * n - 1))
      s = s + t
   Loop
   Print "sin( "; x; ")=" ; s
End Sub
```

程序若用 Do Until...Loop 结构，只要改动成语句：Do Until abs(t)<=eps，即当 t 的精度大于 0.000 000 1 时继续循环，直到小于等于 0.000 000 1 时停止循环。

### 2. 素数问题

素数也称质数，是指一个大于 2 且只能被 1 和本身整除的整数。判别 M 是否为素数的方法有很多，最简单的是从素数的定义来求解。其算法思想是：将 M 分别除以 2，3，…，M － 1，若都不能整除，则 M 为素数。算法流程图如图 5-12 所示。

程序如下：

```
Private Sub Form_Click()
   Dim M%, I%
   M=Val(InputBox(" 请输入一个正整数 N=?"))
   For I = 2 To M-1
      If (M Mod I) = 0 Then Exit For
   Next I
```

```
    If  I>M-1 Then Print M; "是素数"  Else Print M; "不是素数"
End Sub
```

这种算法比较简单，但速度慢，实际上 m 不可能被大于$\sqrt{m}$的数整除，因此，只要将内循环语句 For I=2 to M − 1 改成 For I=2 to Int(Sqr(M))，循环次数将大大减少。

**【例 5-9】**编写程序验证哥德巴赫猜想：一个大于等于 6 的偶数可以表示为两个素数之和。例如，6=3+3, 8=3+5, 10=3+7。运行后界面如图 5-13 所示。

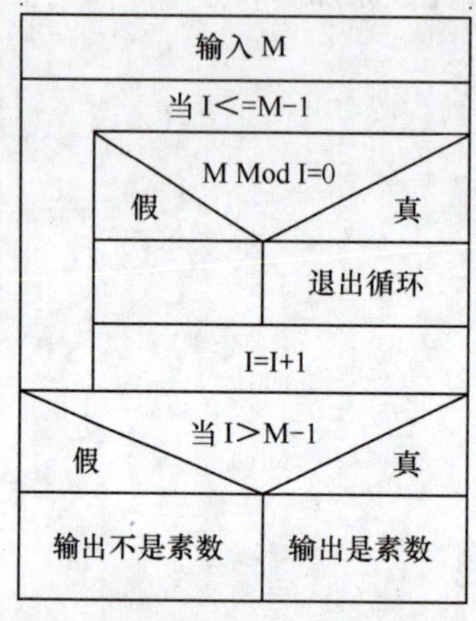


图 5-12　判断素数 N-S 流程图

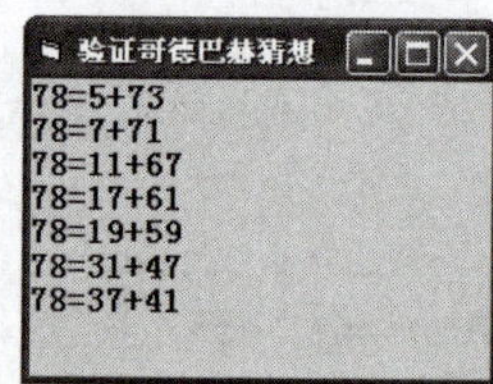


图 5-13　运行界面

分析：

设 N 为大于等于 6 的任意偶数，将其分解为 N1 和 N2 两个数，使用 N1 + N2=N，分别判断 N1 和 N2 是否为素数，若都是，则为一组解。若 N1 不是素数，就不必再检查 N2 是否为素数。先从 N1=3 开始，直到 N1=N/2 为止。

程序如下：

```
Private Sub Form_Click()
    Dim N%, N1%, N2%, I%, K1%, K2%
    N=Val(InputBox("请输入大于 6 的偶数"))
    For N1 = 3 To N\2 Step 2
      K1=Int(Sqr(N1))
      For I = 2 To K1                              '判断 N1 是否是素数
          If (N1 Mod I) = 0 Then Exit For
      Next I
      If I>K1 Then                                 '如果 N1 是素数，则将 N 分解为 N1+N2
         N2=N-N1
         K2=Int(Sqr(N2))
         For I = 2 To K2                           '判断 N2 是否是素数
            If (N2 Mod I) = 0 Then Exit For
         Next I
        If I>K2 Then                               '如果 N2 是素数，则打印输出
           Print N & "=" & N1 & "+" & N2
        End If
    End If
```

```
    Next N1
End Sub
```

思考：

（1）为什么程序中对 N1 的循环终值要取为 N/2，步长取为 2?

（2）如果一个偶数有多种可能的分解，程序是否能打印出所有的分解？如果只打印出一种分解，应该如何修改程序？

### 3. 穷举法

穷举法也称“枚举法”，其基本算法思想是：将各种可能出现的情况一一进行测试，判断是否是符合要求的解，这是一种在没有其他办法的情况的方法，是一种最笨的方法，但对一些无法用解析法求解的问题中能奏效，常常采用循环来处理穷举问题。

**【例 5-10】** 将一张面值为 100 元的人民币等值换成 100 张 5 元、1 元和 0.5 元的零钞，要求每种零钞不少于 1 张，问有几种组合？

分析：

如果用 x、y、z 来分别代表 5 元、1 元和 0.5 元的零钞的张数，根据题意只能得到下面两个方程：

$$\begin{cases} x+y+z=100 \\ 5*x+y+0.5*z=100 \end{cases}$$

显然从数学上讲，无法得到求解，此时我们可用穷举法，一一列举各种可能的情况，判断哪一种可能是符合要求的解。

为提高运行速度，减少循环次数，对程序需优化考虑，x 的最大取值应小于 20，因每种面值不少于 1 张，因此 y 最大取值为 100−X，在 x，y 定值后，z 的值便确定了：z=100−x−y，所以使用二重循环即可实现。运行后结果如图 5-14 所示。

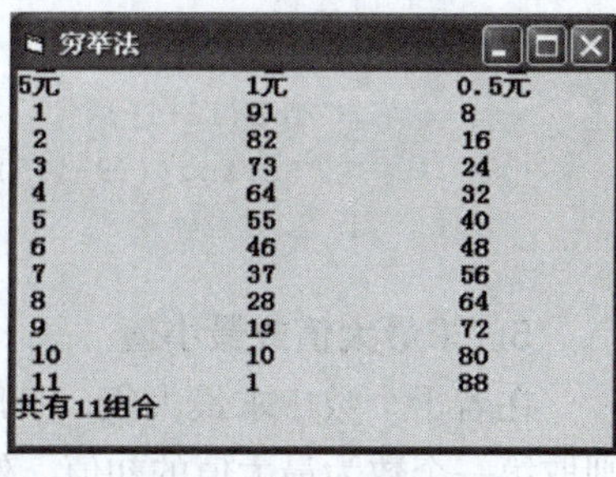


图 5-14　运行界面

程序如下：

```
Private Sub Form_Click()
    Dim x%,  y%,  z%,  N%                    ' 变量类型尽量少用变体类型，运行时间可减少
    Print "5元             1元                0.5元"
    N = 0
    For x = 1 To 20
        For y = 1 To 100 - x                  ' 将循环次数多的放在循环内
            z = 100 - x - y
            If 5 * x + 0.5 * z + y = 100 Then
                Print x,  y,  z
                N = N + 1
            End If
        Next y
    Next x
    Print "共有" & N & "组合"
End Sub
```

### 4. 打印有规律图案

打印图案一般可由双层循环实现，外循环用来控制打印的行数，内循环控制打印的个数。

【例 5-11】打印由数字组成的数字金字塔图案，运行后结果如图 5-15 所示。

程序如下：

```
Private Sub Form_Click()
    Dim i%, j%
    For i = 1 To 9                        ' 外循环控制打印行数
      Print Tab(10-i);                    ' 控制每行起始打印位置
      For j = 1 To 2*i-1                  ' 内循环控制打印个数
        Print Trim(Str(9-i+1));           ' 打印内容
      Next j
    print
    Next i
End Sub
```

思考：

（1）能否将程序中的 Tab(10 − i) 函数改成 Spc(10+i) 函数？如果不使用 Trim() 函数输出的结果会如何？

（2）此题也可以使用函数 String()，即返回包含指定长度重复字符的字符串。

程序如下：

```
Private Sub Form_Click()
    Dim i%, j%
    For i = 9 To 1 step -1                                ' 外循环控制打印行数
      Print Tab(10+i);                                    ' 控制每行起始打印位置
      Print String(((9-i+1)*2-1), Trim(Str(i)));          ' 打印内容
    Next i
End Sub
```

5. **求最大值或最小值**

在若干个数中求最大值，一般先假设一个较小的数为最大值的初值，若无法估计较小的值，则取第一个数为最大值的初值，然后将每一个数与最大值比较，若该数大于最大值，则将该数替换为最大数，依次逐一比较。

【例 5-12】利用随机函数产生 20 个 [50 ～ 149] 范围内的随机数，显示它们的最大值、最小值和平均值，运行后界面如图 5-16 所示。

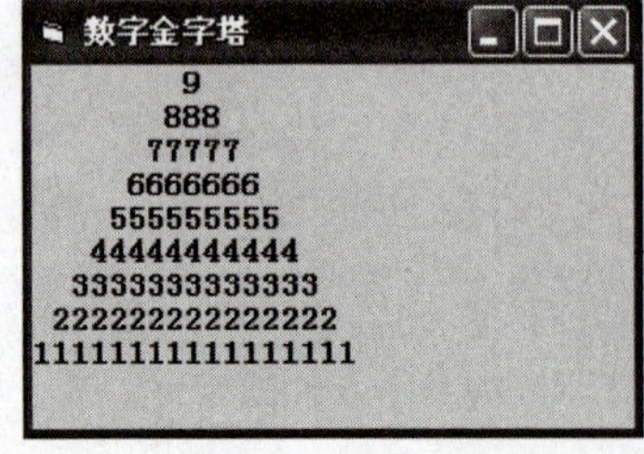


图 5-15　运行界面

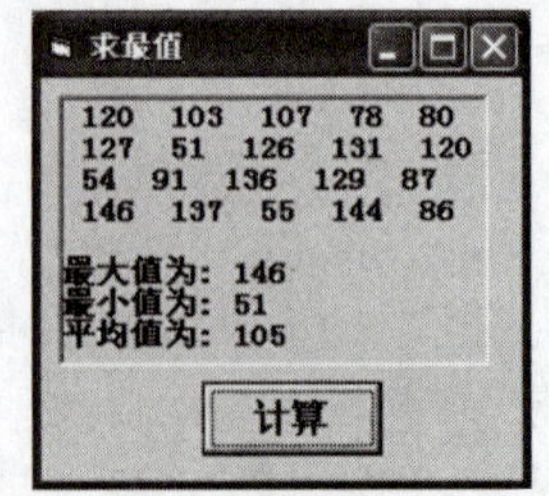


图 5-16　求最值的运行界面

程序如下：

```
Private Sub Command1_Click()
```

```
    Dim x%, max%, min%, sum%, ave%
    sum = 0
    max = 50
    min = 100
    For i = 1 To 20
      x = Int(Rnd * 100) + 50
      Picture1.Print x;
      If i Mod 5 = 0 Then Picture1.Print   '控制每行 5 个输出
          sum = sum + x
      If x > max Then max = x
      If x < min Then min = x
    Next i
    ave = sum / 20
    Picture1.Print
    Picture1.Print "最大值为:"; max
    Picture1.Print "最小值为:"; min
    Picture1.Print "平均值为:"; ave
End Sub
```

### 6. 字符串处理

在程序设计中，除了常用的数值计算外，还常常要对字符串进行处理，如字符大小写的转换、字符的加密或解密、单词的统计等。

【例 5-13】统计文本框中英文单词的个数（设单词由空格、逗号、分号、感叹号、回车符、换行符作为单词之间的分隔符）。运行后界面如图 5-17 所示。

分析：

（1）用变量 Last 存放上一次取出的字符，Char 存放当前所取出的字符，变量 Nw 累计单词数，从左边开始的第 I 个字符的位置用变量 I 存放，其初值为 1。

（2）从文本（字符串）的左边开始，取出第 I 个字符赋值为 Char，如果 Char 是英文字母，同时它的前一个字符 Last 为单词分隔符，则表示当前的字母是新单词的开始，累计单词数。

（3）将 Char 值赋给 Last，I 自增 1，重复步骤（2）、（3）直到文本末尾。

根据上面的分析，实现上述算法的 N-S 流程图如图 5-18 所示。

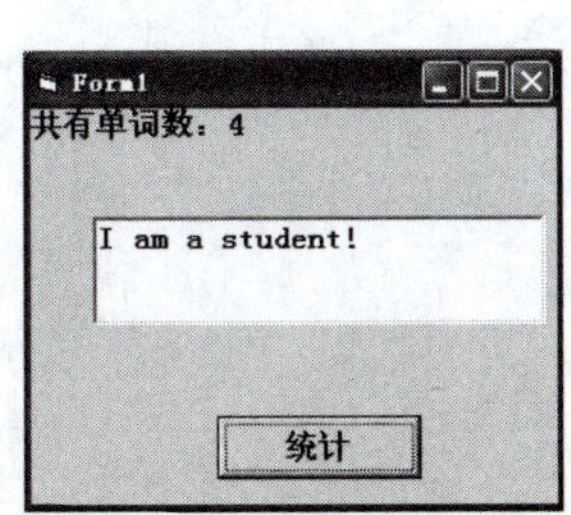


图 5-17　运行界面

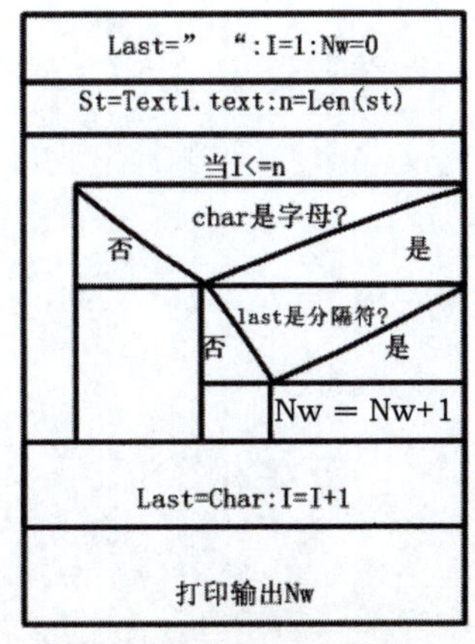


图 5-18　统计单词的算法 N-S 图

程序如下：

```
Private Sub Command1_Click()
    Dim Nw%, I%, n%
    Dim St as string, Char as string , Last as string
      St=Text1.text
      Last=" "
      n=len(St)
    For I=1 to n
      Char=Mid(St, I, 1)                    '存放当前所取出的字符
      If Ucase(char)>= "A" and Ucase(char)<= "Z" Then
       Select case Last                     'Last 是单词间隔符
         Case " ", ",", ";", ".", "!",  Chr(13), Chr(10)
           Nw=Nw+1              '累计单词数
         End select
      End if
     Last=Char                      '存放上一次前所取出的字符
    Next i
    Print "共有单词数："&Nw
End Sub
```

思考：

（1）程序中的函数 Ucase 的作用是什么？

（2）程序中为什么在将变量 Last 的初值赋值为空格字符？如果赋值为空字符，即 Last="　"，则程序运行时会出现什么问题？

（3）分析该程序，如果在文本框中输入了汉字和数字，能否实现正确的统计？

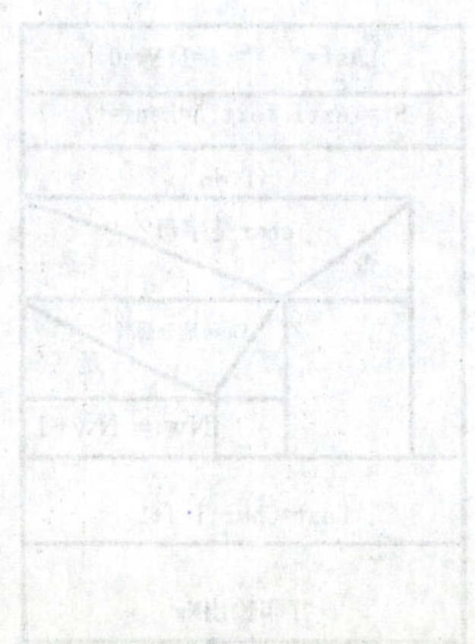

# 第 6 章 数组

迄今为止，我们使用的都是属于基本数据类型的数据，这些数据可以通过变量来存放和访问。变量的特点是简单、灵活，但变量之间没有相互关系。在实际应用中，常常会遇到要成批地处理相同类型的大量数据的情况。例如，要处理 100 个学生某门课程的考试成绩，若在程序中定义 100 个类型相同的变量来存放这些成绩，显然是一件非常笨拙的事情。Visual Basic 提供了一种解决这类问题的有效的数据结构——数组。

## 6.1 数组的概念

### 6.1.1 引例

【例 6-1】若要计算一个班 100 个同学的英语课程的平均分，然后分别统计出比平均分高、比平均分低的人数。

若使用随机函数、简单变量和循环结构来处理，计算平均分的程序如下：

```
Dim mark As Integer, aver As Single
aver = 0
For i = 1 To 100
    mark = Int(Rnd * 101)
    aver = aver + mark
Next i
aver = aver / 100
```

该程序用变量 mark 来存放分数，每产生一个分数，就放到变量 mark 里，然后不断累加到变量 aver 中，最终算出总分，从而求出平均分。但若要计算高于或低于平均分的人数，则无法实现。要计算高于或低于平均分的人数，就要把每个人的分数逐个与平均分进行比较大小，而该程序将分数都放在变量 mark 中，而在某一时刻一个变量只能存放一个数据，一旦有新的数据赋给同一个变量，新数据会覆盖老数据，也就是老数据丢失了，这样就没办法统计高于和低于平均分的人数了。要解决这个问题只有一个办法，就是把每个分数都保存起来。

若要使用变量来保存 100 个学生的分数，必须定义 100 个变量，可将变量逐一命名为 mark1，mark2，...，mark100。要让 100 个变量分别保存 100 个同学的分数，就必须使用 100 条赋值语句。由于变量名是一个完整的标识符，要表示 100 个类似的变量不能用 marki（i 从 1 变化到 100）来表示，故给 100 个变量赋值就不能使用循环结构，只能一条一条语句地编写，这样的编程工作量太大了。

用数组来解决上述问题，程序将非常简洁，编程效益高且容易编写。具体程序如下：

```
Private Sub Form_Click()
    Dim mark(1 To 100) As Integer,aver! , i%, m%, n%
    aver = 0
    For i = 1 To 100
        mark(i) = Int(Rnd * 101)
        aver = aver + mark(i)
    Next i
    aver = aver/100
     m = 0  :    n = 0
    For i = 1 To 100
        If mark(i) > aver Then m = m + 1
        If mark(i) < aver Then n = n + 1
    Next i
    Print "100个同学的平均分是 :"; aver
    Print " 比平均分高的学生有 "; m; " 个 "
    Print " 比平均分低的学生有 "; n; " 个 "
End Sub
```

计算的结果很可能是比平均分高和比平均分低的人数都是 50，这是因为数组 mark 定义为整型数组，分数都是整型的，而平均分是单精度类型的，分数跟平均分相等的概率很低。

### 6.1.2 数组简介

数组不是一种新的数据类型，而是一组相同类型的变量的集合。在程序中使用数组的最大好处是用一个数组名代表逻辑上相关的一批数据，用下标区别该数组中的各个元素。

数组必须先声明后使用，声明数组名、数据类型、维数和数组大小。按声明时下标的个数来确定数组的维数，VB 中的数组有一维数组、二维数组、...，最多是 60 维数组。按声明时数组的大小是否确定将数组分为静态（定长）数组和动态（变长）数组两类。数组的大小是指数组元素的个数。

如在例 6-1 中，语句：

```
Dim mark(1 To 100) As Integer
```

声明了一个一维静态数组，数组名为 mark，类型为 Integer，共有 100 个元素，数组大小是 100，下标从 1 ～ 100。该数组的各个元素分别是：mark(1)、mark(2)、mark(3)、...、mark(100)，mark(i) 表示以变量 i 的值为下标的那个元素。数组 mark 各元素在内存中分配的内存单元是连续的，分配情况如下：

| mark(1) | mark(2) | ... | mark(99) | mark(100) |
|---|---|---|---|---|

由于是整型数组，每个元素分配 2 个字节，数组 mark 共需分配 2 × 100 = 200 个字节的连续的内存单元。

对数组的操作，一般不是对整个数组操作，而是对各个数组元素的操作。数组元素的使用规则与同类型的简单变量相同。数组元素的形式如下：

数组名（下标 1[ ，下标 2...] ）

每个数组元素都有唯一的下标，下标不能超出数组声明时的上、下界范围。如例 6-1 中定义的数组，其数组元素不能写 mark(101)，因为 101 大于上界 100。若下标小于下界或大于上界，程序运行时将产生“下标越界”的错误。

一个下标，表示是一维数组；多个下标，表示多维数组。

数组元素的引用中，下标可以是数值型的常量、变量、表达式，甚至可以是另一个数组元素，通常是整型，若不是整型，会自动四舍五入为整型。

通常情况下，数组中的各元素类型必须一致，但若数组类型为 Variant 时，各元素的类型可以不同。

## 6.2 静态数组及其声明

在声明时确定了大小的数组称为静态数组。声明静态数组的形式如下：

```
Dim 数组名(下标[,下标2...])[As 类型]
```

说明：

（1）数组名必须是合法的标识符。

（2）下标的个数决定了数组的维数，一个下标就是一维数组，两个下标就是二维数组。在 VB 中最多允许定义 60 维数组。

（3）下标的形式是［下界 To］上界，下标下界最小可为 -32 768，上界最大可为 32 767，若省略下界，其默认值为 0。下界必须小于上界。下标必须为常量，可以是常数或符号常量，不可以为变量或表达式。

（4）数组每一维的大小由下面的公式来计算：

```
上界 - 下界 +1
```

把每一维的大小相乘就是数组的大小。

（5）As 类型用来说明整个数组的类型，可以省略。若省略，默认为 Variant 类型。对于有类型符的数据类型，可以用类型符来代替“As 类型”，类型符应该放在数组名的后面。如语句：

```
Dim d%(10)
```

声明的是一个整型数组。

（6）数组的声明确定了数组的名称、数组的类型、维数、大小等信息。系统运行到声明数组的语句时，会根据声明的信息进行内存的分配和初始化。初始化的情况和简单变量一样，数值型全部初始化为 0，逻辑型初始化为 False，日期型初始化为日期的起点 #12-30-1899#，字符型初始化为空串 ""，Variant 类型初始化为空值 Null。

（7）在一个声明语句中可以同时声明多个一维或多维数组，每个数组用逗号隔开。

例如：

```
Dim a(10) As Integer, c(-3 To 3) As Boolean
```

声明了两个一维数组，一个是名称为 a、大小为 11 的整型数组，另一个是名称为 c、大小 为 7 的逻辑型数组。第一个数组 a 下界省略，默认是 0，引用第一个数组元素时下标的范围是 0 ～ 10。若超过这个范围，运行时将显示“下标越界”的错误提示。引用第二个数组元素时下标的范围是 -3 ～ 3。第一个数组的 11 个元素的初值是 0，第二个数组的 7 个元素的初值是 False。

再例如：

```
Dim a(2, 3) As Single
```

声明了一个单精度类型的二维数组 a，第一维的下标范围是 0 ～ 2，第二维的下标范围是 0 ～ 3，数组的大小是 3 × 4 = 12，表示一个 3 行 4 列的数据集合。二维数组的各元素如表 6-1 所示。

表 6-1　　二维数组各元素排列

| | | | |
|---|---|---|---|
| a(0, 0) | a(0, 1) | a(0, 2) | a(0, 3) |
| a(1, 0) | a(1, 1) | a(1, 2) | a(1, 3) |
| a(2, 0) | a(2, 1) | a(2, 2) | a(2, 3) |

再例如：

```
Dim b(3, -2 To 2, 5) As Long, c(3 To 9) As Boolean
```

声明了两个数组，一个三维数组 b 和一个一维数组 c。数组 b 第一维的下标范围是 0 ～ 3，第二维的下标范围是 −2 ～ 2，第三维的下标范围是 0 ～ 5，共有 4 × 5 × 6 = 120 个元素。数组 c 的下标范围是 3 ～ 9，共有 7 个元素。

以下数组的声明是错误的：

```
n = 10
Dim a(n) As Integer
```

由于声明数组时使用了变量 n，程序运行时将出错，错误提示是“要求常数表达式”。

若将第一行改为：

```
Const n = 10
```

将不会出错。

注意：

（1）在其他程序设计语言中，默认情况下，下界通常是 1。为了便于使用，可以在 VB 的窗体模块或标准模块的通用声明中将下界设置为 1，语句如下：

```
Option Base 1
```

Option Base 语句后面跟的下界只能是 0 或 1。

下界设置为 1 后，语句：

```
Dim a(2, 3) As Single
```

声明的二维数组 a 第一维的下标范围为 1 ～ 2，第二维的下标范围为 1 ～ 3，数组的大小是 2×3 = 6。数组 a 的 6 个元素分别是：a(1,1)、a(1,2)、a(1,3)、a(2,1)、a(2,2)、a(2,3)。

（2）在数组声明语句中的下标是数组说明符，说明了数组的整体；而在程序其他地方出现的下标用来表示某个数组元素。两者写法可能相同，但意义不同，要加以区别。

例如：

```
Dim a(10) As Integer
a(10) = 2
```

第 1 个语句中的 a(10) 表示整个数组，共有 11 个元素。第 2 个语句中的 a(10) 表示数组 a 的第 11 个元素。

（3）在数组声明语句中的下标只能是常量，而在程序其他地方出现的数组元素的下标可以是数值型或能转换成数值型的变量或表达式。

例如：

```
Dim a(n) As Integer
```

运行时将出错，提示“要求常数表达式”。

再例如：

```
Dim a(-2 To 2) As Integer
a(True) = 2
n = 2
a(n) = 3
Print a(-1), a(n)
```

程序运行不会出错，将在窗体上显示如下结果：

```
2          3
```

（4）数学中的矩阵在 VB 中用二维数组来表示。数学中对矩阵的运算如转置、矩阵相加等在 VB 中就可以用二维数组来处理。

若是一个 4 行 5 列的矩阵，可以用一个第一维大小为 4、第二维大小为 5 的二维数组表示。

## 6.3　动态数组及其声明

静态数组一经声明，其大小是固定的，不能改变。在设计程序时，当需要用到的数组一开始不能准确地判断其大小时，到底应该声明多大才合适呢？声明的数组太大，浪费内存空间；而太小又不够使用。这种情况下，不适合使用静态数组，而应使用动态数组。动态数组是指在程序运行过程中数组大小可以改变的数组。使用动态数组的优点是用户可以根据需要，有效地利用存储空间。

建立动态数组要分如下两步来完成：

（1）首先使用 Dim、Private 或 Public 语句声明一个下标为空的数组（即括号内为空，没有下标）。

格式如下：

```
Public|Private|Dim 数组名 () [ As 类型]
```

（2）然后在需要使用它的过程中用 ReDim 语句指定数组的大小。

格式如下：

```
ReDim [ Preserve] 数组名 (下标[ ,下标 2...] ) [ As 类型]
```

ReDim 语句中的 As 类型可以省略，若不省略，必须和数组声明时的类型一致。

例如：

```
Dim s() As Integer                          '在通用声明段声明动态数组
Private Sub Command1_Click()
    …
    ReDim s(3,4)
    …
End Sub
```

在窗体的通用声明中声明了一个整型的动态数组 s，在 Command1_Click 事件过程中用 ReDim 语句指定数组大小为 4 × 5 = 20。

**说明：**

（1）静态数组在程序编译时分配存储空间，而动态数组是在执行到 ReDim 语句时分配存储空间。

（2）动态数组的声明语句可以出现在通用声明中，也可以出现在过程内部，而 ReDim 语句是执行语句，不能出现在通用声明中，只能出现在过程内部，且必须在声明语句之后。

（3）在静态数组声明中的下标只能是常量，而动态数组的 ReDim 语句中的下标可以是数值型或能转换成数值型的常量、变量或表达式。例如：

```
Private Sub Command1_Click()
    Dim a() As Integer, m%                        '在过程内部声明动态数组
    m = 6
    ReDim a(m)
    a(3) = 20
    Print a(3)
End Sub
```

程序运行后将在窗体上显示如下结果：

```
20
```

再例如：

```
Dim a() As Integer                                '在通用声明中声明动态数组
Private Sub Command1_Click()
    ReDim a(True To 4)
    a(-1) = 20
    Print a(-1)
End Sub
```

程序运行后显示的结果跟上面相同。

（4）在过程中可以多次使用 ReDim 语句来改变数组的大小、维数以及每一维的大小，但不允许改变数组的数据类型。

（5）每次使用 ReDim 语句都会使数组原有的值丢失，若要保留数组原有的值，可以在 ReDim 后面加 Preserve 参数，但是用 Preserve 后就只能改变最后一维的大小，前面几维的大小不能改变。

**【例 6-2】**例 6-1 是用数组来存放 100 个学生的成绩，将其进行改进，要求计算若干个学生的平均分以及高于、低于平均分的人数，并把平均分、高于平均分的人数和低于平均分的人数也放在数组里。

程序代码如下：

```
Private Sub Form_Click()
    Dim mark() As Integer                         '声明动态数组
    Dim n%, i%, aver!
    n = InputBox("请输入学生人数")
    ReDim mark(1 To n)                            '确定动态数组大小
    aver = 0
    For i = 1 To n
        mark(i) = Int(Rnd * 101)
        aver = aver + mark(i)
    Next i
    aver = aver / 100
    ReDim Preserve mark(1 To n + 3)               '改变数组大小，增加 3 个元素，并保留原有值
    mark(n + 1) = aver :  mark(n + 2) = 0 :  mark(n + 3) = 0
    For i = 1 To n
        If mark(i) > mark(n + 1) Then mark(n + 2) = mark(n + 2) + 1
        If mark(i) < mark(n + 1) Then mark(n + 3) = mark(n + 3) + 1
    Next i
```

```
    Print "100 个同学的平均分是："; mark(n + 1)
    Print " 比平均分高的学生有 "; mark(n + 2); " 个 "
    Print " 比平均分低的学生有 "; mark(n + 3); " 个 "
End Sub
```

该程序使用了两次 ReDim 语句，第 2 次使用时若不加 Preserve 参数，数组里存放的分数将丢失，也就是前 100 个元素的值都将变成 0。

# 6.4　数组的基本操作

声明数组后，可以对数组元素进行与其类型相符的操作。将数组元素的下标和循环语句结合使用，能解决大量的实际问题。

## 6.4.1　数组元素的赋值

### 1. 给较小的数组赋值

给数组元素赋值有很多种方法，当数组较小时，可以用赋值语句、InputBox() 函数或 Array() 函数来完成。分别举例如下：

（1）用赋值语句、InputBox() 函数

```
Dim age(1 To 5) As Integer,a(3, 4) As Long
age(1) = 5 : age(2) = 33 : age(3) = 34 : age(4) = 56 : age(5) = 58
For i = 0 To 3
    For j = 0 To 4
        a(i, j) = Val(InputBox(" 请输入 " & i & "," & j & " 的值 "))
' 输入时提示元素的位置，如第一个提示 " 请输入 0，0 的值 "
    Next j
Next i
```

（2）利用 Array() 函数

Array() 函数的格式：

```
Array( 常数列表 )
```

功能：给一维数组整体赋值，并定义数组的大小。

【例 6-3】编写窗体的单击事件，将已知的 10 个数中能被 3 整除的数显示在窗体上，已知的 10 个数为（42，34，56，23，-10，134，208，300，165，-33）。

程序代码如下：

```
Private Sub Form_Click()
    Dim a() As Variant
    a = Array(42, 34, 56, 23, -10, 134, 208, 300, 165, -33)
    For i = 0 To 9
        If a(i) Mod 3 = 0 Then Print a(i),
    Next i
End Sub
```

上述程序运行后，将在窗体上显示如下结果：

```
42          300           165            -33
```

注意：

（1）利用 Array() 函数给数组元素赋值，声明的数组必须是动态数组的形式甚至连圆括号都可省略，并且数组类型必须是 Variant。上面声明数组的语句还可以是下面的形式之一：

```
Dim a As Variant
Dim a()
Dim a
```

（2）数组的下界默认是 0，也可通过语句 Option Base 1 将下界固定为 1，上界由 Array() 函数括号内的参数个数决定。

**2. 给较大的数组赋值**

给元素个数较多的数组赋值，通常要用循环或者将循环和随机函数结合起来。给一维数组赋值要用一重循环，给二维数组赋值要用二重循环。如：

```
Dim a(1 To 100) As Integer,a(3, 4) As Long
For i = 1 To 100
   a(i) = Int(Rnd*101)            '随机产生[0,100]的随机整数
Next i
For i = 0 To 3
   For j = 0 To 4
      a(i, j) =3*i+j
   Next j
Next i
```

### 6.4.2 与数组相关的函数

**1. UBound() 和 LBound() 函数**

函数格式：

UBound(数组名[,N])或 LBound(数组名[,N])

功能：获得数组某一维的上界或下界。

**说明：**

（1）第二个参数 N 是可选的，一般是整型常量或变量，指定返回哪一维的上界或下界，1 表示第一维，2 表示第二维，依此类推。默认是 1。例如：

```
Private Sub Command1_Click()
   Dim a(5, -3 To 3, 4) As Integer
   Print LBound(a, 2), UBound(a)              '结果为-3, 5
End Sub
```

（2）这两个函数不仅能获得静态数组的上界和下界，还能获得动态数组的上界和下界。

**2. Split() 函数和 Join() 函数**

（1）Split() 函数

函数格式：

Split(字符串表达式[, 分隔符])

功能：从一个字符串中，以某个指定符号为分隔符，分离若干个子字符串，建立一个下标从 0 开始的一维数组。

（2）Join() 函数

函数格式：

Join(数组名[, 分隔符])

功能：将一维数组中的各个元素合并成一个字符串。

【例 6-4】设计一个窗体，要求完成下面的功能：在文本框中输入一些要相加的数，每个数之间通过英文逗号隔开，单击相加按钮，实现各个数的累加，结果在标签中显示出来。运行界面如图 6-1 所示。

**分析**：由于在文本框里输入的加数个数未定，不适合用简单变量来存放每个加数的值，最好采用数组来存放。要将文本框里输入的加数放入到数组中，可以使用 Split() 函数。最后显示的结果中不仅包含结果，还包含每个加数，可以使用 Join() 函数来将数组连接成一个字符串。

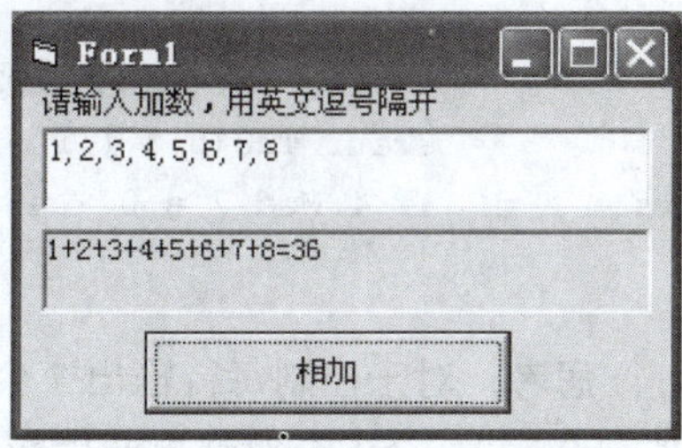


图 6-1　例 6-4 的运行结果

命令按钮 Command1 的单击事件代码如下：

```
Private Sub Command1_Click()
    Dim t%
    a = Split(Text1.Text, ",")                    '将文本框里的内容按逗号分隔成数组
    t = 0
    For i = LBound(a) To UBound(a)                '计算累加和
        t = t + a(i)
    Next i
    Label2.Caption = Join(a, "+") & "=" & t       '将各个元素用加号连接起来
End Sub
```

### 6.4.3　数组的复制

在 VB 6.0 以前的版本中，若要将一个数组各个元素的值赋给另一个数组的各个元素，必须通过循环语句来实现。在 VB 6.0 中，只要一个简单的赋值语句即可实现。

例如：

```
Dim h(3) As Integer
Dim k() As Integer
h(0) = 6:  h(1) = 7:      h(2) = 8:      h(3) = 9
k = h                     '将数组 h 的各个元素相应地赋给数组 k
```

上述程序运行后，数组 k 的元素个数以及每个元素的值都和数组 h 相同。

语句 k = h 相当于下面语句的功能：

```
ReDim k(UBound(h))
For i= LBound(h) to UBound(h)
    k(i)=h(i)
Next i
```

注意

（1）将一个数组整个赋给另一个数组时，两个数组的数据类型必须一致。

（2）如果被赋值的数组也就是赋值号左边的数组是动态数组，则赋值时系统自动将其 ReDim 成赋值号右边同样的大小。

（3）如果赋值号左边是一个静态数组，则赋值时会出错，错误提示是“不能给数组赋值”。

### 6.4.4　数组的输出

数组的输出通常用循环语句来实现，一维数组用一重循环，二维数组用二重循环。

1. 一维数组的输出

【例 6-5】随机产生 100 个同学的成绩，并在窗体输出，要求每行输出 7 个成绩。

```
Private Sub Form_Click()
    Dim a(1 To 100) As Integer
    For i = 1 To 100
        a(i) = Int(Rnd * 101)
        Print Tab(5 * ((i - 1) Mod 7)); a(i);     '控制输出位置，使结果整齐
        If i Mod 7 = 0 Then Print                 '每输出完 7 个，就换行
    Next i
End Sub
```

思考：对于控制每行输出 7 个，还有哪些方法？在上述方法中，若删除语句“If i Mod 7 = 0 Then Print”，会不会对结果产生影响？

2. 二维数组的输出

由于数学中的矩阵在 VB 中是用二维数组来表示，所以矩阵的输出通常也要用二重循环来实现。

【例 6-6】将一个 5 行 5 列的矩阵的主对角线上和四条边上的值设置为 1，其他元素的值在［10,30］随机产生，然后在窗体上输出上三角元素。运行结果如图 6-2 所示。

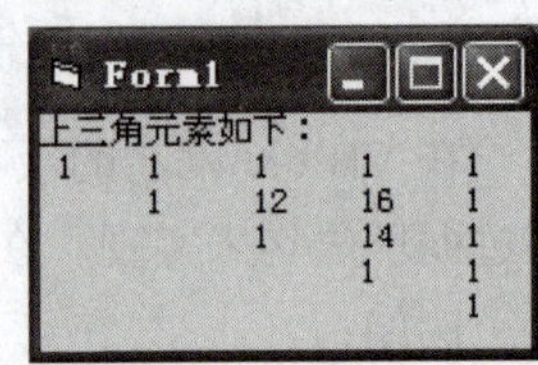

图 6-2 例 6-6 的运行结果

程序代码如下：

```
Private Sub Form_Click()
    Dim a(1 To 5, 1 To 5) As Integer
    Randomize Timer
    For i = 1 To 5
        For j = 1 To 5
            If i = 1 Or i = 5 Or j = 1 Or j = 5 Or i = j Then
                a(i, j) = 1
            Else
                a(i, j) = Int(Rnd * 21 + 10)
            End If
        Next j
    Next i
    Print "上三角元素如下："
    For i = 1 To 5
        For j = i To 5
            Print Tab((j - 1) * 6); a(i, j);
        Next j
        Print
    Next i
End Sub
```

### 6.4.5 For Each ... Next 循环语句

For Each ... Next 循环与 For ... Next 循环类似，但 For Each ... Next 循环只能用于数组的处理。For Each ... Next 语句的功能是对数组中的每个元素重复一组操作。若不知道一个数组中有多少个

元素，用 For Each ... Next 语句非常方便。

语句格式：

```
For Each 变量 In  数组名
    [ 语句组 1]
    [ Exit For]
    [ 语句组 2]
Next 变量
```

功能：将数组中的第一个元素的值赋给变量，然后进入循环体，执行循环体中的语句。然后将下一个元素的值赋给变量继续执行循环体，直到数组中所有的元素都赋给变量执行完循环体后，才退出循环，然后执行 Next 后面的语句。

说明：

（1）变量的类型只能是变体类型。

（2）Exit For 可放在循环体中的任何位置，以便随时退出循环。Exit For 通常是放在 If 语句里，满足某种条件才退出。

（3）For Each ... Next 不能和用户自定义类型的数组一起使用，因为 Variant 类型不包含用户自定义类型。

【例 6-7】在窗体上打印一维数组 a 的所有元素的值。

程序代码如下：

```
Private Sub Form_Click()
   Dim a(1 To 10) As Integer,t
   For i = 1 To 10
      a(i) = 2 * i
   Next i
   Print "数组 a 各元素的值如下："
   For Each t In a             ' 该语句用来进行数组的输出
      Print t; " ";
   Next t
End Sub
```

思考：上述程序中对数组的赋值和输出分别用 For ... Next 和 For Each ... Next 循环语句，请问能否都用 For Each ... Next 循环语句来实现呢？

对于二维数组的输出，若用 For ... Next 循环，通常要用二重循环。若用 For Each ... Next 循环语句来实现，程序将变得更简单。

【例 6-8】用 For Each ... Next 循环打印二维数组的值。程序运行结果如图 6-3 所示。

程序代码如下：

图 6-3　例 6-8 的运行结果

```
Private Sub Form_Click()
   Dim a(1 To 4, 1 To 5) As Integer
   Dim t,i%, j%, n%            ' 变量 n 用来控制每打印 5 个元素换一行
   For i = 1 To 4
      For j = 1 To 5
         a(i, j) = 2 * i + j
      Next j
```

```
        Next i
        Print "数组 a 各元素的值如下:"
        n = 0
        For Each t In a
            Print Tab((n Mod 5) * 5); t;
            n = n + 1
            If n Mod 5 = 0 Then Print
        Next t
    End Sub
```

# 6.5 控件数组

## 6.5.1 控件数组的概念

数组是一组相同类型的数据的集合，而控件数组是一组相同类型的控件的集合。一个控件数组中的控件共用一个控件名，具有相同的属性，共享同样的事件过程。当建立控件数组时，系统给每个元素一个唯一的索引号（Index），用来标识控件数组中的每个元素，索引号可以查看属性窗口的 Index 属性值。控件数组的下标从 0 开始，不受 Option Base 1 语句的影响。例如，控件数组元素 Command1(2) 表示名为 Command1 的控件数组的第 3 个元素。

控件数组适用于若个干相同的控件执行类似操作的场合，控件数组中的各控件共享同样的事件过程。如假设控件数组 Command1 由 3 个命令按钮组成，则不管单击这 3 个命令按钮中的哪一个，都会调用同一个单击事件过程。控件数组 Command1 的单击事件过程如下：

```
Private Sub Command1_Click(Index As Integer)
    …
End Sub
```

要注意命令按钮控件数组的单击事件和一个命令按钮的单击事件不同，括号内多了参数 Index。当单击命令按钮控件数组中的某个命令按钮时，系统会自动地把单击的那个元素对应的 Index 属性值传递给参数 Index。在编程时，Index 应作为已知量来处理。

## 6.5.2 控件数组的建立

创建控件数组有两种方法：在设计时建立和在运行时建立。

### 1. 在设计时建立

在设计时建立的步骤如下：

（1）在窗体上画出第一个控件，设置好控件名等属性，控件数组建好后这就是数组的第一个元素。

（2）选中该控件，进行“复制”和“粘贴”，第一次粘贴时，系统会弹出提示对话框。以命令按钮控件数组 Command1 为例，弹出的提示内容为：“已经有一个控件为‘Command1’。创建一个控件数组吗？”。若选择“否”，将建立另一个命令按钮。若选择“是”，将创建一个控件数组，系统会自动将第一个按钮的 Index 属性值设置为 0，而将粘贴产生的按钮的 Index 属性值设置为 1。继续进行若干次“粘贴”，就可以建立所需的控件数组了。

（3）对控件数组的事件过程进行编程。

【例 6-9】在窗体上建立由 4 个命令按钮组成的命令按钮数组和一个文本框，单击某个按钮，在文本框中显示不同的背景色。程序设计界面如图 6-4 所示。

程序代码如下：

```
Private Sub Command1_Click(Index As Integer)
    Select Case Index        ' 对 Index 参数进行判断
        Case 0
            Text1.BackColor = RGB(255, 0, 0)
        Case 1
            Text1.BackColor = RGB(0, 255, 0)
        Case 2
            Text1.BackColor = RGB(0, 0, 255)
        Case Else
            End
    End Select
End Sub
```

### 2. 在运行时建立

在运行时建立控件数组的步骤如下：

（1）在窗体上画出第一个控件，设置该控件的名称属性，将该控件的 Index 属性值设置为 0，表明该控件是控件数组的第一个元素。

（2）在编程中通过 Load 方法为该控件数组添加若干个元素，也可以通过 UnLoad 方法删除某个已添加的元素。

Load 方法和 UnLoad 方法的使用都要加对象。

（3）设置每个新添加的控件数组元素的 Left 和 Top 属性值以确定其在窗体上的位置，并将其 Visible 属性值设置为 True。

【例 6-10】在窗体上建立一个文本框 TxtInput，将其 Index 属性设置为 0，将其 Text 属性设置为“第 1 个元素”。再建立两个命令按钮，单击第 1 个按钮产生文本框控件数组，单击第 2 个按钮删除新产生的数组元素。程序运行结果如图 6-5 所示。

程序代码如下：

```
Private Sub Command1_Click()                    ' 生成控件数组
    For i = 1 To 3
        Load TxtInput(i)
```

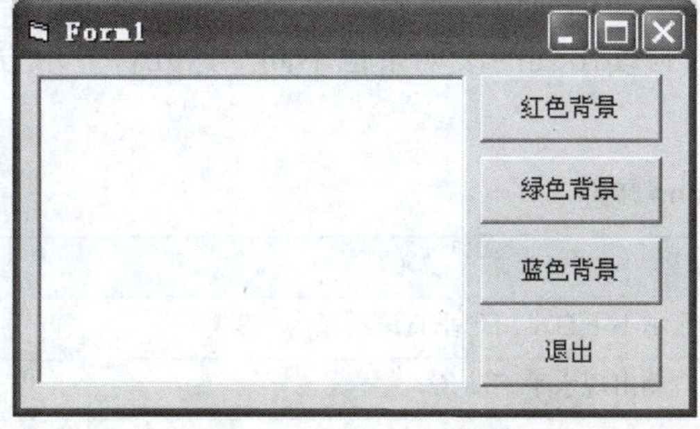


图 6-4　例 6-9 的运行结果

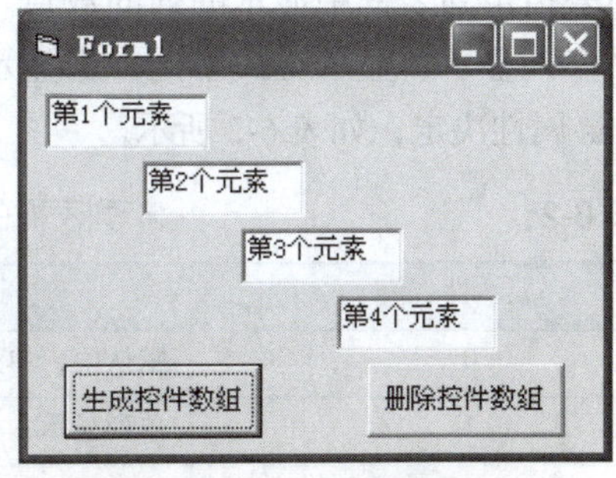


图 6-5　例 6-10 的运行结果

```
            TxtInput(i).Width = TxtInput(0).Width
            TxtInput(i).Height = TxtInput(0).Height
            TxtInput(i).Left = TxtInput(i - 1).Left + 600
            TxtInput(i).Top = TxtInput(i - 1).Top + 800
            TxtInput(i).Visible = True
            TxtInput(i).Text = "第" & i + 1 & "个元素"
        Next i
    End Sub
    Private Sub Command2_Click()                         '删除控件数组元素
        For i = 1 To 3
            Unload TxtInput(i)
        Next i
    End Sub
```

在程序中用 Unload 方法删除控件数组元素时，只能删除通过 Load 方法建立的元素，不能删除设计时建立的第一个元素。Command2 的单击事件中，循环语句不能改成“For i = 0 To 3”，否则会产生错误，错误提示为“不能卸载设计时创建的控件”。

# 6.6 列表框和组合框

列表框（ListBox）和组合框（ComboBox）都是能提供选项的控件。其他控件的属性基本上是简单的数据类型，如文本框的 Text 属性是字符型，命令按钮的 Enabled 属性是逻辑型等，而这两个控件有些属性是数组，如 List 属性是字符型数组，Selected 属性是逻辑型数组等，故在这一章进行介绍。

## 6.6.1 列表框

列表框（ListBox）通过显示多个选项，供用户选择其中的一项或多项，达到与用户对话、输入信息的目的。当列表框要显示的选项很多，不能一次全部显示出来时，VB 会自动加上垂直或水平滚动条以翻动选项。列表框跟组合框最大的区别是只能从列表中选择而不能直接修改其内容。

### 1. 属性

（1）常用属性

Name、Enabled、Visible、BackColor、ForeColor、Width、Height、left、Top、Index 等常用属性与其他控件的意义和用法相同。

（2）Columns 属性

用来指定列表框中显示的列的数目。列表框中的选项可以垂直单列显示，也可以水平单列或水平多列显示，显示方式不同，当显示不下时自动出现的滚动条也不同。这几种显示方式由 Columns 属性决定，如表 6-2 所示。

表 6-2　列表框的 Columns 属性

| 属性值 | 意义 |
|---|---|
| 0 | 默认值，单列显示，显示不下自动出现垂直滚动条 |
| 1 | 单列显示，显示不下自动出现水平滚动条 |
| >1 | 分 n 列显示，显示不下自动出现水平滚动条 |

Columns 属性分别取值为 0、1、3 时列表框的显示情况如图 6-6 所示。

（3）ListCount 属性

ListCount 属性是指列表框中的项目个数，随着列表框中项目的添加或减少自动变化。该属性是只读属性，在设计时和运行时都是只读的，在属性窗口找不到该属性。

（4）List 属性

List 属性是一个字符型数组，用来存放列表框的所有选项，每个选项都是其中的一个元素。数组的下标从 0 开始，并且不受 Option Base 1 语句的影响。最后一项的下标的值和 ListCount-1 的值相等。如在图 6-6 中，List1.List(0) 的值是“北京”，List1.List(2) 的值是“天津”等。

该属性既可通过属性窗口设置，也可在程序中修改或引用。在属性窗口选中列表框的 List 属性时，属性值显示的是一个下拉列表框，在其中输入选项时，一个选项占一行，输入一个选项后按 Ctrl+Enter 键换行，直到把所有选项都输入后再按 Enter 键结束。图 6-7 显示的是图 6-6 所示的 List1 中输入的全部选项。

图 6-6 列表框的 Columns 属性

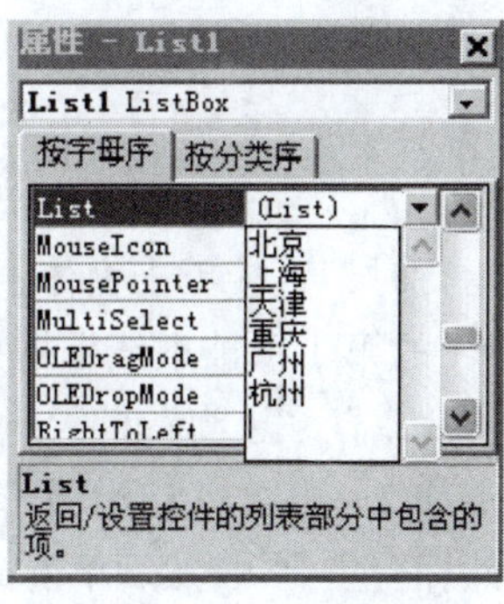


图 6-7 List1 的 List 属性值

在程序运行时，通过设置 List 属性可以改变现有的某个选项的内容，也可以在末尾添加选项。使用的语句是对 List 属性赋值的语句，格式如下：

```
列表框名 .List(m)= 新值
```

当 m 的值小于 ListCount 时，修改现有选项的内容；当 m 的值等于 ListCount 时，在末尾添加一个选项；当 m 的值大于 ListCount 时，程序运行将出错，错误提示“无效属性数组索引”。

例如，将如图 6-7 所示的“杭州”改成“兰州”，使用的语句是：

```
List1.List(5)= "兰州"
```

再例如，编写如下代码：

```
Private Sub Form_Click()
    List1.List(6) = "南昌"
End Sub
```

运行时单击窗体，将在 List1 末尾添加一个选项——“南昌”。

（5）MultiSelect 属性

MultiSelect 属性决定列表框是否允许多选。该属性在运行时是只读的。该属性的取值及其意义如表 6-3 所示。

表 6-3　　　　列表框的 MultiSelect 属性

| 属 性 值 | 意 义 | 选中的操作方法 |
| --- | --- | --- |
| 0 | 默认值，只能选择单项 | 用鼠标单击或当有输入焦点时使用方向键。若一个新的选项被选中，原来选中的选项自动变成未选中状态 |
| 1 | 允许多选 | 用鼠标单击或用方向键移动光标用空格键选择或取消选择 |
| 2 | 允许多选 | 按 Ctrl 键 + 单击选中多个不连续的；或先选中第一个，然后按 Shift 键 + 单击选择多个连续的选项 |

（6）ListIndex 属性

ListIndex 属性是指当前选中那个项目的下标。列表框中选中的选项会以蓝底白字突出显示。若当前没有选项被选中，该属性值为 -1；若列表框支持多项选择，ListIndex 属性的值是最后一个被选中的选项的下标；还有一种特殊情况，若列表框中有一项目未被选中，但却拥有输入焦点，则它的下标就是 ListIndex 属性的值。一般情况下，具有焦点的项目就是最后被选中的项目。如将图 6-6 所示的 List1 的 MultiSelect 属性设置为 1，List2 的 MultiSelect 属性保持 0 不变，然后编写如下程序：

```
Private Sub Form_Click()
    Print List1.ListIndex
    Print List2.ListIndex
End Sub
```

运行时，直接单击窗体，窗体上将显示 0 和 -1，虽然 2 个列表框都没有选项被选中，但由于 List1 的第 1 项被虚线框框住，拥有焦点，它的下标就是 ListIndex 属性的值；在 List1 中依次单击“北京”、“上海”、“天津”选中前 3 项，在 List2 中单击“天津”，然后单击窗体，窗体上将显示 2 和 2；再次在 List1 中单击“天津”（该操作为取消“天津”这个项目的选择，取消后该选项依然拥有焦点），然后单击窗体，窗体上显示的内容仍然是 2 和 2。

该属性在设计阶段是只读的，只能在程序中设置和引用。

（7）Text 属性

Text 属性用于返回当前被选中的文本内容。该属性在属性窗口不存在，在运行时也是只读的，只能返回选中的内容，而不能通过修改该属性来设置选中的内容。List1.Text 和 List1.List (List1.ListIndex) 的值相等。

和 ListIndex 一样，有时某个选项没被选中，但却拥有输入焦点，该选项的内容就是 Text 属性的值。如将图 6-6 所示的 List1 的 MultiSelect 属性设置为 1，运行时连续两次单击“上海”（先选中，后取消选中）后，Text 属性的值依然是“上海”。

（8）Selected 属性

Selected 属性是一个与 List 属性具有相同元素个数的逻辑型数组，用于表示运行时某个选项是否选中。该属性在属性窗口不存在，在运行时用来返回或设置各选项是否选中。

例如：运行时在如图 6-6 所示的 List1 中选中“重庆”，则 List1.Selected(3) 的值为 True，List1.Selected(0)、List1.Selected(1)、List1.Selected(2)、List1.Selected(4)、List1.Selected(5) 的值都为 False。

再如，编写如下代码：

```
Private Sub Form_Click()
  List1.Selected(2) = True
End Sub
```

运行时单击窗体，则“天津”变成选中状态。

（9）Style 属性

Style 属性用来设置列表框的样式，属性值可以设置为 0 或 1，默认为 0。该属性值为 0 时，列表框为标准样式；属性值为 1 时，列表框的每个选项为复选框的样式，此时，无论 MultiSelect 属性为何值，列表框均能多选。该属性在运行时是只读的。

（10）Sorted 属性

Sorted 属性用来决定列表框中的选项是否排序。该属性的属性值默认为 False，不排序，各选项按加入的先后顺序排列；值为 True 时，各选项按 ASCII 与汉字的国标码的顺序递增排列。该属性在运行时是只读的。若将 List1 的 Sorted 属性设置为 True，在其 List 属性中输入没有顺序的选项，运行时 List1 中各选项自动按顺序排列。

（11）NewIndex 属性

该属性是指最新添加到列表框中的选项的下标。该属性是只读的。对于排序的列表框特别有用，可以很方便地获得新添加的选项的位置。若列表框中没有项目或新项目被加入之后有项目被删除，则 NewIndex 属性的值为 -1。

（12）ItemData 属性

该属性是一个与 List 属性具有相同元素个数的长整型数组。默认情况下，该属性的每个元素的值为 0。该属性为每个选项保存与其相关的一些数据，但它不被显示出来。程序可以利用该属性来保存与相应选项相关的各种数据，而不需要定义数组来保存。例如可以在图 6-6 所示的 List1 的 ItemData 属性中保存各城市的人口数量，List1 中每增加一个城市，ItemDate 属性就自动增加一个元素。若不用 ItemData 属性来保存各城市的人口数量，而选择定义一个数组来保存，那么随着 List1 中选项数量的增加，定义的数组要不断地改变大小，这样增加了程序的复杂性，也很不方便。

（13）SelCount 属性

该属性表示选中的选项个数，在设计和运行时都是只读的，在属性窗口中找不到该属性，随着运行时选择的选项个数不同而自动变化，若没有选项被选中，则其值为 0。

**2. 方法**

（1）AddItem 方法

AddItem 方法用来往列表框中添加新的项目。其格式如下：

```
列表框名.AddItem 项目[,Index]
```

**说明：**

① AddItem 方法是把新的项目添加到列表框，成为 List 属性的一个元素。由于列表框的 List 属性是一个字符型数组，每个元素都是字符型的，所以方法中的第一个参数“项目”可以是任何类型的常量、变量、属性、表达式。若要添加的“项目”是非字符型，运行时会自动转换成字符串，所用语法和将一个非字符型数据赋给一个字符型变量是一样的。

② 第二个参数 Index 可以省略。若省略，当列表框 Sorted 属性值为 False 时，新项目将被添加到列表框的末尾；若列表框的 Sorted 属性为 True，则新项目将被插入到合适的位置上。在排序的列表框中添加新项目时，不要使用第二个参数，否则可能会引起混乱。若 Index 不省略，则其取值范围是 0 ～ ListCount 属性值，表示在第 Index+1 个位置插入新的项目，原来在指定位置上的项目以及它后面的项目自动往下移动一行。当 Index 参数的值大于列表框的 ListCount 属性的属性值时，运行时将产生错误，错误提示是“无效的过程调用或参数”。

③ 添加新项目后，相关的属性都将自动发生变化，如 List、ListCount、Selected、ItemData 等。

例如，要在图 6-6 所示的 List1 的末尾添加一个城市“南昌”，对应的语句是：

```
List1.AddItem "南昌"
```

若要将“南昌”添加在“重庆”之后，就需要指定第二个参数了，对应的语句是：

```
List1.AddItem "南昌",4
```

运行后，“杭州”和“广州”自动往下移一行。

（2）RemoveItem 方法

该方法用于删除列表框中指定位置上的项目。其格式为：

```
列表框名 .RemoveItem 下标
```

① 下标可以是整型或能转换成整型的常量、变量、属性、表达式等。下标的范围从 0 ～ ListCount −1，若大于 ListCount −1，则运行时将产生错误，错误提示是“无效的过程调用或参数”。

② 删除指定项目后，与该项目相关的所有数据（如 List、Selected、ItemData 属性中的相应元素，ListCount 属性等）都将自动被删除或修改。

例如，删除图 6-6 所示的 List1 中的“北京”，对应的语句是：

```
List1.RemoveItem 0
```

若运行下面的语句：

```
List1.RemoveItem 2.5
```

删除的是第 3 项“天津”。

若运行下面的语句：

```
List1.RemoveItem 3.5
```

删除的是第 4 项“广州”。

也就是说，将小数四舍五入为整数使用的是 Cint() 函数，具体规则参考第 2 章的相关内容。

删除选中的那项对应的语句是：

```
List1.RemoveItem List1.ListIndex
```

（3）Clear 方法

该方法用来清除列表框中的全部内容。其格式为：

```
列表框名 .Clear
```

该方法没有参数。执行该方法后，ListCount 属性被重新置为 0。

### 3. 事件

（1）Click 事件和 DblClick 事件

意义与用法和其他控件相同。需要注意的是，只有使用鼠标在列表框控件中的项目上单击或双击时才能触发这两个事件。若在列表框没有项目的空白区域单击或双击鼠标，不会触发这两个事件。

（2）Scroll 事件

当列表框的滚动条被滚动时，触发该事件。

（3）ItemCheck 事件

若列表框的 Style 属性设置为 1，当列表框中的一个项目的复选框被选中或取消选中时触发该事件。该事件过程的语法为：

```
Private Sub 列表框_ItemCheck(Item As Integer)
```

其中，Item 参数反映被操作项目的下标。ItemCheck 事件在 Click 事件之前发生。

该事件只有在 Style 属性为 1 的前提下才可能发生。

【例 6-11】编写一个选择自己喜欢的花卉的程序。程序运行界面如图 6-8 所示。

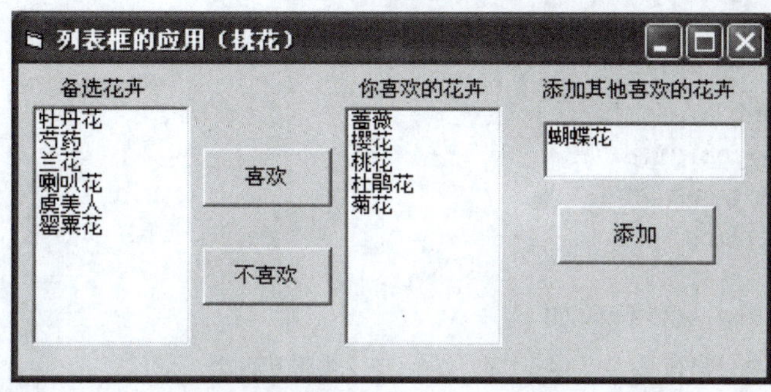


图 6-8　例 6-11 的运行界面

用到的控件：3 个标签，3 个命令按钮，1 个文本框，2 个列表框（List1 和 List2）。其中 2 个列表框的 MutliSelect 属性都设置为 2。

程序的功能：在 List1 中选择喜欢的花卉（允许多选），单击“喜欢”后，将选中的花卉放入到 List2 中，将 List1 中选中的花卉删除；在 List2 中选择不喜欢的花卉（允许多选），单击“不喜欢”后，将选中的花卉重新放回 List1 中，将 List2 中选中的花卉删除；在 List1 中用鼠标双击选择喜欢的花卉，选中的花卉放入到 List2 中，并在 List1 中删除；若自己喜欢的花卉不再备选花卉中，在 Text1 中输入喜欢的其他花卉，单击“添加”将其添加到喜欢的花卉列表中。

备选花卉的初始选项在窗体的 Load 事件中录入，对应的事件代码如下：

```
Private Sub Form_Load()
    List1.AddItem "牡丹花"
    List1.AddItem "芍药"
    List1.AddItem "菊花"
    List1.AddItem "杜鹃花"
    List1.AddItem "桃花"
    List1.AddItem "樱花"
    List1.AddItem "蔷薇"
    List1.AddItem "兰花"
    List1.AddItem "喇叭花"
    List1.AddItem "虞美人"
End Sub
```

“喜欢”按钮的单击事件的代码如下：

```
'将 List1 选中的内容添加到 List2 中，同时在 List1 中将其删除
Private Sub Command1_Click()
    If List1.ListCount = 0 Then
        MsgBox "没有花卉可供选择！", , "注意"
    Else
        For i = List1.ListCount - 1 To 0 Step -1
            '添加到 List2 中的顺序和选中的顺序是相反的
            If List1.Selected(i) = True Then
```

```
                List2.AddItem List1.List(i)
                List1.RemoveItem i
            End If
        Next i
    End If
End Sub
```

List1 的双击事件代码如下：

```
'双击操作只能进行单个花卉的选择
Private Sub List1_DblClick()
    List2.AddItem List1.Text
    List1.RemoveItem List1.ListIndex
End Sub
```

“不喜欢”按钮的单击事件代码如下：

```
'将 List2 选中的内容添加到 List1 中，同时在 List2 中将其删除
Private Sub Command2_Click()
    If List2.ListCount = 0 Then
        MsgBox "没有花卉可供选择! ", , "注意"
    Else
        For i = List2.ListCount - 1 To 0 Step -1
            If List2.Selected(i) = True Then
                List1.AddItem List2.List(i)
                List2.RemoveItem i
            End If
        Next i
    End If
End Sub
```

“添加”按钮的单击事件代码如下：

```
Private Sub Command3_Click()
    If Text1.Text <> "" Then
        List2.AddItem Text1.Text
        Text1.Text = ""
    Else
        MsgBox "文本框里没有内容，没有花卉要添加! ", "注意"
    End If
End Sub
```

### 6.6.2 组合框

组合框（ComboBox）是文本框和列表框的组合，既可以在其列表框部分选择一个选项，也可以在文本框里输入文本，拥有文本框和列表框的大多数属性、事件和方法。组合框跟列表框最大的区别是组合框可以直接修改其中选项的内容，而列表框不能。

组合框按其特性和功能，可以分为“下拉式组合框”、“简单组合框”和“下拉式列表框”3 种，由 Style 属性决定。

**1. 属性**

（1）常用属性

Name、Enabled、Visible、BackColor、ForeColor、Width、Height、left、Top、Index 等常用属性与其他控件的意义和用法相同。

（2）与列表框意义相同的属性

List、ListCount、ListIndex、Sorted、NewIndex、Text 等。

（3）与文本框意义相同的属性

SelStart、SelLenght、SelText 等。

（4）Style 属性

该属性决定了组合框的样式，其属性值与意义如表 6-4 所示。

表 6-4　　组合框的 Style 属性

| 属性值 | 常量 | 意义 |
|---|---|---|
| 0（默认） | VbComboDropdown | 下拉式组合框。不操作时列表框部分隐藏，只显示文本框，在文本框右边显示一个下拉箭头，单击此箭头可以打开列表框。可以直接在文本框中输入，也可以在列表框中选择，选择的项目显示在文本框中。设计阶段即使把组合框拉得很大，鼠标释放后组合框还是只显示文本框一行的大小 |
| 1 | VbComboSimple | 简单组合框。文本框和列表框一直显示出来，文本框右边无下拉箭头。用户可以直接在文本框中输入，也可以从列表框中选择，选择的选项显示在文本框中。由于 Style 的默认值是 0，将其改为 1 后，要将组合框拉大，要不然看不到列表框部分 |
| 2 | VbComboDropdownList | 下拉式列表框。外观与下拉式组合框相似，但是不允许直接在文本框中编辑，只能从列表框中选择 |

若将 3 个组合框的 Style 属性分别设置为 0、1、2，List 属性设置成相同的，其他属性不修改。运行后的原始界面如图 6-9 所示。

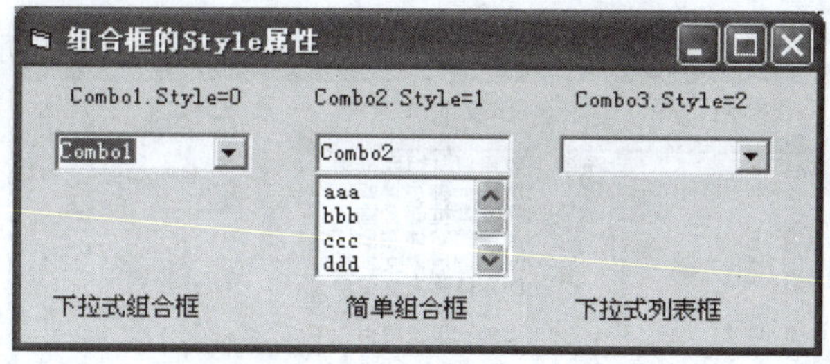


图 6-9　组合框的 3 种样式

（5）Text 属性

组合框的 Text 属性意义与列表框类似，但不尽相同。两者的 Text 属性都可以用来返回选中的文本内容。列表框的 Text 属性设计时和运行时都是只读的，属性窗口中找不到该属性；组合框的 Text 属性可以在设计时设定，运行时也可以设定为某个存在的选项。列表框的 Text 属性表示选中的内容，而组合框的 Text 属性大部分情况下表示选中的内容，但有时不表示选中的内容。

例如：假设组合框 Combo1 的 List 属性有 3 个元素，分别是“aaa”、“bbb”、“ccc”，Text 属性值为“123”。编写如下代码：

```
Private Sub Form_click()
    Print Combo1.Text                          ' 显示 Text 属性的值
    Print Combo1.List(Combo1.ListIndex)        ' 显示选中的内容
End Sub
```

运行时依次进行如下操作：直接单击窗体，显示的内容是 123 和空行；选中组合框的第 2 个选项后再单击窗体，显示两行“bbb”；将文本框的内容改为 "ddd" 后再单击窗体，显示“ddd”和空行。

当 Style 属性为 2 时，Text 属性在设计时也是只读的。

组合框的 Text 属性的默认值是组合框的名称。

（6）其他属性

组合框不支持多选，因此没有 MultiSelect、SelCount、Selected 属性。组合框不支持复选框样式，因此也无 ItemCheck 事件。

**2. 常用方法**

和列表框一样，具有 AddItem、RemoveItem、Clear 方法，这些方法的使用也和列表框相同，这里不再赘述。

**3. 常用事件**

（1）Click 事件、DblClick 事件、Scroll 事件

其触发条件和列表框相同。

（2）Change 事件

当组合框的文本框部分的内容发生变化时，触发该事件。值得注意的是，选中某个选项时，文本框的内容会发生变化，但是不触发 Change 事件；只有当选中的内容放到文本框后再对其内容进行修改，才触发 Change 事件。

（3）其他事件参考列表框和文本框

【例 6-12】设计一个选择字体的程序。程序运行界面如图 6-10 所示。

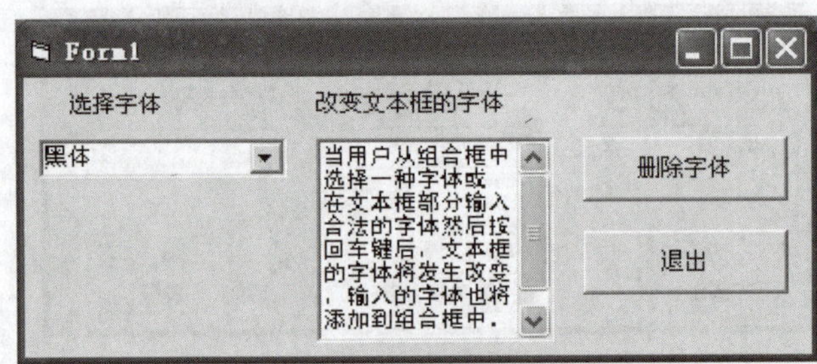


图 6-10　例 6-12 的运行界面

用到的控件：2 个标签、1 个组合框、1 个文本框、2 个命令按钮。

程序的功能：在组合框中选择某种字体以改变文本框中的字体；在组合框的文本框部分编辑或输入一种新的合法的字体（用来编程的电脑的 Windows 字库中存在的字体，每台电脑是不一样的）后按回车键，根据新字体改变文本框的字体，并把新字体添加到组合框中；选中某种字体后，单击“删除字体”按钮删除选中的字体。

根据程序的功能分析，要编写的事件过程有 Combo1 的单击事件、Combo1 的 KeyPress 事件、Command1 和 Command2 的单击事件，窗体的 Load 事件用来设置 Combo1 的初始选项。各事件的代码如下：

```
'设置 Combo1 的初始选项
Private Sub Form_Load()
```

```
    Combo1.AddItem "@宋体"
    Combo1.AddItem "@黑体"
    Combo1.AddItem "楷体_GB2312"
    Combo1.AddItem "仿宋_GB2312"
    Combo1.AddItem "新宋体"
End Sub
'在组合框中选择某种字体用来改变文本框的字体
Private Sub Combo1_Click()
    Text1.FontName = Combo1.Text
    Text1.SetFocus
End Sub
'在组合框的文本框部分输入合法的新字体后按回车键，添加字体并使文本框的字体改变
Private Sub Combo1_KeyPress(KeyAscii As Integer)
    If KeyAscii = 13 Then
        Combo1.AddItem Combo1.Text
        Text1.FontName = Combo1.Text
    End If
End Sub
'"删除字体"按钮的单击事件
Private Sub Command1_Click()
    Combo1.RemoveItem Combo1.ListIndex
End Sub
'"退出"按钮的单击事件
Private Sub Command2_Click()
    End
End Sub
```

组合框中的字体要和 Windows 字库中的字体相符，如“楷体_GB2312”不能写成“楷体”。

# 6.7 数组应用举例

## 1. 分类统计

分类统计是将一批数据按分类的条件统计每一类中包含的个数。例如，统计学生中各分值段（优、良、中、及格、不及格）的人数，职工按职称进行分类统计等。

【例 6-13】在文本框中随机输入一段英文字符串，统计各字母出现的次数（大小写不区分），并将结果显示在图片框中。运行界面如图 6-11 所示。

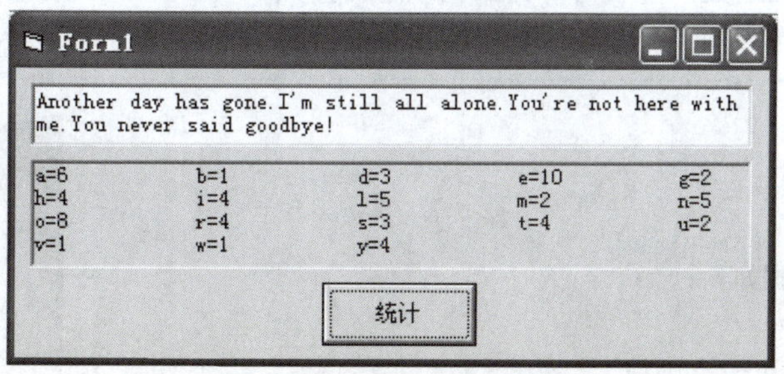


图 6-11 例 6-13 的运行界面

“统计”按钮的单击事件代码如下：

```
Private Sub Command1_Click()
    Dim a(1 To 26) As Integer
    '数组长度为英文字母个数，每个元素对应的是字符出现的次数
    Dim t As String * 1, n%, i%, j%
    n = Len(Text1.Text)                          '求字符串的长度
    For i = 1 To n
        t = LCase(Mid(Text1.Text, i, 1))         '依次获取一个字符，转换成小写
        If t >= "a" And t <= "z" Then
            j = Asc(t) - 97 + 1                  '将字符 a ~ z 转换成对应的下标 1 ~ 26
            a(j) = a(j) + 1                      '字符对应的数组元素加 1
        End If
    Next i
    j = 0
    For i = 1 To 26
        If a(i) > 0 Then
            Picture1.Print Chr(i + 96) & "=" & a(i), '输出字符及其出现次数
            j = j + 1
            If j Mod 5 = 0 Then Picture1.Print
        End If
    Next i
End Sub
```

## 2. 数组排序

排序是将一组数据按从小到大递增或从大到小递减的次序排列。从小到大的次序叫顺序，从大到小的次序叫逆序。排序的算法很多，常用的有选择法、冒泡法、插入法和合并排序法等，这里只介绍选择法和冒泡法。

（1）选择排序法

选择排序法是最简单且最容易理解的算法。假设要将 *n* 个数据按照从小到大的次序排列，选择排序法的算法是：

① 从 *n* 个数中选出最小数，将其放到第 1 个位置。

② 从剩下的 *n*-1 个数中选出最小数，将其放到第 2 个位置。

③ 依此类推，直到最后从第 *n*-1 个和第 *n* 个数中选择最小的放到第 *n*-1 个位置。

从上述描述可以知道，将 *n* 个数从小到大排列要进行 *n*-1 次最小值的选择，每一次的最小值的选择可以一个循环来实现，整个排序需要用到二重循环，外循环的循环次数是 *n*-1，内循环用来实现每一次的最小值的选择。

**【例 6-14】**用随机函数产生 6 个 [0, 20] 的随机整数，将其放入到数组中。用选择排序法将数组按从小到大的顺序排列。程序运行结果如图 6-12 所示。

程序代码如下：

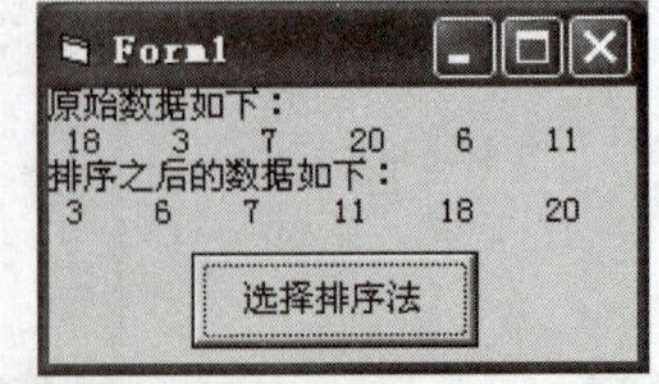

图 6-12　例 6-14 的运行结果

```
Private Sub Command1_Click()
    Dim a(1 To 6) As Integer
    Print "原始数据如下："
    Randomize Timer
    For i = 1 To 6
        a(i) = Int(21 * Rnd)
```

```
        Print a(i); "  ";
    Next i
    Print
    For i = 1 To 5                        ' 共需进行 5 轮排序
        k = i                             ' 假设第 i 个为最小值
        For j = i + 1 To 6
            If a(j)< a(k) Then k = j ' 若找到比第 k 个更小的， 将 k 更新
        Next j
        If k <> i Then                    ' 上面循环结束后若最小值不是第 i 个，则将最小值和 a(i) 交换
            t = a(k)
            a(k) = a(i)
            a(i) = t
        End If
    Next i
    Print "排序之后的数据如下："
    For i = 1 To 6
        Print a(i); "  ";
    Next i
    Print
End Sub
```

排序进行的过程如图 6-13 所示。图中带双下划线的数是每一轮排序找到的最小数的位置，带单下划线的数是每轮排序得到的最小值，k 值的变化记录了每轮得到最小值的下标的变化过程。

| | | | | | | | k 值的变化 |
|---|---|---|---|---|---|---|---|
| 原始数据 | 10 | 18 | 2 | 16 | 6 | 7 | |
| 第一轮排序之后 | 2 | 18 | 10 | 16 | 6 | 7 | 1　3 |
| 第二轮排序之后 | 2 | 6 | 10 | 16 | 18 | 7 | 2 3　5 |
| 第三轮排序之后 | 2 | 6 | 7 | 16 | 18 | 10 | 3　6 |
| 第四轮排序之后 | 2 | 6 | 7 | 10 | 18 | 16 | 4 6 |
| 第五轮排序之后 | 2 | 6 | 7 | 10 | 16 | 18 | 5 6 |

图 6-13　例 6-14 选择排序过程示意图

（2）冒泡排序法

冒泡排序法的思路和选择排序法相似，若对 $n$ 个数据进行排列，也要进行 $n$-1 轮排序，只不过每轮排序的算法不同。冒泡排序每轮是将相邻的两个数进行比较，当次序不对就交换位置，出了内循环，最小数就已冒出。

**【例 6-15】**用冒泡排序法实现例 6-14 同样的功能。排序的过程如图 6-14 所示。为了提高排序效率，若某一轮排序结束时，未发生位置交换，说明数组已经排好了顺序，排序就可以结束，程序增加了一个逻辑型变量 flag 来判断是否已经排好了顺序。

| | | | | | | | 交换情况 |
|---|---|---|---|---|---|---|---|
| 原始数据 | 10 | 18 | 2 | 16 | 6 | 7 | |
| 第一轮排序之后 | 2 | 10 | 18 | 6 | 16 | 7 | 6 和 16、2 和 18、2 和 10 |
| 第二轮排序之后 | 2 | 6 | 10 | 18 | 7 | 16 | 7 和 16、6 和 18、6 和 10 |
| 第三轮排序之后 | 2 | 6 | 7 | 10 | 18 | 16 | 7 和 18、7 和 10 |
| 第四轮排序之后 | 2 | 6 | 7 | 10 | 16 | 18 | 16 和 18 |
| 第五轮排序之后 | 2 | 6 | 7 | 10 | 16 | 18 | flag 为 True，前 4 轮已排好 |

图 6-14　例 6-15 冒泡排序过程示意图

排序部分对应的程序如下：

```
For i = 1 To 5
    flag = True                  '假设前 i-1 趟后数组已经排好序
    For j = 6 To i + 1 Step -1
        If a(j) < a(j - 1) Then t = a(j): a(j) = a(j - 1): a(j - 1) = t: flag = False
    End If
    '若后面的元素大于前面的，则交换，前面的假设不成立，将 flag 改为 False
    Next j                       '内循环结束，得到一个最小值冒到最前面
    If flag Then Exit For '若前面的假设成立，则退出排序
Next i
```

### 3. 矩阵运算

$N \times N$ 矩阵的操作很多，这里介绍 $N \times N$ 矩阵的赋值、转置、相加和输出操作。

【例 6-16】用随机整数对 2 个 4 × 4 的矩阵 A 和 B 赋值并输出、求 A 矩阵的转置矩阵并输出，将 A 矩阵和 B 矩阵相加后放入到 C 矩阵并输出。程序运行结果如图 6-15 所示。

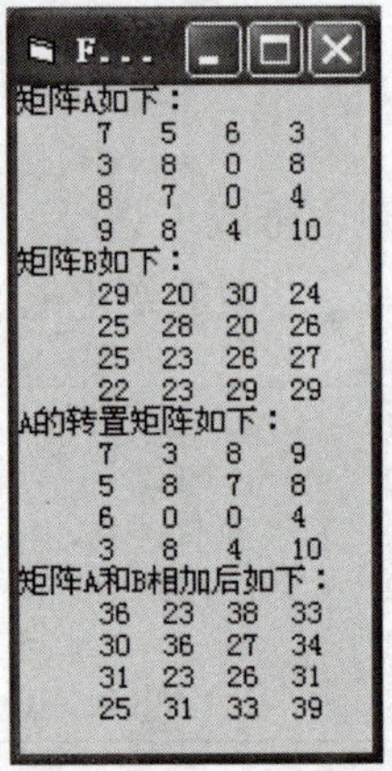


图 6-15　例 6-16 的运行结果

程序代码如下：

```
Private Sub Form_Click()
    Dim a(1 To 4, 1 To 4) As Integer, b(1 To 4, 1 To 4) As Integer
    Dim c(1 To 4, 1 To 4) As Integer
    Print "矩阵 A 如下："
    For i = 1 To 4                    '给矩阵 A 赋值，范围[0,10]，并输出
        For j = 1 To 4
            a(i, j) = Int(11 * Rnd)
            Print Tab(4 * j + 1); a(i, j);
        Next j
        Print
    Next i
    Print "矩阵 B 如下："
    For i = 1 To 4                    '给矩阵 B 赋值，范围[20,30]，并输出
        For j = 1 To 4
            b(i, j) = Int(11 * Rnd + 20)
            Print Tab(4 * j + 1); b(i, j);
```

```
        Next j
        Print
    Next i
    Print "A 的转置矩阵如下 :"
    For i = 1 To 4                              '求矩阵 A 的转置矩阵
        For j = 1 To i - 1
            t = a(i, j) :  a(i, j) = a(j, i) :   a(j, i) = t
        Next j
    Next i
    For i = 1 To 4
        For j = 1 To 4
            Print Tab(4 * j + 1); a(i, j);
        Next j
        Print
    Next i
    Print "矩阵 A 和 B 相加后如下 :"
    For i = 1 To 4
        For j = 1 To 4
            c(i, j) = a(i, j) + b(i, j)
            Print Tab(4 * j + 1); c(i, j);
        Next j
        Print
    Next i
End Sub
```

# 第7章 常用控件

在 Visual Basic 中提供了许多标准控件，帮助大家进行界面设计，如用于选择的标准控件，包括复选框、单选按钮、列表框和组合框等，以及用于存放图片的图片框、图形框等，本章介绍这些控件的使用。

## 7.1 单选按钮

在程序设计过程中，有时需要从多个选项中选择一个，各选项间的关系是互斥的，单选按钮（Option Button）就能完成这个功能。

选项按钮表示给用户一组两个或更多的选择。选项按钮总是作为一组的组成部分工作的。因此，选择一个选项按钮就会立即清除该组中的其他按钮。定义一个选项按钮组，告诉用户“这是一组选择，从中选一个，而且只选一个”。

单选按钮——OptionButton 控件，它的图形是◉，用来表示是否被选中。它的默认名称为 Option1、Option2…

在选项组中使用单选按钮，用户只能选择其中的一项，当其中的一项被选中（即图示为◉，也称为打开状态），其他选择按钮都被置于关闭状态（即图示为○）。

### 7.1.1 常用属性

单选按钮和复选框的属性除了 Name、Enable、FontName、FontSize、FontBold、FontItalic、FontUnderline、Top、Height、Left、Width、BackColor、ForeColor、Visible 等通用属性外，其主要属性如下。

（1）Value 属性：表示单选按钮的被选状态。

True：被选中，也称为打开状态，图示为◉。

False：未被选中，也称为关闭状态，图示为○，默认值。

（2）Alignment 属性：表示控件与其标题的对齐方式。

0：单选按钮在左，标题在右，默认值。

1：单选按钮在右，标题在左。

（3）Caption 属性。

设置单选按钮的文本注释内容，即单选按钮边上的文本标题。

（4）Style 属性。

指定单选按钮的显示风格，用于改善视觉效果。

0—Standard：标准方式。

1—Graphical：图形方式。

Style 属性是只读属性，只能在设计时使用，使用时应注意，属性设置为不同的值（0 或 1），外观不一样，设为 1 时，控件的外观和命令按钮相似。

## 7.1.2　常用事件

单选按钮可接受 Click 事件，但通常不需要编写 Click 事件处理程序，因为单击单选按钮时，已将其状态改变，而是在其他命令按钮被按下时的相应 Click 事件处理程序中，根据单选按钮组的被选状态，进行不同的处理。所以，单选按钮组通常是为其他命令的 Click 事件处理程序提供选择条件。

【例 7-1】利用单选按钮改变文本框的字体和字号。

**分析**：通过前面的学习，我们可以用两种方法去实现，在这里字体的设置我们采用独立的单选按钮去实现，而字号我们采用控件数组，目的是让大家了解一下这两种方法的创建方法和程序编写方式。

（1）创建用户界面。

根据题意，我们创建如图 7-1 所示的界面对象，强调一点就是 Option4 是一个控件数组。

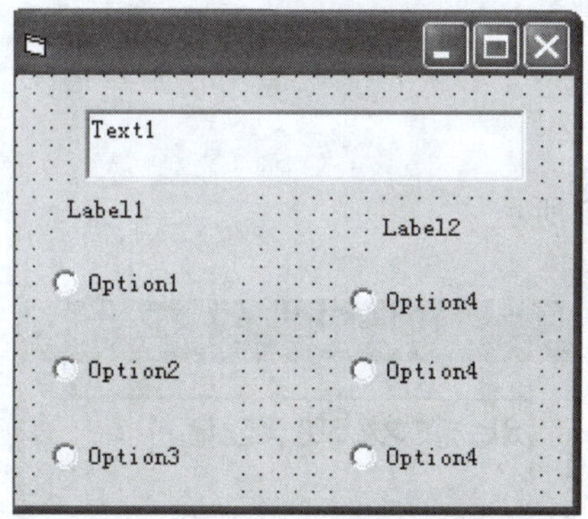


图 7-1　创建用户界面

（2）设置对象属性，如表 7-1 所示。

表 7-1　设置对象属性

| 控 件 名 | 属 性 名 | 属 性 值 |
|---|---|---|
| Text1 | Text | “北京欢迎您！！” |
| Label1 | Caption | 字体 |
| Label2 | Caption | 字号 |
| Option1 | Caption | 楷体 |
| Option2 | Caption | 隶书 |
| Option3 | Caption | 黑体 |
| Option4(0) | Caption | 16 |
| Option4(1) | Caption | 18 |
| Option4(2) | Caption | 20 |

（3）编写代码。

```
Private Sub Option1_Click()
    Text1.FontName = "楷体_GB2312"                    '设置字体为楷体
End Sub

Private Sub Option2_Click()
    Text1.FontName = "隶书"                           '设置字体为隶书
End Sub

Private Sub Option3_Click()
    Text1.FontName = "黑体"                           '设置字体为黑体
End Sub

Private Sub Option4_Click(Index As Integer)
    Select Case Index
       Case 0
         Text1.FontSize = 16                         '设置字号为16
       Case 1
         Text1.FontSize = 18
       Case 2
         Text1.FontSize = 20
    End Select
End Sub
```

（4）程序运行结果如图 7-2 所示。

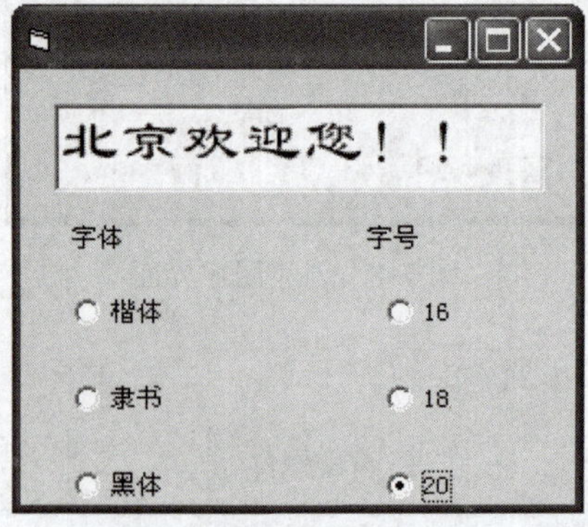


图 7-2　程序运行结果

# 7.2　复　选　框

单选按钮必须成组出现，用户在一组单选按钮中必须而且最多只选择一项。而复选框可以根据用户的需要选定其中的一项或多项，或者都不选。

复选框（CheckBox）表明一个特定的状态是选定（on）还是清除（off）。在应用程序中使用 CheckBox 为用户提供了“True/False”或“yes/no”的选择。因为 CheckBox 彼此独立工作，所以用户可以同时选择任意多个 CheckBox。

复选框控件，它的图形是□。复选框可以根据用户的需要选定其中的一项或多项，或者都不选。当某一项被选中后，其左边的小方框就变成☑。

### 7.2.1　常用属性

（1）Value 属性：表示复选框的状态。

0：未被选择，图示为□，默认值。

1：已被选择，图示为☑。

2：图示变灰（变暗），表示禁止用户选择。

（2）Alignment 属性：表示控件与其标题的对齐方式。

0：复选框在左，标题在右，默认值。

1：复选框在右，标题在左。

### 7.2.2　常用事件

复选框控件可接受 Click 事件，但通常也不需要对复选框的 Click 事件编写处理程序，因为单击复选框时，也已将其状态改变。通常也是在其他命令按钮被按下时的相应 Click 事件处理程序中，根据复选框的被选状态，进行不同的处理。所以，复选框通常也是为其他命令的 Click 事件处理程序提供选择条件。

【例 7-2】在例 7.1 的基础上利用复选框改变文本框里字符的显示效果，及是否加删除线、下划线以及是否斜体。

分析：我们只要在例 7.1 的基础上增加 1 个标签和 3 个复选按钮，增加以下程序段，程序运行结果如图 7-3 所示。代码如下：

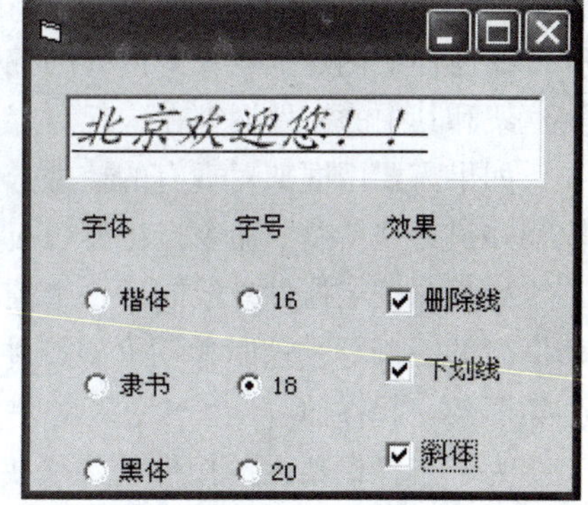


图 7-3　例 7-2 程序运行结果

```
Private Sub Check1_Click()
  '是否加删除线
  Text1.FontStrikethru = Not Text1.FontStrikethru
End Sub

Private Sub Check2_Click()
  '是否加下划线
  Text1.FontUnderline = Not Text1.FontUnderline
End Sub

Private Sub Check3_Click()
  '是否为斜体
  Text1.FontItalic = Not Text1.FontItalic
End Sub
```

如果我们把复选按钮创建成控件数组，那么程序代码如下：

```
Private Sub Check1_Click(Index As Integer)
   If Check1(0).Value = 1 Then
      Text1.FontStrikethru = True                    '加删除线
   Else
      Text1.FontStrikethru = False
   End If
```

```
    If Check1(1).Value = 1 Then
       Text1.FontUnderline = True                    '加下划线
    Else
       Text1.FontUnderline = False
    End If
    If Check1(2).Value = 1 Then                      '加斜体
       Text1.FontItalic = True
    Else
       Text1.FontItalic = False
    End If
End Sub
```

# 7.3 框　　架

框架（Frame）控件是容器类控件，它作为容器放置其他控件对象，将这些控件对象分成可标识的控件组，因此，通常框架控件是一个左上角有标题文字的方框。

框架的主要作用是对窗体上的控件进行视觉上的分组，使窗体上的内容更加有条理，便于总体的激活或相互屏蔽。另外，单选按钮的一个特点是同一次操作最多只能选择其中的一个，但是当需要激活在同一个窗体中建立的几组相互独立的单选按钮时，就需要使用框架将每一组单选按钮框起来，这样的话，一个框架内的单选按钮为一组，不同的组之间的单选按钮操作相互不会产生影响。

## 7.3.1　对象的创建

在窗体上创建框架及其内部的控件时，必须先创建框架，然后在其中建立各控件，这样才能使框架和其中的控件捆绑在一起。

如果需要用框架对现有的控件分组，则可选定所有控件，将它们剪切到剪切板上，然后选定框架并执行“粘贴”命令，将剪切板上的内容粘贴回框架中。

如果在框架控件外绘制了一个控件并把它移到框架内部，那么该控件将在框架的上部，不属于框架的一部分，这时移动框架控件，该控件不会随框架一起移动。

为了选择框架内的控件，必须在框架处于非活动状态时，按住 Ctrl 键，然后用鼠标单击或画一个框，框住要选择的控件。选择多个控件时，也可用这个方法，即按住 Ctrl 键，用鼠标单击多个控件或框住多个控件即可。

在前面两节的例题中，我们都是通过标签来显示提示信息，那么用框架设计之后，界面就漂亮多了，如图 7-4 所示。

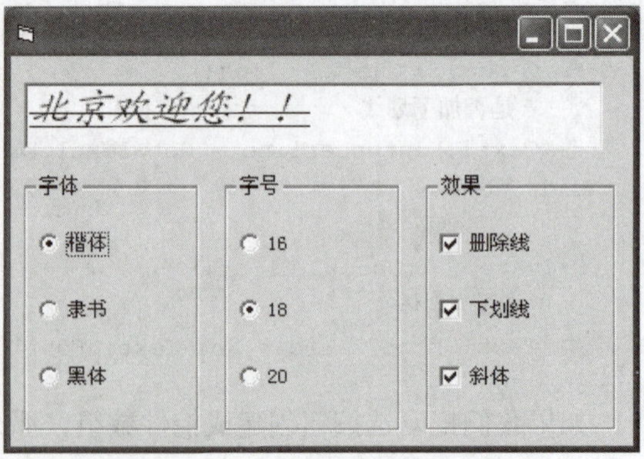

图 7-4　例 7-2 程序运行结果

## 7.3.2　常用属性

### 1. Enabled 属性

True：运行时框架内的所有对象 用户能对它们进行操作，默认值。

False：则运行时框架呈现为灰色，框架内的所有对象均被屏蔽，用户不能对它们进行操作。

### 2. Visible 属性

True：运行时框架及其内部的所有控件全部可见，默认值。

False：则运行时框架及其内部的所有控件全部不可见。

### 3. Caption 属性

框架左上角的标题文字。可以使用“&”建立快捷键。如果此属性值设置为空，则框架为封闭矩形形状。

### 4. BorderStyle 属性

属性值为 0：框架不显示边框和标题文字。

属性值为 1：正常显示，框架显示边框和标题文字（默认值）。

## 7.3.3　常用事件

事件包括 Click 事件、DblClick 事件。

框架控件支持 Click 事件和 DblClick 事件，用法与其他控件一样。但是框架主要是用于对控件分组，一般情况下不会对其编写事件代码。

【例 7-3】设计一志愿填报界面，所报学校和专业通过单选按钮控制，运行程序，选择不同的学校和专业，然后单击“确定”按钮，则在文本框中实现不同的输出内容，如图 7-5 所示。

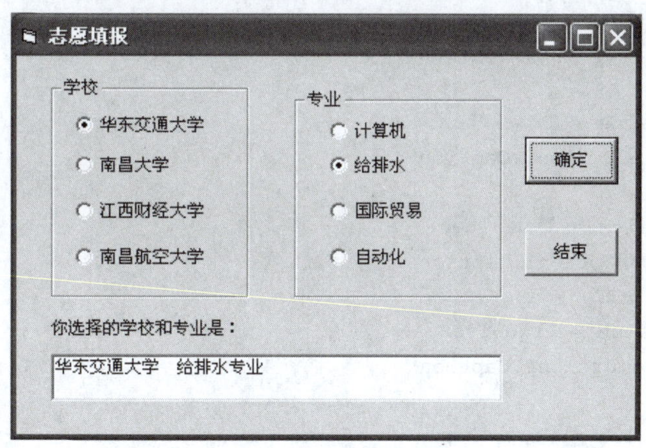


图 7-5　志愿填报选择

（1）设计用户界面。

在窗体 Form1 上创建两个框架，每个框架内画 4 个单选按钮，然后再创建两个命令按钮和一个文本框。

（2）其初始属性设置如表 7-2 所示。

表 7-2　例 7-3 属性设置

| 控件名 | 属性名 | 属性值 |
|---|---|---|
| Form1 | Caption | 志愿填报 |
| Command1 | Caption | 确定 |

续表

| 控 件 名 | 属 性 名 | 属 性 值 |
|---|---|---|
| Command2 | Caption | 结束 |
| Label1 | Caption | 你选择的学校和专业是 |
| Text1 | Font | 宋体、四号 |
| | Text | “” |
| Optoin1 | Caption | 华东交通大学 |
| Optoin2 | Caption | 南昌大学 |
| Optoin3 | Caption | 江西财经大学 |
| Optoin4 | Caption | 南昌航空大学 |
| Optoin5 | Caption | 计算机 |
| Optoin6 | Caption | 给排水 |
| Optoin7 | Caption | 国际贸易 |
| Optoin8 | Caption | 自动化 |

（3）编写如下代码：

```
Private Sub Command1_Click()                    '确定按钮
    Text1.Text = ""
    If Option1.Value = True Then
      Text1.Text = Option1.Caption
    End If
    If Option2.Value = True Then
      Text1.Text = Option2.Caption
    End If
    If Option3.Value = True Then
      Text1.Text = Option3.Caption
    End If
    If Option4.Value = True Then
      Text1.Text = Option4.Caption
    End If
    If Option5.Value = True Then
      Text1.Text = Text1.Text + " " + Option5.Caption + "专业"
    End If
    If Option6.Value = True Then
      Text1.Text = Text1.Text + " " + Option6.Caption + "专业"
    End If
    If Option7.Value = True Then
      Text1.Text = Text1.Text + " " + Option7.Caption + "专业"
    End If
    If Option8.Value = True Then
      Text1.Text = Text1.Text + Option8.Caption + "专业"
    End If
End Sub
```

```
Private Sub Command2_Click()' 结束按钮
    End
End Sub
```

# 7.4 滚 动 条

滚动条常常用于辅助浏览显示内容、确定位置，主要用在列有较长项目或者大量信息的地方，这样用户就可以在小区域中巡视到所有的列表项目或者信息等。水平滚动条和垂直滚动条常常与需要浏览信息、但又不支持滚动功能的控件（如图片框）配合使用，为它们提供滚动浏览信息的功能。当然，滚动条也可作为用户信息输入的控件，实现连续地调整数据。

滚动条分为水平滚动条（HScrollBar）和垂直滚动条（VScrollBar），这两个滚动条控件除了类型名不同、放置的方向不同外，其他都一样，如图 7-6 所示。

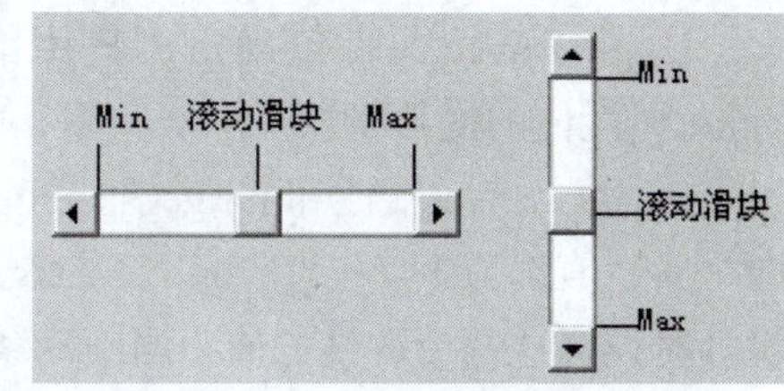


图 7-6 水平滚动条和垂直滚动条

这两种滚动条在外观上很相似，都是由一个滚动滑块和两端的滚动箭头组成，只不过水平滚动条水平放置，而垂直滚动条垂直放置。用户可以通过改变滚动滑块在滚动条中的位置，从而改变滚动条当前的取值。默认情况下，水平滚动条的值从左向右递增，垂直滚动条从上向下递增。它们有着许多相同的属性、方法和事件。

## 7.4.1 常用属性

垂直滚动条的值从上往下递增，最上端代表最小值，最下端代表最大值。水平滚动条的值从左往右递增，最左端代表最小值，最右端代表最大值。滚动条的值均用整数表示，取值范围是 −32 768 ～ 32 767。

滚动条的坐标与设计长度无关。就像一条有刻度的直尺，最小值和最大值分别在两个端点。

滚动条的属性用来识别滚动条的状态，除支持 Name、Enabled、Visible、Top、Left、Height、Width、Parent、Tag 等属性外，还具有以下属性。

### 1. Value 属性

Value 属性是滚动条最重要的属性，它反映了滚动条的当前值，滚动滑块的位置大体能反映这个值，这个值是一个整数。对于水平滚动条，当滚动滑块处于最左边时，该属性取最小值，当滚动滑块处于最右边时，该属性取最大值；对于垂直滚动条，当滚动滑块处于最上边时，该属性取最小值，当滚动滑块处于最下边时，该属性取最大值。当滚动滑块处于中间的某个位置时，Value 的值界于最小值和最大值之间，并严格按照比例设定滚动滑块在滚动条中的位置。改变滚动条 Value 属性的方法有 4 种。

（1）直接在属性窗口中设定 Value 值。

（2）鼠标单击滚动条两端的箭头键可改变滚动滑块的位置。

（3）将滚动滑块沿滚动条拖动到某个位置。

（4）鼠标单击滚动条中滚动滑块与两端箭头键之间的空白部分，使滚动滑块快速移动。

### 2. Min 属性

Min 属性用于设定滚动条 Value 属性的最小取值，即滚动块位于 HscrollBar 控件的最左端或

VscrollBar 控件的最上端时所代表的值。

3. Max 属性

Max 属性用于设定滚动条 Value 属性的最大取值，即滚动块位于 HscrollBar 控件的最右端或 VscorllBar 控件的最下端时所代表的值。

默认情况下，若未对 Max 和 Min 属性进行设置，Value 属性的取值在 -32 768 ~ 32 767 之间。默认设置值：Max 为 32 767，Min 为 0。若希望垂直滚动条的滚动滑块向上移动时 Value 属性值递增，可以设定 Max 属性值小于 Min 属性值。

4. SmallChange 属性

SmallChange 属性值确定用户用鼠标单击滚动条两端箭头键时，Value 属性值的变化量。

5. LargeChange 属性

LargeChange 属性值确定用户用鼠标滚动条中滚动滑块与两端箭头键之间的空白部分时，Value 属性值的变化量。

SmallChange 属性和 LargeChange 属性的取值范围为 1 ~ 32 767 之间的整数。默认情况下，两个属性值都为 1。一般情况下，LargeChange 属性值的设置应大于 SmallChange 属性值。一般在设计时设置这两个属性的值。当滚动条的状态必须改变时，也可以在运行应用程序时对其进行重新赋值设置。

### 7.4.2 常用事件

1. Change 事件

当滚动条 Value 属性值发生变化时，触发 Change 事件。在应用程序运行时，只要滚动条的 Value 属性值发生变化，就会触发 Change 事件。可以在代码中改变 Value 属性值，但更多的是由于用户用鼠标拖动滚动块、单击滚动块两侧或者单击滚动条两侧的箭头按钮而导致 Value 属性的值的改变。

2. Scroll 事件

当在滚动条内拖动滚动块时会触发 Scroll 事件，单击滚动条箭头、滚动块或滚动条空白处时不发生该事件。

如果拖动滚动滑块的位置，就会触发 Scroll 事件，Scroll 事件发生时，并不发生 Change 事件。滚动过程结束，鼠标按键抬起时，才发生 Change 事件；设置滚动条的 Value 属性值或按动滚动按钮，会发生 Change 事件，但不会发生 Scroll 事件。

【例 7-4】设计两文本框用于显示滚动条 Change 事件和 Scroll 事件发生时滚动条的值。

（1）设计用户界面。

在窗体 Form1 上创建两个文本框，三个标签和一个滚动条。

（2）其初始属性设置如表 7-3 所示。

表 7-3　例 7-4 属性设置

| 控件名 | 属性名 | 属性值 |
| --- | --- | --- |
| Form1 | Caption | 滚动条事件比较 |
| Label1 | Caption | change 事件滚动条的值 |

续表

| 控件名 | 属性名 | 属性值 |
|---|---|---|
| Label2 | Caption | scroll 事件滚动条的值 |
| Label3 | Caption | 滚动条 |
| Text1 | Font | 宋体、四号 |
| | Text | “” |
| Text2 | Font | 宋体、四号 |
| | Text | “” |
| HScroll1 | Max | 100 |
| | Min | 0 |
| | SmallChange | 2 |
| | LargeChange | 10 |
| | Value | 50 |

（3）编写如下代码：

```
Private Sub HScroll1_Change()
    Text1.Text = HScroll1.Value
End Sub
Private Sub HScroll1_Scroll()
    Text2.Text = HScroll1.Value
End Sub
```

（4）运行程序，单击滚动条箭头、滚动块或滚动条空白以及拖动滚动滑块的位置比较 Scroll 事件和 Change 事件，部分程序运行界面如图 7-7 所示。

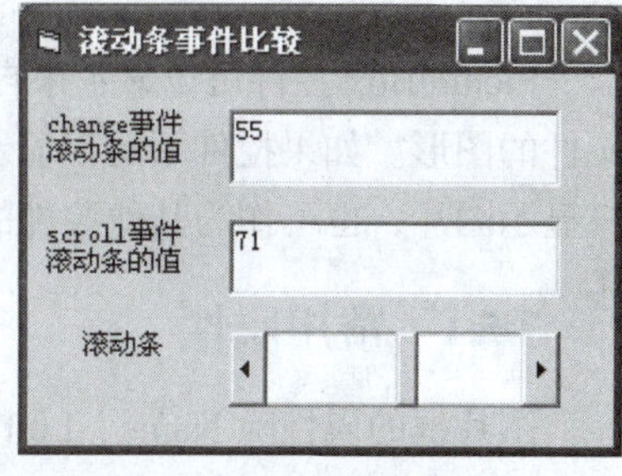

图 7-7　滚动条事件的事例

【例 7-5】设计一个通过滚动条调整标签位置的程序。

（1）设计用户界面。

在窗体 Form1 上创建两个标签和一个滚动条。

（2）其初始属性设置如表 7-4 所示。

表 7-4　例 7-5 属性设置

| 控件名 | 属性名 | 属性值 |
|---|---|---|
| Label1 | Caption | 欢迎使用 VB |
| Label2 | Caption | 单击滚动条 |
| HScroll1 | Max | 4500 |
| | Min | 0 |
| | SmallChange | 2 |
| | LargeChange | 10 |

（3）编写如下代码：

```
Private Sub Form_Load()
    HScroll1.Value = 100
    Label1.Left = HScroll1.Value
End Sub

Private Sub HScroll1_Change()
    Label1.Left = HScroll1.Value
End Sub

Private Sub HScroll1_Scroll()
    Label1.Left = HScroll1.Value
End Sub
```

（4）运行程序，单击滚动条箭头、滚动块或滚动条空白处，观察标签移动的情况，程序运行界面如图 7-8 所示。

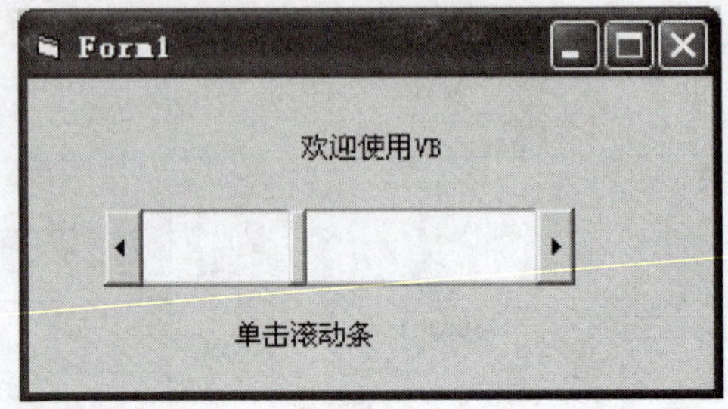


图 7-8　例 7-5 程序运行结果

# 7.5 图　片　框

PictureBox 控件可以显示来自位图、图标或者元文件，以及来自增强的元文件、JPEG 或 GIF 文件的图形。如果控件不足以显示整幅图像，则裁剪图像以适应控件的大小，其主要作用是为用户显示图片，也可作为其他控件的容器。

## 7.5.1 常用属性

图片框的属性除 Name、Left、Top、Height、Width、Enabled、Visible、FontBold、FontItalic、FontName、FontSize、FontUnderline、AutoRedraw 等通用属性外，还有下列主要属性。

1. Picture 属性

该控件要显示的图片由 Picture 属性决定。Picture 属性可设置被显示的图片文件名（包括可选的路径名）。在代码中可以 LoadPicture() 在图片框中装载图形文件，其格式如下：

```
<图片框控件名>.Picture=LoadPicture("图形文件名")
```

为了在运行时从图片框中删除一个图片，可用以下方式实现：

```
<图片框控件名>.Picture=LoadPicture("")
```

例如，在窗体上建立了一个名为 Picture1 的图片框，则运行下边的语句：

```
Picture1.Picture = LoadPicture("c:\program files\vb98\common\graphics\icons\info.
ico")
```

可以把一个图标文件 Inof.ico 装入该图片框中，如果该图片框中已有图形，则新的图形将覆盖原有的图形。

如果省略“文件名”，即括号中的参数为空串（""）时，将清除该对象所显示的图形。例如：

```
Picture1.Picture = LoadPicture()
```

清除使用 Picture 属性输入的图形时，只能通过这种方法，而不能使用 Cls 方法。

### 2. AutoSize 属性

Picture 控件不提供滚动条，也不能伸展被装入的图片以适应控件的大小，但是可以用图片框 AutoSize 属性调整图片框的大小以适应图片的大小。当 AutoSize 设置 True 时，图片框能够自动调整大小与显示的图片相匹配；当 AutoSize 设置 False 时，图片框不能自动调整大小来适应其中的图片，加载到图片框中的图片保持原始尺寸，这就意味着如果图片比图片框大，则超过的部分将被剪裁掉。

PictureBox 控件也可用作其他控件的容器，像 Form 控件一样，可在 PictureBox 控件上面加上其他控件。这些控件随 PictureBox 的移动而移动，其 Top 和 Left 属性是 PictureBox 而言，而与窗体无关。当 PictureBox 大小改变时，这些控件 PictureBox 控件中的相对位置保持不变。

## 7.5.2　常用方法和事件

图片框控件与窗体一样，支持图形方法和 Print 方法。图像框控件支持 Click 和 DblClick 等事件。

【例 7-6】设计一个图片框用于显示文字和图形。

（1）设计用户界面。

在窗体 Form1 上创建一个图片框，4 个命令按钮，分别用于显示、清除文字和图片。

（2）其初始属性设置如表 7-5 所示。

表 7-5　例 7-6 属性设置

| 控 件 名 | 属 性 名 | 属 性 值 |
|---|---|---|
| Command1 | Caption | 显示文字 |
| Command2 | Caption | 清除文字 |
| Command3 | Caption | 显示图片 |
| Command4 | Caption | 清除文字 |

（3）编写如下代码：

```
Private Sub Command1_Click()
    Picture1.FontSize = 12
    Picture1.Print Tab(6); "图片框示例"
    Picture1.Print Tab(6); "欢迎使用 VB"
End Sub

Private Sub Command2_Click()
    Picture1.Cls
End Sub

Private Sub Command3_Click()
    Picture1.Picture = LoadPicture("E:\2009VB 写作\10-4 文稿\7\147_57121.jpg")
    '注意运行此程序时必须保证在 E:\2009VB 写作\10-4 文稿\7 中有 147_57121.jpg 图片
End Sub
```

```
Private Sub Command4_Click()
  Picture1.Picture = LoadPicture("")
End Sub
```

（4）运行程序，程序运行界面如图 7-9 所示。

图 7-9　例 7-6 运行界面

（5）同学可以把 Picture1 的 Autosize 属性设置为 Ture，再次运行程序，观察运行结果。

## 7.6 图　像　框

图片框控件（PictureBox）和图像框控件（Image）主要用来为用户显示图片（包括位图、图标、图元文件、JPEG 或 GIF 文件格式的图像）。

图片框控件和图像框控件有一定的区别，用户可以根据实际情况选择相应的控件。这两个控件的主要不同之处有以下几点。

（1）图片框控件除了可以显示图形外，还可以作为其他控件的容器，把其他控件放在该控件上，作为它的“子控件”，如果移动图片框，则属于它的“子控件”也随着一起移动。同时图片框控件支持 Visual Basic 图形方法，用户可以通过剪贴板给图片框控件添加图形。图片框控件不能伸缩图形以适应控件的大小，但可以自动调整控件的大小以便完整显示图形。

（2）图像框控件占用内存比图片框少，显示速度快。可以通过属性设置伸展图片的大小使之适应控件的大小。图像框内不能存放其他控件，图像框控件只支持图片框控件的一部分属性、事件和方法。例如，图像框控件不支持 Print 方法。

在窗体上使用图像框的步骤与图片框相同，很多属性都相同，只是图像框没有 AutoSize 属性，但有 Stretch 属性。

Stretch 属性设置为 False 时，图像框可自动改变大小以适应其中的图片。

Stretch 属性设置为 True 时，加载到图像框的图片可自动调整尺寸以适应图像框的大小。如果图像框内装入的图形较大，在 Forme 比较小的情况下，图像框的边界会被窗体的边界截断。

如果是在设计时装入的图形，则图形就和窗体一起被保存和加载，在创建 .exe 文件时，就不必把源图形文件提供给用户，因为 .exe 文件本身包含有它的图像。如果是在运行时用 LoadPicture 函数加载的图形，则必须把源图形文件提供给用户。

【例 7-7】设计一个图片框用于显示文字和图形。

在窗体 Form1 上创建一个图片框，一个图像框和两个命令按钮。其属性设置及运行界面如图 7-10 所示。其代码如下：

```
Private Sub Command1_Click()
    Picture1.Picture = LoadPicture("E:\2009VB 写作\10-4 文稿\7\147_57121.jpg")
End Sub

Private Sub Command2_Click()
    Image1.Picture = LoadPicture("E:\2009VB 写作\10-4 文稿\7\147_57121.jpg")
End Sub
```

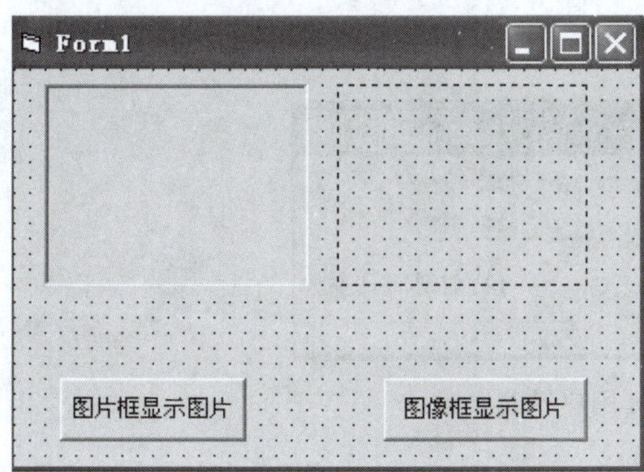

图 7-10　例 7-7 运行界面

运行程序，我们可以发现两控件在存放图片时的不同。

# 7.7 计 时 器

计时器控件（Timer）也称时钟，它能按照指定的时间间隔周期性地触发计时器（Timer）事件，并执行事件处理代码。它的默认名称为 Timer1、Timer2、…计时器控件在设计时的图标在运行时隐藏，它没有 Visible 属性。它的大小不可改变，也没有 Width 和 Height 属性。虽然它有 Left 和 Top 属性，但是由于它运行时不可见，所以这两个属性并不重要。在计时器控件中，比较重要的属性是 Interval 和 Enabled。

## 7.7.1 常用属性

（1）Interval 属性。Interval 属性返回或设置计时器控件的 Timer 事件响应所需间隔的毫秒（0.001 秒）数。设置的时间间隔（以毫秒计），在 Timer 控件 Enabled 属性设置为 True 时开始有效，例如 1 000 毫秒等于 1 秒。最大值为 65 535 毫秒，等于 1 分钟多一些。默认值为 0，使 Timer 控件无效。

（2）Enabled 属性。Enabled 属性决定计时器控件是否有效。当 Enabled 属性值为 True（默认值）时，激活计时器开始计时；当 Enabled 属性值为 False 时，计时器处于休眠状态、不计时。

### 7.7.2 常用事件

计时器控件，当达到 Interval 属性所规定的时间间隔时，Timer 事件被触发、执行事件处理代码。

计时器控件只有一个事件 Timer，也就是控件对象在间隔了一个 Interval 设定的时间后所触发的事件。无论何时，只要计时器控件的 Enabled 属性被设置为 True 而且 Interval 属性大于 0，则 Timer 事件以 Interval 属性指定的时间间隔发生。

【例 7-8】编写程序按照 12 小时制或者 24 小时制显示时间。

（1）设计用户界面。

如图 7-11 所示，在窗体 Form1 上创建两个标签用于显示时间和提示信息，两个计时器，两个单选按钮，一个框架。

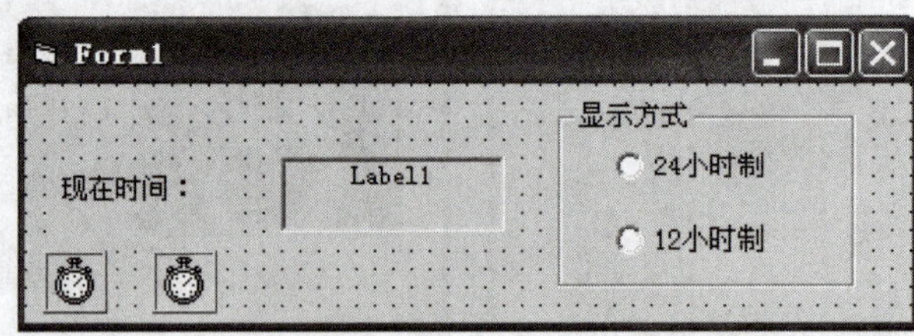


图 7-11 例 7-8 用户界面

（2）其初始属性设置如表 7-6 所示。

表 7-6 例 7-8 属性设置

| 控 件 名 | 属 性 名 | 属 性 值 |
|---|---|---|
| Option1 | Caption | 24 小时制 |
| Option2 | Caption | 12 小时制 |
| Lanel2 | Caption | 现在时间： |
| Frame1 | Caption | 显示方式 |
| Timer1 | Interval | 10 |
| Timer2 | Interval | 10 |

（3）编写如下代码：

```
Private Sub Form_Load()
    Timer1.Enabled = True
    Timer2.Enabled = False
End Sub

Private Sub Option1_Click()
    Timer1.Enabled = True
    Timer2.Enabled = False
End Sub
Private Sub Option2_Click()
```

```
    Timer2.Enabled = True
    Timer1.Enabled = False
End Sub

Private Sub Timer2_Timer()
    If Hour(Time) > 12 Then
     x = Hour(Time) - 12
    End If
    x = Format(x, "00")
    y = Format(Minute(Time), "00")
    z = Format(Second(Time), "00")
    Label1.Caption = x & ":" & y & ":" & z
End Sub
Private Sub Timer1_Timer()
    Label1.Caption = Time
End Sub
```

（4）运行程序，程序运行界面如图 7-12 所示。

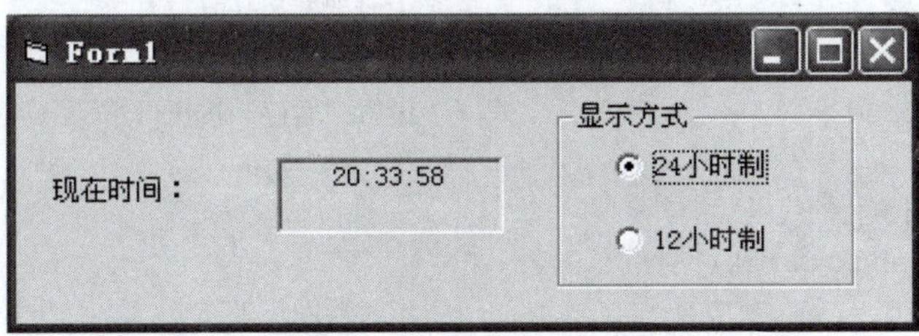


图 7-12 例 7-8 运行结果

**【例 7-9】**编写程序实现一个电子滚动屏用于显示“欢迎学习 VB”和显示时间。

**分析**：要使标签从左往右移动，我们只要改变标签的 Left。当文本移出窗体后，设置 Left 属性为 0。

（1）设计用户界面。

如图 7-13 所示，在窗体 Form1 上创建两个标签用于显示时间和提示信息，两个计时器，两个单选按钮，一个框架。

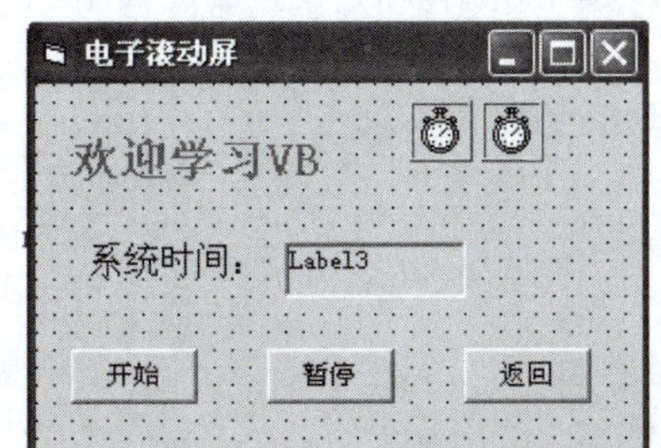


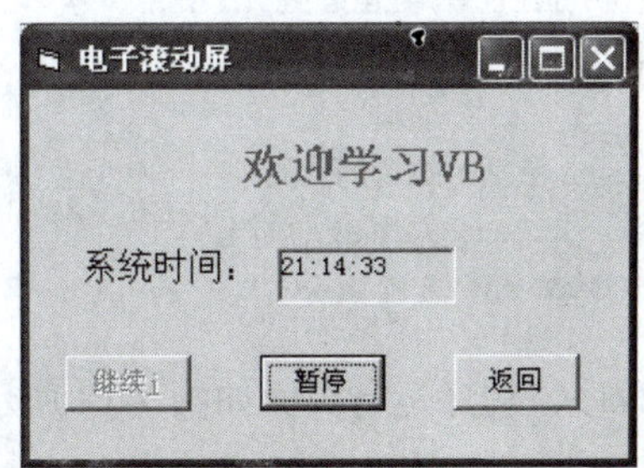


图 7-13 例 7-9 用户界面

（2）其初始属性设置如表 7-7 所示。

表 7-7　　　　例 7-9 属性设置

| 控 件 名 | 属 性 名 | 属 性 值 |
|---|---|---|
| Form1 | Caption | 电子滚动屏 |
| Label1 | Caption | 欢迎使用 VB |
| Label2 | Caption | 系统时间： |
| Timer1 | Interval | 10 |
| Timer2 | Interval | 10 |
| Command1 | Caption | 开始 |
| Command1 | Caption | 暂停 |
| Command1 | Caption | 返回 |

（3）编写如下代码：

```
'单击“开始”按钮时执行的代码
Private Sub Command1_Click()
    Command1.Caption = "继续 &j"          '将开始的名称改为 "继续"，可用 Alt+j 操作
    Timer1.Enabled = True                '定时器开始计时
    Command1.Enabled = False             '设置“继续”按钮不可用
    Command2.Enabled = True              '设置“暂停”按钮可用
End Sub
'单击“暂停”按钮时执行的代码
Private Sub Command2_Click()
    Timer1.Enabled = False               '定时器停止工作
    Command1.Enabled = True              '设置“继续”按钮可用
    Command2.Enabled = False             '设置“暂停”按钮不可用
End Sub
'单击“结束”按钮时执行的代码
Private Sub Command3_Click()
    End                                  '退出程序的执行
End Sub
'定时器 Timer1 激活时执行的代码
Private Sub Timer1_Timer()
    If Label1.Left + Label1.Width >= 0 And Label1.Left < li5_6.ScaleWidth Then
      Label1.Move Label1.Left + 20       '文本从左向右移动
    Else
      Label1.Left = -Label1.Width        '文本移出窗体后，设置 Left 属性为 0
    End If
End Sub
'定时器 Timer2 激活时执行的代码
Private Sub Timer2_Timer()
    Label3.Caption = Time()
End Sub
```

（4）运行程序，程序运行界面如图 7-13 所示。

【例 7-10】编写程序实现一个选课系统，要求完成如下功能。

根据所在年级，显示不同的可选课程，其中：

一年级可选择的专业课有微机原理、C 程序设计、数据库原理，公共课有大学英语Ⅰ、高等数学Ⅰ、大学物理Ⅰ，选修课有音乐欣赏、羽毛球、网页制作。

二年级可选择的专业课有信息安全、编译原理、电子商务，公共课有大学英语Ⅱ、高等数学Ⅱ、大学物理Ⅱ，选修课有艺术欣赏、健美操、素描。

在操作过程中，如果有没有选择课程的地方，显示提示信息，要求选择课程。

课程选择后，单击确定，会显示出选课信息。单击确定，清除前一次所选项，方便下一次选择。

（1）设计用户界面。

如图 7-14 所示，在窗体 Form1 上创建 4 个框架 Frame1 ～ Frame4，分别用于存放年级选项、专业课选项、公共课选项和选修课选项。在前 3 个框架中分别创建所需单选按钮，在第 4 个框架上创建所需的 3 个复选按钮，再创建一个命令按钮用于确定输入。

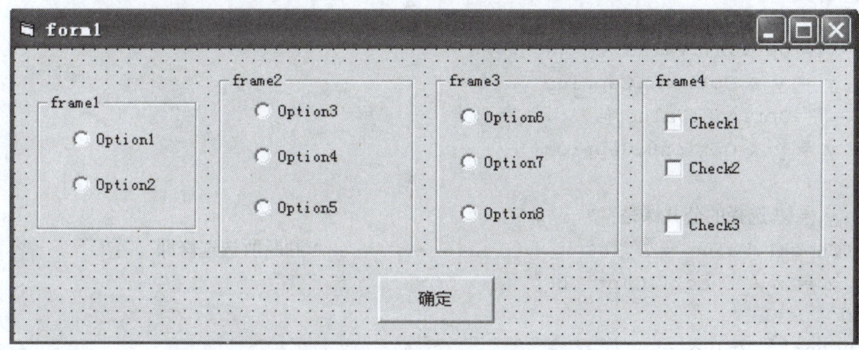


图 7-14　例 7-10 用户界面

（2）其初始属性设置如表 7-8 所示。

表 7-8　　例 7-10 属性设置

| 控 件 名 | 属 性 名 | 属 性 值 |
|---|---|---|
| Form1 | Caption | 选课系统 |
| Option1 | Caption | 一年级 |
| Option2 | Caption | 二年级 |
| Frame1 | Caption | 确定 |
| Command1 | Caption | 暂停 |

（3）编写如下代码：

```
Private Sub Command1_Click()
    If Option1.Value = False And Option2.Value = False Then  '如果没有选择，给出提示信息
      MsgBox "你好！没有选择年级"
    ElseIf Option3.Value = False And Option4.Value = False And Option5.Value = False Then
      MsgBox "你好！没有选择专业课"
    ElseIf Option6.Value = False And Option7.Value = False And Option8.Value = False Then
      MsgBox "你好！你没有选择公共课"
    ElseIf Check1.Value = 0 And Check2.Value = 0 And Check3.Value = 0 Then
      MsgBox "你好，你没有选择选修课"
    Else                                                     '数据都选择了
     If Option1.Value = True Then                            '判断所选年级
```

```
      nj = Option1.Caption
    Else
      nj = Option2.Caption
    End If
    If Option3.Value = True Then                    '判断所选专业课
      x = x & Option3.Caption
    ElseIf Option4.Value = True Then
      x = x & Option4.Caption
    ElseIf Option5.Value = True Then
      x = x & Option5.Caption
    End If
    x = "选择的专业课是: " & x
    If Option6.Value = True Then                    '判断所选公共课
      y = y & Option6.Caption
    ElseIf Option7.Value = True Then
      y = y & Option7.Caption
    ElseIf Option8.Value = True Then
      y = y & Option8.Caption
    End If
      y = "选择的公共课是: " & y
    If Check1.Value = 1 Then                        '判断所选选修课
      z = z & Check1.Caption
    End If
    If Check2.Value = 1 Then
      z = z & Check2.Caption
    End If
    If Check3.Value = 1 Then
      z = z & Check3.Caption
    End If
    z = "选择的选修课是: " & z
    ok = MsgBox(nj & Chr(10) & Chr(13) & x & Chr(10) & Chr(13) & y & Chr(10) &
Chr(13) & z & Chr(10) & Chr(13))
    If ok = 1 Then                                  '单击确定，清空所有选项
      Option1.Value = False
      Option2.Value = False
      Option3.Value = False
      Option4.Value = False
      Option5.Value = False
      Option6.Value = False
      Option7.Value = False
      Option8.Value = False
      Check1.Value = 0
      Check2.Value = 0
     Check3.Value = 0
    End If
  End If
End Sub
Private Sub Option1_Click()                         '一年级课程
   Option3.Caption = "微机原理"
   Option4.Caption = "C 程序设计"
```

```
    Option5.Caption = "数据库原理"
    Option6.Caption = "大学英语Ⅰ"
    Option7.Caption = "高等数学Ⅰ"
    Option8.Caption = "大学物理Ⅰ"
    Check1.Caption = "音乐欣赏"
    Check2.Caption = "羽毛球"
    Check3.Caption = "网页制作"
End Sub
Private Sub Option2_Click()                    '二年级课程
    Option3.Caption = "信息安全"
    Option4.Caption = "编译原理"
    Option5.Caption = "电子商务"
    Option6.Caption = "大学英语Ⅱ"
    Option7.Caption = "高等数学Ⅱ"
    Option8.Caption = "大学物理Ⅱ"
    Check1.Caption = "艺术欣赏"
    Check2.Caption = "健美操"
    Check3.Caption = "素描"
End Sub
```

（4）运行程序，程序运行界面如图 7-15、图 7-16 所示。

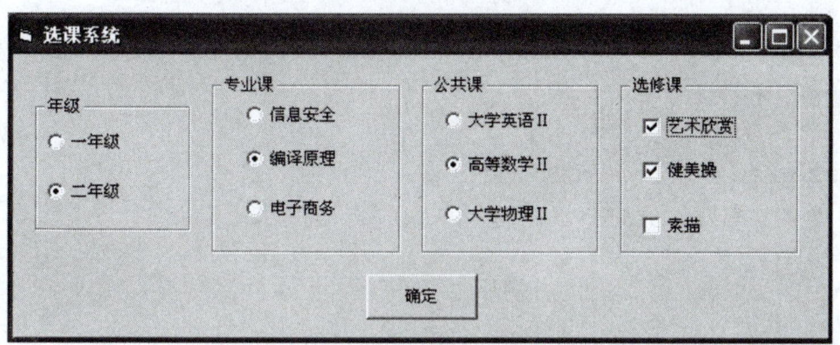


图 7-15　例 7-10 运行界面

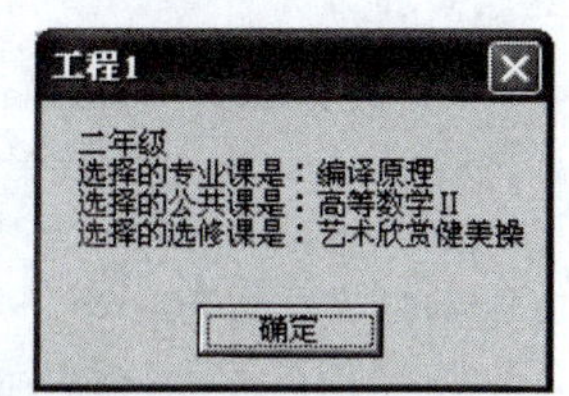


图 7-16　例 7-10 单击确定后的运行界面

**【例 7-11】**设计一程序，单击一命令按钮用于显示图片，拖动水平滚动条可以水平折叠图片，拖动垂直滚动条可以垂直折叠图片，单击切换图片，可以展示不同的图片，同时，也可以通过按钮暂停图片的切换，也可以通过按钮继续切换。

（1）设计用户界面。

如图 7-17 所示，在窗体 Form1 上创建一个图像框 image1，用于装载图片。创建一个水平滚动条 hscroll1 和垂直滚动条 vscroll1 分别用于控制图片的宽度和高度，两个标签 label1 和 label2 用于说明滚动条的作用，创建一个时钟 timer 用图片的切换，3 个命令按钮 command1 和 command2、command3，分别用于装载图片、切换图片和结束。

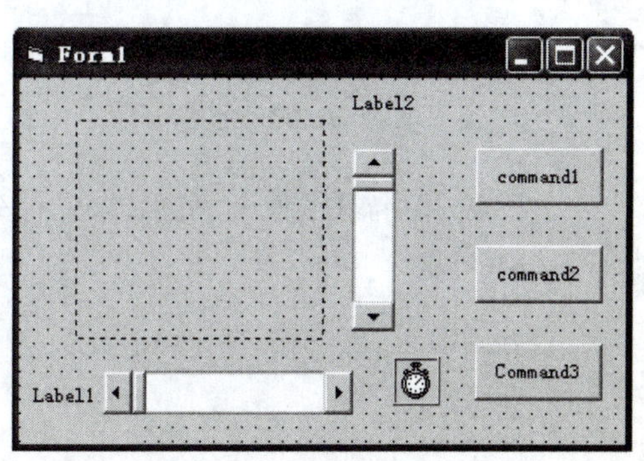


图 7-17　例 7-11 用户界面

（2）其初始属性设置如表 7-9 所示。

表 7-9　　　　例 7-11 属性设置

| 控件名 | 属性名 | 属性值 |
|---|---|---|
| Form1 | Caption | 图片演示 |
| Label1 | Caption | 水平折叠 |
| Label2 | Caption | 垂直折叠 |
| Timer1 | Interval | 1000 |
| Hscroll1 | Largechange | 10 |
| | Smallchanges | 10 |
| Vscroll1 | Largechange | 10 |
| | Smallchanges | 10 |
| Command1 | Caption | 装载图片 |
| Command2 | Caption | 切换图片 |
| Command1 | Caption | 结束 |

（3）编写如下代码：

```
'初始化程序，设置控件属性
Private Sub Form_Load()
    Timer1.Enabled = False
    HScroll1.Max = Image1.Width
    VScroll1.Max = Image1.Height
End Sub
Private Sub Command1_Click()                '加载图片
    Image1.Picture = LoadPicture("p2.jpg")
End Sub
Private Sub Timer1_Timer()                  '切换图片
    Static k As Integer
    '定义 k 为静态变量，它的值在多次运行该事件时，会把上次结果保留到下一次事件中去
    If k = 0 Then
        Image1.Picture = LoadPicture("p2.jpg")
        k = 1
    Else
        Image1.Picture = LoadPicture("p3.jpg")
        k = 0
    End If
End Sub

Private Sub Command2_Click()                 '命令按钮 2 的标题显示
    Static n As Integer
    '定义 n 为静态变量，它的值在多次运行该事件时，会把上次结果保留到下一次事件中去
    If n = 0 Then
    Timer1.Enabled = True
    Command2.Caption = "停止"
    n = 1
    Else
    Timer1.Enabled = False
```

```
        Command2.Caption = "继续"
        n = 0
    End If
End Sub
Private Sub VScroll1_Change()              '垂直方向折叠图片
    Image1.Height = VScroll1.Value
End Sub
Private Sub HScroll1_Change()              '水平方向折叠图片
    Image1.Width = HScroll1.Value
End Sub
Private Sub Command3_Click()               '结束程序
    End
End Sub
```

（4）运行程序，程序运行界面如图 7-18 所示。

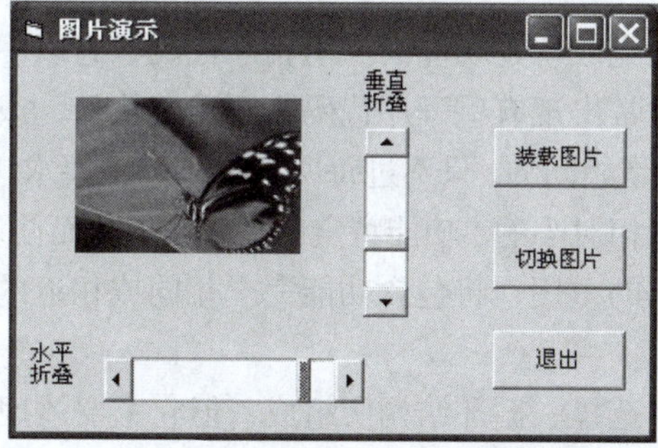


图 7-18　例 7-11 运行结果

# 第 8 章 过程

## 8.1 过程概述

过程（或称为子程序）是完成特定功能的一组程序代码，它以一个名字来标识，用此名字来实现调用。在程序设计时，经常出现有些程序代码需要重复执行，或者是多个程序都需执行相同的操作，这些重复执行的程序是相同的，只不过每次都以不同的要求进行重复。过程的作用有二：一是将一个复杂的任务分割为相对小的、功能特定的小任务，从而使复杂的任务更易理解和实现，也更容易维护；二是实现代码的重用，将包含功能完全相同或相近的小任务独立地编写代码，通过调用以避免代码的重复编写。

一个过程仍然是由顺序、选择、循环结构所组成，但它主要体现了程序之间的数据传递。

过程主要分两类：一类是由系统提供，包括内部函数与事件过程；另一类是用户根据需要自定义的过程（通用过程），它可以单独创建，提供给事件过程或其他的通用过程调用。其中内部函数与事件过程在其他章节中介绍，在此只介绍通用过程。

通用过程分为两类：子程序过程和函数过程（即 Sub 过程和 Function 过程）。

## 8.2 函数过程

在 VB 中，函数（Function）分为内部函数和外部函数。内部函数是系统预先编制的、能完成常用的、特定功能的程序代码，而外部函数是用户根据需要通过 Function 定义的过程，它的代码就是实现函数功能的，并且将得到一个值（函数值）。

### 8.2.1 Function 过程的定义

#### 1. Function 过程定义的格式

```
[Static]|[Private]|[Public]Function <过程名>[（参数列表）][As 类型]
      [语句组]            ┐
      [过程名=表达式]     │
      [Exit Function]     ├过程体（函数体）
      [语句组]            ┘
End Function
```

#### 2. 说明

（1）Function 过程以 Function 开头，以 End Function 结束，之间的程序代码是实现函数功能的程序语句序列。

（2）<过程名>也称之为函数名，它的命名规则与变量名相同，不允许与系统保留字同名。

（3）Static、Private、Public 的含义如下。

① Static：指定本函数过程中的局部变量在内存中的默认存储方式。若使用 Static，则过程中的局部变量是“Static”型，即在同一次执行的每次调用过程时，局部变量的值保持不变；若省略 Static，则局部变量默认为“自动”型，即在同一次执行的每次调用过程时，局部变量都被初始化。Static 对在本过程之外定义的变量无影响。

② Private：指定本函数过程是私有（函数）过程，表明它只能被本模块中的其他过程所访问，而不能被其他模块中的过程所访问。

③ Public：指定本函数过程是公有（函数）过程，可以被本程序中的任何过程调用。各窗体之间通用的过程一般是在标准模块中用 Public 定义，在窗体层定义的通用过程通常在本窗体模块中使用，若需在其他窗体模块中使用，则需在过程名前加上窗体名作为前缀。

（4）参数列表：包含了在调用时与主调过程之间需要进行数据传递的变量名或数组名。参数列表的格式如下：

[ByVal|ByRef]<变量名>[()][As 类型][,[ByVal|ByRef]<变量名>[()][As 类型]……]

① 参数：可以是简单变量或数组形式，若是数组形式，则在数组名后需有一对空括号。它们是在形式上表明本函数过程与外部过程之间需要传递的参数类型、参数个数、参数次序，并不具体表示某个数据（在定义过程时，并不占有内存空间），是虚拟的，所以称之为“形式参数”、“形参”、“虚拟参数”、“虚参”。

虚参属于局部变量，当本函数过程调用结束时，虚参将被释放。若虚参是以数组形式出现，则此虚参数组不能在本函数过程中定义，它的定义是通过函数过程的调用借助于与它对应的实参数组的定义来完成的。

② ByVal|ByRef：指定本参数（虚参）与对应的调用参数（实参）之间传递方式。若指定 ByVal，则传递方式为按值传递；若指定 ByRef，则传递方式为按址传递。ByRef 是 VB 的默认选项。

③ As 类型：此类型是定义本虚参的类型的。虚参的类型定义与简单变量的类型是相同的，但是虚参不能定义为定长字符串型。虚参类型默认为具有 Variant 数据类型。

（5）过程的定义不允许出现嵌套定义，即不能在一个过程体内再定义另一个过程。

（6）As 类型：函数<过程名>的类型的，即定义本函数值的类型。

（7）过程体：过程体中是实现函数（过程）功能的代码。在函数过程体中，一般是至少需对<过程名>赋值一次，最后一次执行的赋值即是本函数的函数值。若未对<过程名>赋值，或虽然有此赋值语句，但是未执行，那么此函数值为 0 或空串（根据函数的类型确定）。过程体的正常执行结束是在 End Function 上的，若需在过程体执行中，中途结束此函数（过程）的执行（调用），则使用 Exit Function 语句，或将流程转向 End Function 语句。例如：

```
Function BinarySearch(Lower As Integer,Upper As Integer) As Boolean
    …
    If Lower=Upper Then
        BinarySearch=True
        Exit Function
    Else
      BinarySearch=False
```

```
    End If
    …
End Function
```

该例题定义了 BinarySearch 过程，它有两个参数，其返回值为 Boolean，该过程根据所传送给它的实参值返回 True 或 False，返回值赋给函数名 BinarySearch。

【例 8-1】编写一个计算两个数据 x 与 y 的最大公约数（gcd）的函数过程。

程序如下：

```
Function gcd(Byval x as Integer,Byval y As Integer) As Integer
  Do While y<>0
    r=x Mod y
    x=y
    y=r
  Loop
  gcd=x
End Function
```

上述过程通过辗转相除法计算最大公约数，它有两个参数，均采用按值传递，函数值定义为整型。

（8）Exit Function：在函数过程体执行过程中，若需要中途退出函数过程，则可以采用 Exit Function 语句强行结束函数过程的调用。Exit Function 语句往往与条件语句配合使用，用于产生有条件的中途退出的效果。例如，计算 1+2+…+n>=10 000 的最小 n 值：

```
Function jsn(x As Integer) As Integer
   Dim i As Integer, y As Integer
   i = 1
   y = 0
   Do While True
     y = y + i
     If y >= x Then
       jsn = i '将计算结果返回
       Exit Function '中途退出
     End If
     i = i + 1
   Loop
End Function
```

上面是在手工方式下建立过程，也是常用的方式。另外一种方式也可以用来建立子过程，即通过 VB 系统菜单来建立，具体步骤如下。

① 首先让当前工作状态处于子模块代码窗口，在系统菜单“工程”菜单项选择下拉式菜单中的“添加模块”项，在“添加模块”的对话框中选择“新建”页，选中“模块”项，单击“确定”即可进入代码窗口。也可在窗体上直接双击该窗体模块代码窗口。

② 选择系统菜单中的“工具”→“添加过程”，即可打开“添加过程”对话框，如图 8-1 所示。

③ 确定并在“名称（N）”后面输入过程名称，如图 8-1 中的“test”为过程名。

④ 确定过程的类型并在复合框类型中选择单选按钮（共 4 种类型）之一，若创建的过程为以 Sub 开头的自定义子过程，则选择“子程序（S）”；若创建的是以 Function 的函数子过程，则选择“函数（F）”。

⑤ 在复合框“范围”中选择确定所创建的过程是私有的还是公有的。

⑥ 根据实际的需要，确定过程是否为静态的，选择“所有本地变量为静态变量”，则会在过程说明之前加上 Static 说明符，若不选择“所有本地变量为静态变量”，则在过程说明之前无 Static 说明符。

⑦ 单击“确定”，即可返回到模块窗口，并将过程的框架根据上述选择构造完毕，将录入光标定位在过程内的第一行，如图 8-2 所示。此时即可 Function… End Function 之间设计程序了。

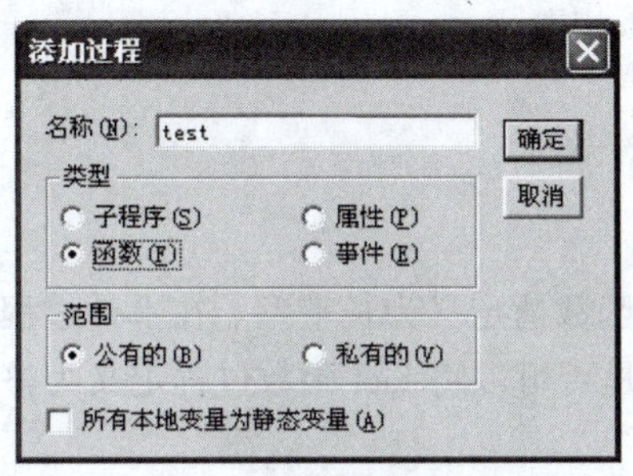


图 8-1　添加过程对话框

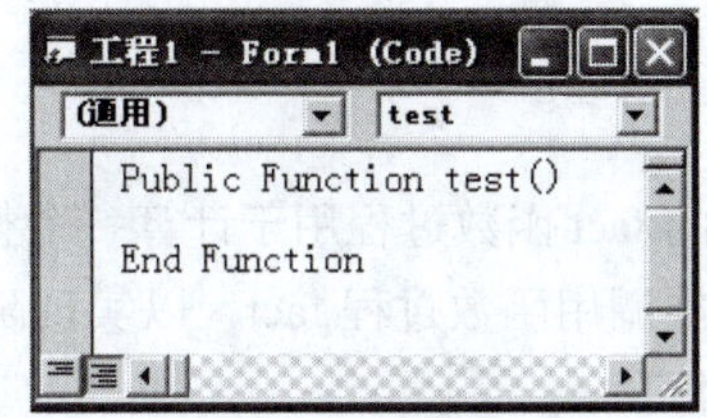


图 8-2　模块代码窗口

若过程需要有参数时，用户可在过程名后的括号中添加虚参及相关的类型说明即可。

### 8.2.2　Function 过程的调用

Function 过程的调用比较简单，它可以像使用 VB 的内部函数一样来调用 Function 过程。实际上，Function 过程就是一个函数，它与内部函数并无什么区别，只不过内部函数由系统提供，而 Function 过程是由用户根据需要由自己定义的。

在前面编写定义了计算两个数的最大公约数 gcd 函数过程，该函数的类型定义 Integer，它有两个虚参，在调用时应提供相应的两个实参。

```
Sub Form_Click()
    Dim a As Integer,b As Integer
    a=24 : b=16
    m=gcd(a,b)
    Print a;" 与 ";b; " 的最大公约数为: ";m
End Sub
```

在上面的事件过程中的 m = gcd(x，y) 即是调用 gcd 函数的语句，它与调用一个内部函数并无两样。调用时的实参分别为 24 与 16，调用后的函数返回值放入变量 m 中，程序的输出结果为 8。

【例 8-2】设计求任意整数 n 的阶乘的函数，并计算从 3 ～ 9 的阶乘之和。

程序如下：

```
Private Sub Form_Load()
  Show
```

```
    Dim i As Integer, sum As Long
    For i = 3 To 9
      sum = sum + fact(i)
    Next i
    Print "阶乘之和为: "; sum
End Sub
Function fact(x As Integer) As Long
    Dim p As Long, i As Integer
    p = 1
    For i = 1 To x
      p = p * i
    Next i
    fact = p
End Function
```

上面的 fact 函数过程用于计算一个整数的阶乘，函数值定义为长整型。在事件过程中利用循环实现多次调用函数过程 fact，以实现阶乘的累加。是否可以将 fact 函数过程定义为整型？请大家仔细分析。

【例 8-3】从键盘上输入任意一个数据，计算输出该数的平方根。

采用内部函数 Sqr 函数是可以得到数据的平方根，但是若该数为负数，因其结果是一个虚数，所以需要用户自己编写一个过程来解决问题。

程序如下：

```
Private Sub Form_Click()
    Dim msg, sqrn
    Dim n As Double
    n = InputBox("请输入一个数据: ")
    msg = n & "的平方根"
    sqrn = squareroot(n)
    Select Case sqrn
      Case 0
        msg = msg & "是0"
      Case 1
        msg = msg & "是" & Sqr(n)
      Case -1
        msg = msg & "是" & Sqr(-n) & "i"
    End Select
    MsgBox msg
End Sub
Function squareroot(x As Double) As Double
    Select Case Sgn(x)
      Case 1
        squareroot = 1
      Case 0
        squareroot = 0
      Case -1
```

```
        squareroot = -1
    End Select
End Function
```

# 8.3　Sub 过程

在 VB 中，Sub 过程有两类：事件过程和通用过程。

## 8.3.1　事件过程和通用过程

### 1. 事件过程

当用户对一个对象发出一个动作时，就会产生一个事件，然后自动调用与该事件相关的事件过程。事件过程是在响应事件时执行的代码段。事件过程一般是由 VB 创建的，用户不能增加或删除。默认情况下，事件过程是私有的。

事件过程的命名规则如下。

（1）控件事件的过程名是由控件的实际名字（由 Name 属性确定）、下划线和事件名组合构成。例如，若希望在单击了一个名为 cmdPlay 的命令按钮后，这个按钮会调用单击事件过程，则使用 cmdPlay_Click 过程名。

（2）窗体事件的过程名由单词“Form”、下划线和事件名组合构成。例如，若希望在单击窗体后窗体会调用单击事件，则使用 Form_Click 过程名。

（3）MDI 窗体的事件过程名有“MDIForm”、下划线和事件名组合构成，如 MDIForm_Load。

控件事件的格式：

```
Private Sub <控件名>_<事件名>([<虚参表>])
    [<语句组>]
End Sub
```

窗体事件的格式：

```
Private Sub Form_<事件名>([<虚参表>])
    [<语句组>]
End Sub
```

虽然用户可以输入首行的事件过程名，但是使用模板会更方便，模板会自动将正确的过程名包括进来。具体做法是：从“对象”列表框中选择一个对象，从“过程”列表框中选择一个过程，系统就会“在代码编辑器”窗口中生成该对象所选事件的过程模板，如图 8-3 所示。

事件过程名是由 VB 自动给出的，如 Form_Click。因此，在为新控件或对象编写事件代码之前，应先设置它的 Name 属性。如果编写代码后再改变控件或对象 Name 属性，也就必须同时更改事件过程的名字，否则控件或对象就会失去与代码的联系，此时就会将把它当作一个通用过程来处理。

图 8-3　“代码编辑器”窗口

### 2. 通用过程

通用过程是指必须由其他过程显式调用的代码块，通用过程由用户创建。在一个过程中，通用过程可以被其他过程调用，这样就可以提高代码的利用率。通用过程又分为子过程和函数过程。

### 8.3.2 Sub 过程的定义

#### 1. Sub 过程定义的格式

```
Private | Public | Static] Sub <过程名>([<虚参表>])
    [<语句组>]  ┐
    [Exit Sub]  ├过程体
    [<语句组>]  ┘
End Sub
```

#### 2. 说明

（1）通用过程通常完成一个特定的任务，它不与任何特定的事件相联系，只能由其他的过程来调用，它还可以存储在窗体模块或标准模块中。

（2）可以将子过程放入标准模块、类模块和窗体模块中。默认规定所有模块中的子过程为Public（公用的），这意味着在应用程序中可以随处调用它们；若选用Private（局部），则只有该过程所在模块中的程序才能调用该过程。

（3）若选用Static（静态），则该过程中的所有局部变量的存储空间只分配一次，且这些变量的值在整个程序运行期间都是存在的，即在程序运行期间的每次调用该过程时，各局部变量的值一直存在；若省略Static，过程每次被调用时将重新为其变量分配存储空间，当该过程结束时释放其变量的存储空间。

（4）<过程名>：命名规则与变量名的命名规则相同。一个程序中，过程名应具有唯一性。过程名在此仅仅表示本Sub过程的名字而已（它不像函数过程名），不与数据发生联系，因此在过程头部，不能定义Sub过程名的数据类型，在Sub过程体中，也不能对Sub过程名进行赋值。

（5）<语句组>：程序代码。

（6）<虚参表>：与函数过程相同。

（7）Exit Sub：在Sub过程体执行过程中，若需要中途退出Sub过程，则可以采用Exit Sub语句强行结束Sub过程的调用。Exit Sub语句往往与条件语句配合使用，用于产生有条件的中途退出的效果。

（8）Sub过程的定义不允许出现嵌套定义，即不能在一个过程体内再定义另一个过程。

例如：

```
Sub tryout(x As Integer,ByVal y As Integer)
    x=x+1
    y=y*2
    Print x,y
End Sub
```

此过程中有两个虚参，第一个虚参x采用默认的按址传递方式，第二个虚参y采用按值传递方式。

（9）过程可以有参数，也可以没有任何参数。没有参数的过程称为无参过程。例如：

```
Sub ContinueQuery()
    Do
     R$=InputBox("Continue(Y or N)? ")
     If R$="N" Or R$="n" Then End
     If R$="Y" Or R$="y" Then Exit Do
    Loop
End Sub
```

上述过程没有参数，当调用该过程时，将询问用户是否继续某种操作，回答“Y”继续，回答“N”则结束程序。对于无参过程，调用时只需提供过程名即可。

### 8.3.3 Sub 过程的调用

子过程定义完成之后，要使用这些子过程就必须调用它，也就是说要执行这些子过程，也只有这样才能使子过程启动，而执行子过程的调用有两种格式：一种是将过程的名字放在一个 Call 语句中，另一种是将过程名作为一个语句来使用。

**1. 用 Call 语句调用 Sub 过程**

格式：Call <过程名>[(实际参数表)]

功能：将程序控制传送到 VB 的 Sub 过程。

**说明：**

（1）“实际参数”也称为实参，应该在数量、类型、位置上与虚参保持一致。

（2）实参可以是与虚参同类型的常量、变量、数组元素、表达式。

（3）当参数是数组时，虚参与实参在参数说明时应省略其维数，但括号不可省。

（4）若过程本身没有参数，则“实参”和括号可以省略；否则应给出相应的实参，并将参数放在括号中。例如：

```
Call Tryour(a,b)
```

**2. 将过程名作为一个语句来使用**

格式：<子过程名> [实参表]

**说明：**

（1）<子过程名>与实参表之间必须以空格隔开。

（2）[实参表]不能用括号括起来。

例如：

```
Tryour a,b
```

不能写成：

```
Tryour (a,b) 或 Tryour,a,b
```

**【例 8-4】**编写一个计算矩形面积的 Sub 过程，然后调用该过程。

程序代码如下：

```
Private Sub Form_Click()
    Dim a, b
      a = InputBox("What is the length?")
      b = InputBox("What is the width?")
      recarea a, b
End Sub
Sub recarea(rlen, rwid)
    Dim area
    area = rlen * rwid
    MsgBox "Total area is " & area
End Sub
```

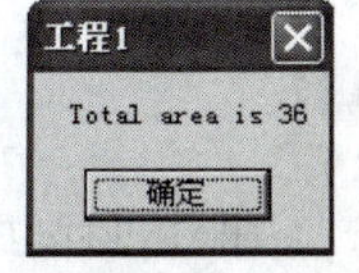

图 8-4 运行结果

若提供矩形的长和宽分别为 12 和 3，执行结果如图 8-4 所示。

Sub 过程 recarea 用来计算并输出矩形的面积，它有两个虚参，分别为矩形的长和宽。在 Form_Click 事件过程中，从键盘输入矩形的长和宽，并用它们作为实参调用 recarea 过程。在该例中，使用的是第二种方法 Sub 过程。

【例 8-5】定义一个打印由任意符号组成的三角形。

程序代码如下：

```
Private Sub Form_Click()
    Dim char As String * 1, m As Integer
    char = InputBox("请输入一个任意字符：")
    m = InputBox("请输入一个正整数：")
    Call triangle(char, m)
End Sub
Sub triangle(str As String, n As Integer)
    Dim i As Integer, j As Integer
    For i = 1 To n
      Print Tab(5);
      For j = 1 To i
        Print str;
      Next j
      Print
    Next i
End Sub
```

若提供的字符为“$”，正整数为 5，执行结果如图 8-5 所示。

```
Form1
$
$$
$$$
$$$$
$$$$$
```

图 8-5 运行结果

调用这个子过程时，如果对应于虚参 str 的实参是一个字符时，则在窗体上输出一个由该字符组成的 m 行的直角三角形图案。

【例 8-6】将例 8-5 中的函数改为无参函数。

程序代码如下：

```
Private Sub Form_Click()
    Call triangle
End Sub
Sub triangle()
    Dim char As String * 1, m As Integer
    Dim i As Integer, j As Integer
    char = InputBox("请输入一个任意字符：")
    m = InputBox("请输入一个正整数：")
    For i = 1 To m
      Print Tab(5);
      For j = 1 To i
        Print char;
      Next j
      Print
    Next i
End Sub
```

事件过程也是 Sub 过程，但它是一种特殊 Sub 过程。它是附加在窗体和控件上的。在大多数情况下，通常是在事件过程中调用通用过程。实际上，由于事件过程也是过程，因此也可以被其他过程调用（包括事件过程和通用过程）。

通用过程可以放在标准模块中，也可以放在窗体模块中，而事件过程只能放在窗体模块中，不同的模块中的过程（包括事件过程和通用过程）可以相互调用，当过程名唯一时，可以直接通过过程名调用；若多个模块中含有同名的过程，则在调用时必须指明调用的是哪个模块中的过程。其一般调用的格式如下：

<模块名>. <过程名>[（参数表）]

一般来说，通用过程（包括 Sub 过程、Function 过程）之间、事件过程之间、通用过程与事件过程之间，都是可以相互调用的。

# 8.4 参数传递

在调用过程时，过程参数使用的实参要与定义过程时的虚参一一对应，并以适当的形式将实参传递给虚参，以供过程使用，这就称为“参数传递”或“虚实结合”。虚参是在 Sub、Function 过程的定义中出现的参数（以变量及数组的形式出现），实参是在调用 Sub 或 Function 过程时传递给 Sub 或 Function 过程的常量、变量、表达式或数组。传递参数时，虚参与对应的实参名称可以相同，也可以不相同，他们是两个不同的变量。在 VB 中，可以通过两种方式来传递参数，即按址传递和按值传递。

## 8.4.1 按址传递与按值传递

### 1．按址传递

VB 默认的传递方式是按址传递。所谓的按址传递，实际上是当调用一个过程时，将实参变量的内存地址传递给被调用过程中相对应的虚参，即虚参与实参使用相同的内存地址单元（或虚参与相对应的实参共享同一个存储单元），这样就可以通过改变虚参数据，从而达到同时改变实参数据的目的。

采用按址传递方式时，实参必须是变量或数组，而不能是常量或表达式。

【例 8-7】按址调用。

程序代码如下：

```
Private Sub Command1_Click()
    Dim a As String
    a = "调用前的值"
    Print "a is "; a          '调用前的 a 值
    Call yeschange(a)         'a 的值在过程内的改变会影响实参 a 的值
    Print "a is "; a          '调用后 a 的值与原来不相同
End Sub
Sub yeschange(a As String)
    a = a & "有了改变"         '虚参变化将影响实参
    Print "a is "; a          '打印变化后的虚参
End Sub
```

运行的结果如图 8-6 所示。

实参变量 a 在调用之前为“调用前的值”，即图 8-6 中的第一行输出信息；当调用过程 yeschange 时，实参 a 与虚参 a 共享同一个存储单元，即虚参 a 的值也为“调用前的值”，在 yeschange 过程体中，虚参 a 的值改变为“调用前的值有了改变”，因此在 yeschange 过程体中的输出即是图 8-6 的第二行信息，也就是改变了实参 a 的值，即实参 a 的值也为“调用前的值有了改变”；当 yeschange 过程的调用结束时，虚参 a 被释放，但是它在过程体中的改变已经造成了相对应实参 a 的变化，所以当流程控制返回到事件过程时，实参 a 将虚参 a 的修改结果带了回来，即图 8-6 的第三行信息。

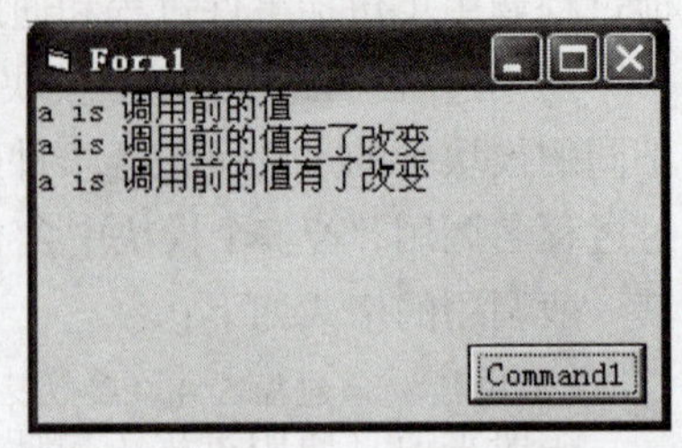


图 8-6　运行结果

在程序设计过程中，用户可以利用按址传递的特点，以达到从被调过程中将所需要的结果带回主调程序。

**【例 8-8】**计算 1 + 2 + … + 100 的结果。

程序代码如下：

```
Private Sub Form_Click()
  Dim s As Long
  Call sum(s)
  Print "s="; s
End Sub
Sub sum(v As Long)
  v = 0
  For i = 1 To 100
   v = v + i
  Next i
End Sub
```

运行结果如图 8-7 所示。在被调过程 sum 中，计算的结果放在虚参 v 中，通过按址传递方式，将结果 v 的值传递给实参 s。

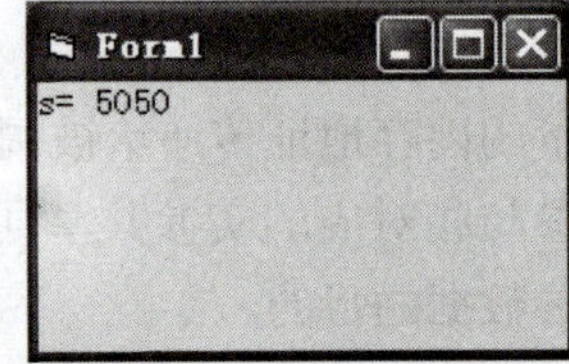


图 8-7　运行结果

当然例 8-8 也可以采用函数过程解决。

**【例 8-9】**利用函数过程计算 1+2+…+100。

程序代码如下：

```
Private Sub Form_Click()
  Dim n As Integer, s As Long
  n = InputBox("请输入一个大于 1 的整数：")
  s = sum(n)
  Print "s="; s
End Sub
Function sum(m As Integer) As Long
  Dim v As Long
  For i = 1 To m
   v = v + i
  Next i
  sum = v
End Function
```

运行结果如图 8-7 所示。

如果需要通过子过程计算两个以上的结果时，一般情况下采用 Sub 过程来处理问题，将需要带回的结果以虚参的形式处理，然后通过虚实结合来从被调过程中带回所需的结果；若只需要计算一个结果时，一般采用 Function 过程来处理问题。

【例 8-10】找出从 1+2，再加 3，…，直到加 100 的过程中，使得累加和第一次超过 3000 的加数是多少，并求出此时的累加和。

程序代码如下：

```
Private Sub Form_Click()
    Dim s As Long, m As Integer
    Call sum(s, m)
    Print "这个加数是：" ; m, "和是：" ; s
End Sub
Sub sum(sum As Long, n As Integer)
    sum = 0
    For i = 1 To 100
      sum = sum + i
      If sum > 3000 Then Exit For
    Next i
    n = i
End Sub
```

运行结果如图 8-8 所示。

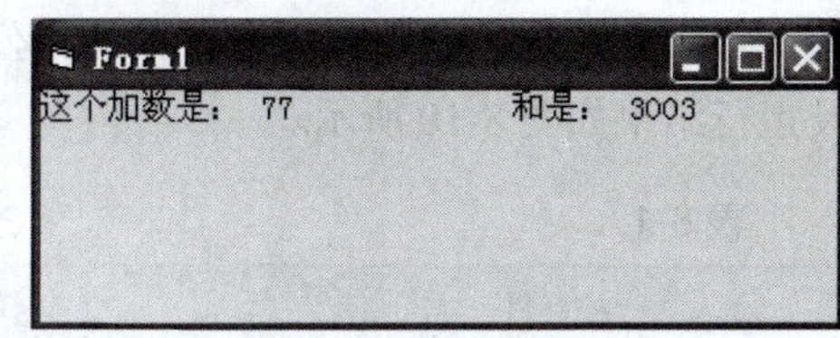

图 8-8　运行结果

从本例中看到，合理的使用虚实结合可以得到多个计算结果。

### 2. 按值传递

按值传递是指传递的是参数值，将实参的值复制给相对应的虚参，而不是传递它的地址。由于通用过程不能访问实参的内存地址，因而在通用过程中对虚参的任何修改操作都不会影响到相对应的实参。

- 若实参为常量、表达式时，则虚参与实参采用按值传递方式。
- 若实参为变量，而与之对应的虚参采用 ByVal 限定，则虚参与实参采用按值传递。

因为按值传递方式在过程体内对虚参的改变不会影响实参，所以按值传递方式可增加程序的可靠性，便于程序的调试，也可减少各过程单元之间的关联。

【例 8-11】按址调用。

程序代码如下：

```
Private Sub Command1_Click()
    Dim a As String
    a = "调用前的值"
    Print "a is "; a          '调用前的 a 值
    Call yeschange(a)         'a 的值在过程内的改变不会影响实参 a 的值
    Print "a is "; a          '调用后 a 的值与原来相同
End Sub
Sub yeschange(ByVal a As String)
```

```
    a = a & "有了改变"        '虚参变化不会影响实参
    Print "a is "; a          '打印变化后的虚参
End Sub
```

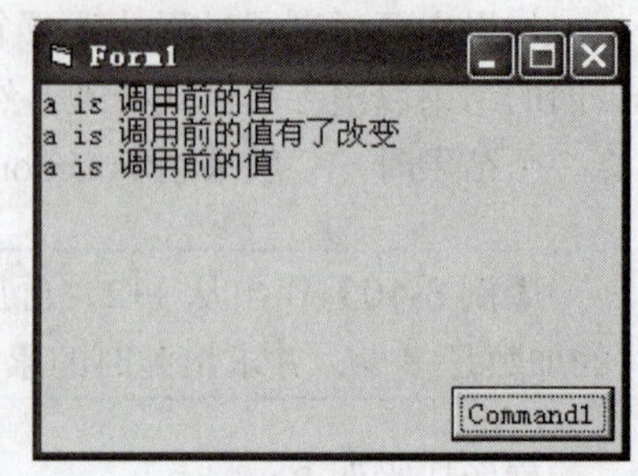


图 8-9　运行结果

运行结果如图 8-9 所示。

实参变 a 在调用之前为“调用前的值”，即图 8-9 中的第一行输出信息；当调用过程 yeschange 时，实参 a 的值被传递给虚参 a，即虚参 a 的值也为“调用前的值”，在 yeschange 过程体中，虚参 a 的值改变为“调用前的值有了改变”，因此在 yeschange 过程体中的输出即是图 8-9 的第二行信息，但是未改变实参 a 的值，即实参 a 的值仍为“调用前的值”；当 yeschange 过程的调用结束时，虚参 a 被释放，所以当流程控制返回到事件过程时，实参 a 仍然是原来的值，即“调用前的值”，也即图 8-9 的第三行信息。

若实参为变量，而与之对应的虚参无 ByVal 限定，那么在主调过程中实参可用下列方式解决：将实参改为“( 实参 )”、“实参 +0”、“实参 *1”等。

如例 8-11 程序代码中的 Call yeschange(a) 改为 Call yeschange((a)) 或 Call yeschange(a+0) 或 Call yeschange(a*1)。

【例 8-12】计算任意两个正整数的最大公约数及最小公倍数。

该例界面由一个 Command1 按钮、两个文本框、四个标签组成。两个文本框用于输入给定的两个数据，命令按钮用于触发计算最大公约数的过程，控件及属性设置如表 8-1 所示，设计界面及运行结果如图 8-10 所示。

表 8-1　　控件属性表

| 控 件 名 | 属 性 名 | 属 性 值 |
|---|---|---|
| Command1 | Caption | 求最大公约数及最小公倍数 |
| Text1 | Text | 空 |
| Text2 | Text | 空 |
| Label1 | Cattion | 请输入第一个数据 |
| Label2 | Cattion | 请输入第二个数据 |
| Label3 | Caption | 最大公约数为： |
| Label4 | Caption | 最小公倍数为： |

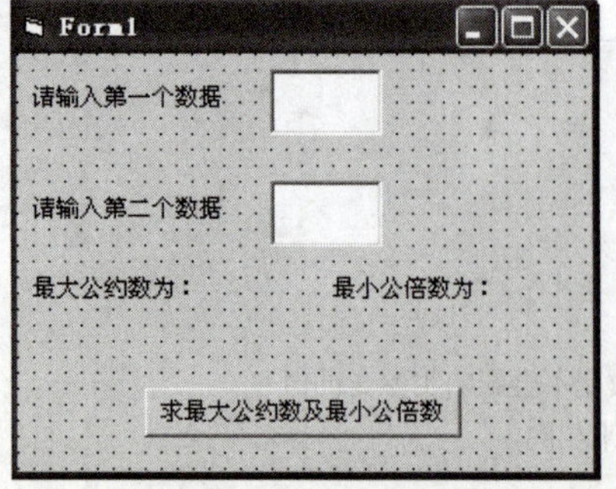


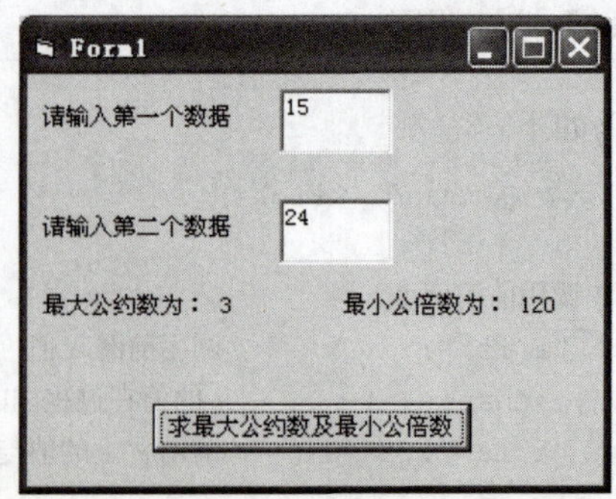


图 8-10　设计界面（左图）及运行界面（右图）

程序代码如下：

```
Private Sub Command1_Click()
    Dim a As Integer, b As Integer, x As Integer, k As Integer
    a = Val(Text1.Text)
    b = Val(Text2.Text)
    If a < b Then
      x = a: a = b: b = x
    End If
    k = gcd(a, b)
    Label3.Caption = Label3.Caption & Str(k)
    Label4.Caption = Label4.Caption & Str(a * b / k)
End Sub
Function gcd(ByVal x As Integer, ByVal y As Integer) As Integer
    Dim r As Integer
    Do While y <> 0
      r = x Mod y
      x = y
      y = r
    Loop
    gcd = x
End Function
```

其中 gcd 函数用来求最大公约数，而事件过程 Command1_Click 则调用 gcd 函数，最小公倍数的计算在事件过程中计算。

如果在函数过程 gcd 中定义的虚参不限定为按值传递，那么虚参 x 和 y 在过程体中的变化将引起主调过程 Command1_Click 中实参 a 和 b 也发生变化，从而造成在计算最小公倍数时的 a 与 b 不再是原始的数据，进而得到错误的结果。所以为了保证实参数据在调用前后的不变，应采用按值传递。

### 8.4.2 数组参数的传递

在 VB 中允许参数为数组，数组只能是通过按址传递方式进行。例如，假设定义如下过程：

```
Sub s(a(),b())
  ......
End sub
```

此过程有两个虚参，这两个虚参为数组。在用数组作为过程的参数时，应在数组名的后面加一对空括号，以避免与普通变量相混淆。在调用此过程时需采用如下方式：

```
Call s(x(),y())
```

将实参数组 x 和 y 传递给过程中的虚参数组 a 和 b。当使用数组作为过程的参数时，使用的是“按址传递”方式，即将数组 x 的起始地址传给过程，使虚参数组 a 也具有与 x 数组相同的起始地址。因此在执行该过程期间，x 与 a 同占一段内存单元，x 数组中的值与 a 数组共享，如 x(1) 的值就是 a(1) 的值。如果在过程改变了 a 数组的值，例如：

```
a(3)=18
```

则在执行完过程后，主调过程中数组 x 中的数组元素 x(4) 的值也变成 18 了。也就是说，用数组作为过程的参数时，虚参数组中各元素的改变都将被带回到实参数组。在传递数组时需注意以下事项。

- 在实参列表与虚参列表中的数组只能出现数组名及括号，不能出现数组的维数定义。
- 在过程体中不能对虚参数组进行定义，被调过程中虚参数组的下标上下界可 Lbound 和 Ubound 函数确定。

```
Sub changearray(min As Integer,max As Integer,p() As Integer)
  min=p(Lbound(p)) :  max=p(Lbound(p))
  For i=Lbound(p)+1 To Ubound(p)
    If p(i)<min Then
    min=p(i)
    ElseIf p(i)>max Then
    max=p(i)
    EndIf
  Next i
End Sub
```

【例 8-13】求任意个数据中的最大值。

程序代码如下：

```
Private Sub Command1_Click()
    Dim n As Integer, a() As Integer, max As Integer
    Text1.Text = ""
    n = InputBox("请输入数据的个数：")
    ReDim a(1 To n)
    For i = 1 To n
      a(i) = Int(Rnd * 100)
      Text1.Text = Text1.Text & Space(2) & a(i)
    Next i
    Call mmax(a(), max)
    Text2.Text = max
End Sub
Sub mmax(x() As Integer, m As Integer)
    m = x(LBound(x))
    For i = LBound(x) + 1 To UBound(x)
      If x(i) > m Then m = x(i)
    Next i
End Sub
```

运行结果如图 8-11 所示。

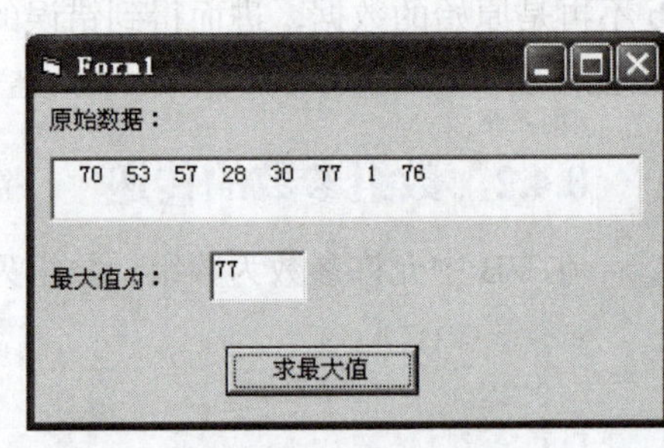


图 8-11 运行结果

【例 8-14】求一个 $n \times n$ 方阵所有元素之和及主对角线元素之积。

利用随机函数产生一个 $n \times n$ 方阵 $a$，然后将方阵 $a$ 作为参数传递给 Sub 过程，在 Sub 过程内进行计算。

程序代码如下：

```
Dim a() As Integer
Private Sub Command1_Click()
    Dim i As Integer, j As Integer, n As Integer
    n = InputBox("请输入方阵的阶数：")
    ReDim a(n, n)
```

```
    Cls
    Print "方阵为："
    For i = 1 To n
      Print Tab(3);
      For j = 1 To n
        a(i, j) = Int(Rnd * 100)
        Print a(i, j); Space(2);
        If a(i, j) < 10 Then Print Space(1);
      Next j
      Print
    Next i
End Sub
Private Sub Command2_Click()
    Dim s As Long, t As Single
    Call suma(a(), s, t)
    Print "所有元素之和为："; s
    Print "主对角线元素之积为："; t
End Sub
Sub suma(b() As Integer, sum As Long, t As Single)
    Dim i As Integer, j As Integer
    sum = 0: t = 1
    For i = 1 To UBound(b())
      For j = 1 To UBound(b())
        sum = sum + b(i, j)
      Next j
      t = t * b(i, i)
    Next i
End Sub
```

运行结果如图 8-12 所示。

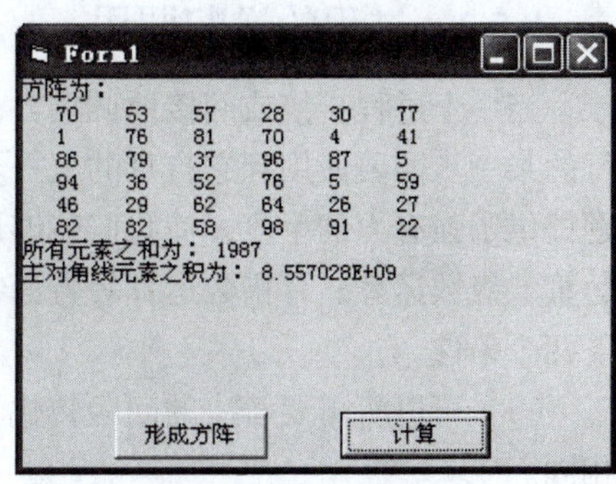


图 8-12 运行结果

# 8.5 过程的嵌套与递归调用

过程的定义不允许嵌套，但是过程的调用允许嵌套调用和递归调用。

## 8.5.1 过程的嵌套调用

在一个过程中调用另外一个过程，称之为过程的嵌套调用。

【例 8-15】计算组合数$c_n^m = \dfrac{n!}{m!(n-m)!}$

程序代码如下：

```
Private Sub Form_Click()
    Dim m As Integer, n As Integer
    m = InputBox("请输入 m 的值：")
    n = InputBox("请输入 n 的值：")
    If m > n Then
```

```
        MsgBox "输入的数据错误! ", 0, "请检查错误"
        End
      End If
      Print "组合数是: "; calcomb(n, m)
  End Sub
  Private Function calcomb(n, m)
      calcomb = jc(n) / (jc(m) * jc(n - m))
  End Function
  Private Function jc(x)
      t = 1
      For i = 1 To x
        t = t * i
      Next i
      jc = t
  End Function
```

在上述程序中采用了过程的嵌套调用方式。在事件过程中调用 calcomb 过程，在 calcomb 过程中 3 次调用了 jc 过程，从而形成嵌套。

### 8.5.2 过程的递归调用

当一个过程直接或间接地调用自己，就称之为过程的递归调用。在递归调用中，一个过程执行的某一步需要使用到它自身的上一步（或上几步）的结果。递归调用为求解具有递归结构的问题提供了强有力的手段，使我们能够用有限的语句来描述一个无限的集合。递归调用在处理阶乘运算、级数运算、幂指数运算等方面特别有效。采用递归调用的方法来解决问题时，必须符合以下两个条件。

（1）可以将需要解决的问题转化为一个新的问题，而这个新的问题的解决方法与原来的解法相同。

（2）有一个明确的结束递归的条件（终止条件），否则过程将会永远“递归”下去。

【例 8-16】采用递归方法计算 $n!$。

计算 $n!$ 的公式为：

$$n!=\begin{cases}1 & n=1\\ n\times(n-1)! & n>1\end{cases}$$

在此递归算法中，终止条件是 $n=1$。

程序代码如下：

```
Private Sub Form_Click()
    Dim n As Integer, m As Double
    n = InputBox("输入一个 1～15 之间的整数")
    If n < 1 Or n > 15 Then
      MsgBox "数据错误! ", 0, "请检查数据"
      End
    End If
    m = fac(n)
    Print n; "!="; m
End Sub
```

```
Private Function fac(n) As Double
  If n > 1 Then
    fac = n * fac(n - 1)  '递归调用
  Else
    fac = 1               'n=1 时，结束递归
  End If
End Function
```

说明

当 n > 1 时，在 fac 过程中调用 fac；然后 n 减 1，再次调用 fac 过程；这种操作一直持续到 n = 1 为止，而 fac(1) 为 1，递归结束。以后逐层返回，递推出 fac(2) 及 fac(3) 的值。需要注意的是，某次调用 fac 过程时并不能立即得到 fac(n) 的值，而是一次又一次地进行递归调用，直到 fac(1) 时才有确定的值，然后通过过程在逐层返回中依次计算出 fac(2)、fac(3) 的值。

**【例 8-17】** 利用递归调用输出 Fibonacci 数列。

Fibonacci 数列形成的规律为：

$$fibonacci=\begin{cases}1 & n=1\\ 1 & n=2\\ fibonacci(n-1)+fibonacci(n-2) & n>2\end{cases}$$

程序代码如下：

```
Private Sub Form_Click()
  Cls
  n = InputBox("请输入一个正整数：", "Fibonacci 数列")
  For x = 1 To n
    Print fibonacci(x); Space(2);
    If x Mod 8 = 0 Then Print
  Next x
  Print
End Sub
Private Function fibonacci(n)
    If n = 1 Or n = 2 Then
      fibonacci = 1
    Else
      fibonacci = fibonacci(n - 1) + fibonacci(n - 2)
    End If
End Function
```

利用递归算法能简单有效地解决一些特殊问题，但是由于递归调用过程比较繁琐，所以执行效率很低，在选择递归是要慎重。

# 8.6　模　　块

在建立 VB 的应用程序时，应该首先设计代码结构。VB 将代码存储在中不同的模块中：窗体模块、标准模块和类模块。

在这 3 种模块中都可以含有声明（常量、变量、动态链接库 DLL 的声明）和过程（Sub、Function、Property 过程）。它们形成了工程的一种模块层次结构，可以较好地组织工程以便于代码的维护，如图 8-13 所示。

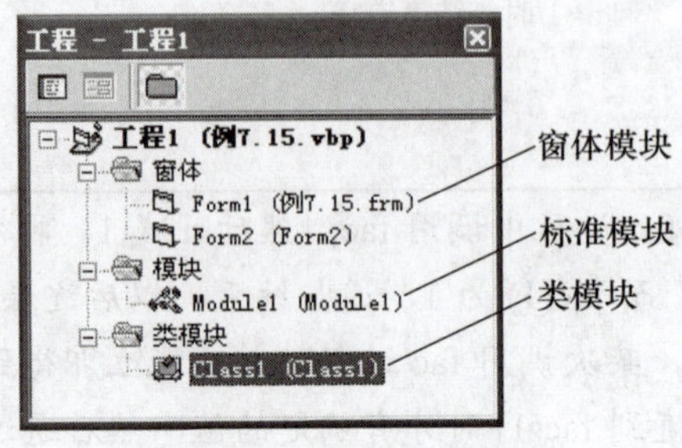


图 8-13　工程中的模块

## 8.6.1　窗体模块

每个窗体对应一个窗体模块，窗体模块包含：窗体及其控件的属性设置、窗体变量的说明、事件过程、窗体内的通用过程、外部过程的窗体级声明。

窗体模块保存在扩展名为 .frm 的文件中。默认时应用程序中只包含一个窗体，因此有一个以 .frm 为扩展名的窗体模块文件。如果应用程序有多个窗体，则会有多个以 .frm 为扩展名的窗体模块文件。

若需要在文本编辑器中观察窗体模块，则还会看到窗体及其控件的描述，包括它们的属性的设置值，如图 8-14 所示。窗体模块中也可以引用该应用程序内的其他窗体或对象。

添加新窗体的步骤为：从“工程”菜单中执行“添加窗体”命令，则打开“添加窗体”对话框中的“新建”选项卡，如图 8-15 所示。在该对话框中双击需添加的窗体类型，新建的窗体就会出现在工程窗口中。

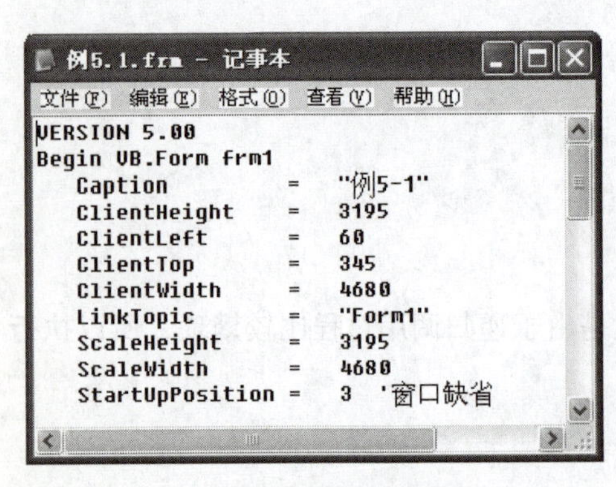


```
VERSION 5.00
Begin VB.Form frm1
   Caption         =   "例5-1"
   ClientHeight    =   3195
   ClientLeft      =   60
   ClientTop       =   345
   ClientWidth     =   4680
   LinkTopic       =   "Form1"
   ScaleHeight     =   3195
   ScaleWidth      =   4680
   StartUpPosition =   3  '窗口缺省
```

图 8-14　查看窗体模块的内容

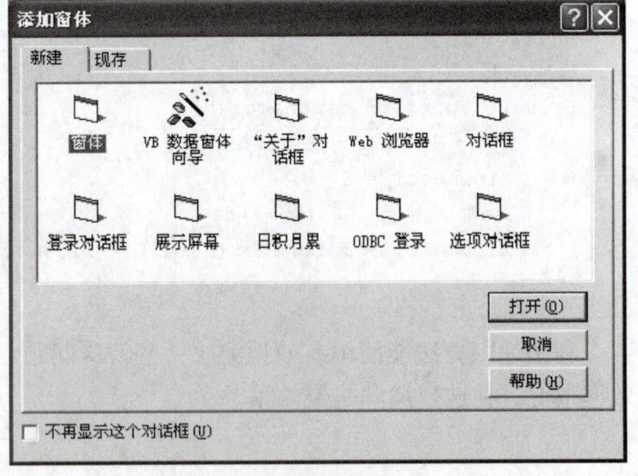


图 8-15　“添加窗体”对话框中的新建“选项卡”

虽然 ActiveX 文档、ActiveX 控件等是具有不同扩展名的新模块类型，但是从编程的角度来讲，这些模块仍然可视为窗体模块。

### 8.6.2　标准模块

简单的应用程序通常只有一个窗体，这时所有的代码都存放在该窗体模块中。而当应用程序庞大而复杂时，就需要多个窗体。在多个窗体结构的应用程序中，有些程序员创建的通用过程需要在多个不同的窗体中，为了不在每个需要调用该通用过程的窗体重复输入代码，就需要创建标准模块，标准模块包含公共代码的过程。

标准模块保存在扩展名为 .bas 的文件中，默认时应用程序中不包含标准模块。标准模块可包含公共或模块级的变量、常量、类型、外部过程和全局过程的全局声明或模块级声明。默认时，标准模块中的代码不必绑定在特定的应用程序上，在许多不同的应用程序中可以重用标准模块。在标准模块中可以存储通用过程，但是不能存储事件过程。

在工程中添加标准模块的步骤与添加窗体模块的步骤大致相同，只是在“工程”菜单中执行“添加模块”命令。

注意

在一个模块中调用另一个模块的公有通用过程时，需在过程名前加模块名。例如需在模块 Module1 中调用模块 Module2 中的公有通用过程 Procedure1，应采用下列方法：

```
Module2.Procedure1
```

### 8.6.3　类模块

在 VB 中，类模块（文件扩展名 .cls）是面向对象编程的基础。程序员可在类模块中编写代码建立新对象，这些新对象可包含自定义的属性和方法，可在应用程序内的过程中使用。实际上，窗体本身正是这样的一种类模块，在其上可安置控件、可显示窗体窗口。

类模块与标准模块的不同之处在于：标准模块仅仅含有代码，而类模块既含有代码又含有数据。

## 8.7　过程与变量的作用域

一般 VB 应用程序的构成可用图 8-16 描述。VB 的应用程序由若干个过程组成，变量在过程中是必不可少的。一个变量、过程随着所处的位置不同，可以被访问的范围也就不同。变量、过程可以被访问的范围称为变量、过程的作用域。

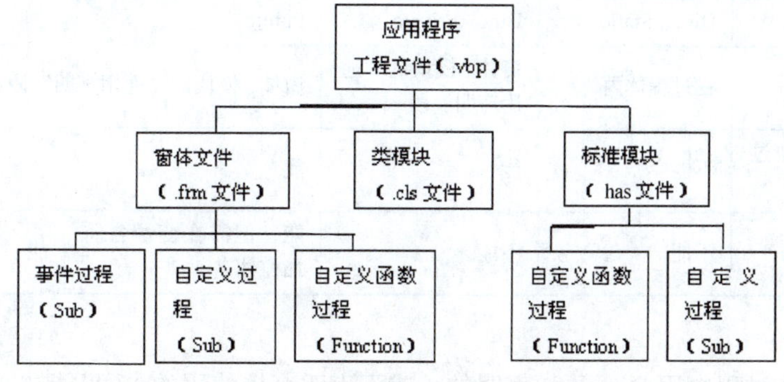


图 8-16　VB 应用程序的构成

### 8.7.1 过程的作用域

过程的作用域分为：窗体 / 模块级和全局级。

**1. 窗体 / 模块级**

窗体 / 模块级指在某个窗体或标准模块内定义的过程，定义的子过程或函数过程前加有 Private 关键字，此过程只能被本窗体（在本窗体内定义）或本标准模块（在本标准模块内定义）中的过程调用。

**2. 全局级**

全局级指在窗体或标准模块中定义的过程，其默认是全局级的，也可加 Public 进行说明。全局级过程可供该应用程序的所有窗体及所有标准模块中的过程调用，但是根据过程所处的位置不同，其调用的方式有所区别。

（1）在窗体定义的过程：外部过程需要调用时，必须在过程名前加该过程所处的窗体名。

（2）在标准模块定义的过程：外部过程均可调用，但是过程名必须唯一，否则需要在过程名前加标准模块名。有关规则见表 8-2。

表 8-2　　不同作用范围的两种过程定义及调用规则

| 作用范围 | 模块级 | | 全局级 | |
|---|---|---|---|---|
| | 窗体 | 标准模块 | 窗体 | 标准模块 |
| 定义方式 | 过程名前加 Private | | 过程名前加 Public 或默认 | |
| 能否被本模块其他过程调用 | 能 | 能 | 能 | 能 |
| 能否被本应用程序其他模块调用 | 不能 | 不能 | 能，但须在过程名前加窗体名 | 能，但过程名须唯一，否则需加标准模块名 |

### 8.7.2 变量的作用域

变量的作用域决定了哪些子过程和函数过程可以访问该变量。变量的作用域分为：局部变量、窗体 / 模块级变量和全局变量。表 8-3 列出了这三种变量作用范围及使用规则。

表 8-3　　不同作用范围的三种变量声明及使用规则

| 作用范围 | 局部变量 | 窗体 / 模块级变量 | 全局变量 | |
|---|---|---|---|---|
| | | | 窗体 | 标准模块 |
| 声明方式 | Dim、Static | Dim、Private | Public | |
| 声明位置 | 在过程体内 | 窗体 / 模块的“通用声明”段 | 窗体 / 模块的“通用声明”段 | |
| 能否被本模块的其他过程存取 | 不能 | 能 | 能 | |
| 能否被其他模块存取 | 不能 | 不能 | 能，但需在变量名前加窗体名 | 能 |

**1. 局部变量**

局部变量指在过程内用 Dim 语句声明的（或不声明直接使用的），只能在本过程中使用的变量，其他过程不可访问。局部变量随过程的调用而分配存储单元，并进行变量的初始化，在此过程体内进行数据的存取，一旦该过程执行结束，该变量的内容自动消失，所占用的存储单元被释放。不同的过程中可以有同名的变量，彼此互不相干，就像两个班中可以出现同名字的学生一样。使用局部变量，有利于程序的调试。

【例 8-18】局部变量示例。

程序代码如下：

```
Private Sub Form_Click()
    Cls
    Dim a As Integer, b As Integer, c As Integer '定义局部变量
    a = 5: b = 3
    Print Tab(16); "a"; Tab(30); "b"; Tab(42); "c=a*b"
    Print
    Print "调用prod前", a, b, c
    Call prod
    Print "调用prod后", a, b, c
    Print
    Print "调用 sum前", a, b, c
    Call sum
    Print "调用 sum后", a, b, c
End Sub
Sub prod()
    Dim a As Integer, b As Integer, c As Integer '定义局部变量
    c = a * b
    Print "  prod过程", a, b, c
End Sub
Sub sum()
    Dim a As Integer, b As Integer, c As Integer '定义局部变量
    c = a + b
    Print "   sum过程", a, b, c
End Sub
```

运行结果如图 8-17 所示。

从运行结果可以看出，主程序中变量的变化没有带到子程序中。在编写一个较复杂的程序时，可能会有多个过程或函数，其中在过程中所用到的变量如果是局部变量，则无论如何处理都不会影响到外部；如果使用到非局部变量，一旦此变量发生变化就会影响到外部，考虑不周就容易引起麻烦，所以，为安全起见，过程（函数）体内应尽量使用局部变量。

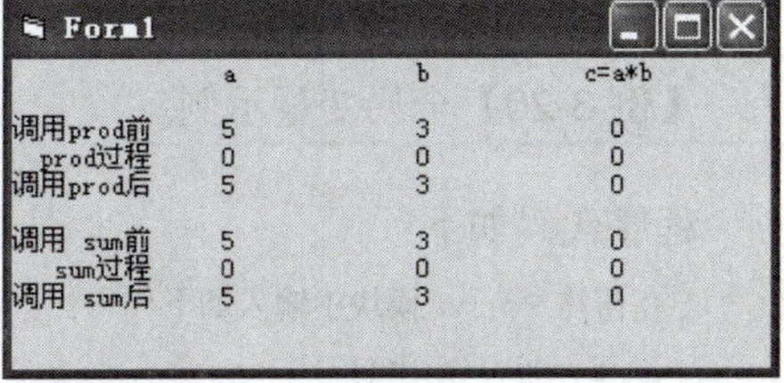


图 8-17　运行结果

**2. 窗体 / 模块级变量**

窗体 / 模块级变量指在一个窗体 / 模块的任何过程外，即在“通用声明”段中用 Private 或 Dim 语句声明的变量，可被本窗体 / 模块中的任何过程访问。

【例 8-19】窗体 / 模块级变量示例。

程序代码如下：

```
Dim a As Integer, b As Integer, c As Integer '定义窗体变量
Private Sub Form_Click()
   Cls
   a = 5: b = 3
   Print Tab(16); "a"; Tab(30); "b"; Tab(42); "c=a*b"
   Print
   Print "调用prod前", a, b, c
   Call prod
   Print "调用prod后", a, b, c
   Print Tab(16); "a"; Tab(30); "b"; Tab(42); "c=a+b"
   Print "调用 sum前", a, b, c
   Call sum
   Print "调用 sum后", a, b, c
End Sub
Sub prod()
   c = a * b
   Print "  prod过程", a, b, c
End Sub
Sub sum()
   c = a + b
   Print "   sum过程", a, b, c
End Sub
```

运行结果如图 8-18 所示。

从结果可以看出，在窗体的“通用声明”段中声明的窗体变量 a、b、c，在本窗体的各个过程单元中都能访问和修改。

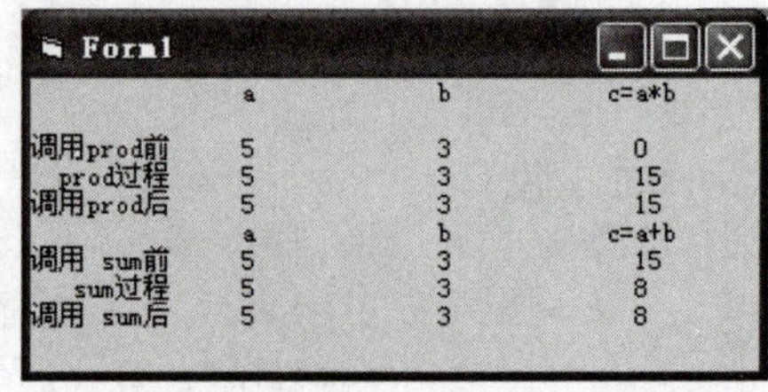


图 8-18 运行结果

### 3. 全局变量

全局变量是指只能在标准模块的任何过程或函数外，即在“通用声明”段中用 Public 语句声明的变量，可被应用程序的任何过程或函数访问。全局变量的值在整个应用程序中始终不会消失和不会重新初始化，只有当整个应用程序执行结束时，才会消失。例 8-20 中只有一个窗体模块，使用的是窗体变量，但是当有多个模块时，a、b、c 就不能被其他模块的过程单元所访问，否则就应定义为全局变量。

【例 8-20】全局变量示例。

程序代码如下：

```
'在窗体 Form1 模块中输入如下代码：
Sub Form_Click()
    Cls
    a = 5: b = 3
    Print Tab(16); "a"; Tab(30); "b"; Tab(42); "c=a*b"
    Print
    Print "调用prod前", a, b, c
    Call prod
```

```
    Print "调用prod后", a, b, c
    Print
    Print "调用 sum前", a, b, c
    Call sum
    Print "调用 sum后", a, b, c
End Sub
Sub prod()
    c = a * b
    Print "  prod过程", a, b, c
End Sub
'增加一个标准模块Module1，然后在标准模块中输入如下代码
Public a As Integer, b As Integer, c As Integer  '定义全局变量
Sub sum()
    c = a + b
    Form1.Print "    sum过程", a, b, c
End Sub
```

运行结果如图 8-19 所示。

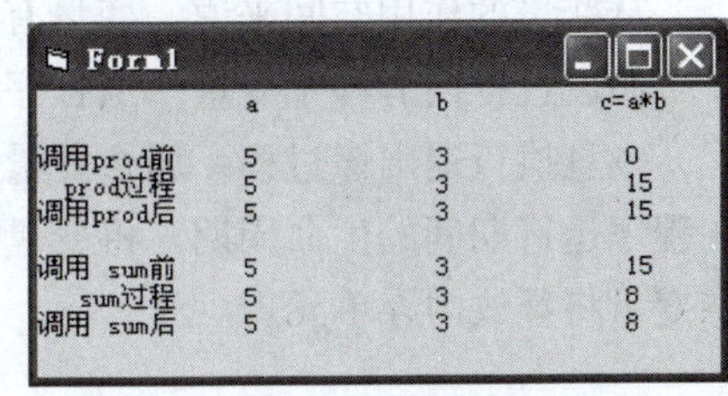

图 8-19　运行结果

从结果可看出，在不同的模块中，可以访问全局变量a、b、c，在任何位置改变 a、b、c 的值，都将带来全局性的影响。

当变量的作用范围不同时，变量的名字可以相同。在不同的过程中也可以使用相同名字的变量，这些变量的类型可以相同，也可不相同。变量的作用范围还可出现交叉。当变量名相同而作用范围不同时，则局限变量优先，然后是模块级变量，最后是全局变量。

【例 8-21】变量作用范围示例。

程序代码如下：

```
Public tt As Integer
Private Sub Form_Click()
    tt = 100                '全局变量tt
    Print tt                '显示100
    Call test1
    Print tt                '显示10
    Call test2
    Print tt                '显示110
End Sub
Private Sub test1()
    tt = tt + 10            '全局变量tt
    Print tt                '显示110
End Sub
Private Sub test2()
    Dim tt As Integer       '声明局部变量
    tt = tt + 20            '局部变量tt，本过程无法访问全局变量tt
    Print tt                '显示20
End Sub
```

运行结果如图 8-20 所示。

图 8-20　运行结果

# 8.8　变量的生存期

从变量的作用空间来说，变量有作用范围；而从变量的作用时间来说，变量有生存期。

假设过程内有一个变量，当程序执行进入该过程体内时，系统要分配给该变量一定的内存单元，一旦执行退出该过程，那么变量所占有的内存单元是被释放呢还是被继续保留呢？根据变量在程序运行期间的生命周期，将变量分为静态变量和动态变量。静态变量不释放内存单元，而动态变量将释放内存单元。

## 8.8.1　动态变量

动态变量是指程序执行进入变量所在的过程，才分配该变量的内存单元，当执行退出此过程后，该变量所占用的内存单元自动被释放，其值消失，释放的内存单元被其他变量占用。

用 Dim 声明的变量属于动态变量，在其所在的过程执行结束后其值不被保留，在每次重新执行过程时，该变量重新声明。

## 8.8.2　静态变量

静态变量指程序执行进入该变量所在的过程，修改该变量的值后，结束退出该过程时，其变量的值仍然被保留，即变量所占内存单元没有被释放，当再次进入该过程时，原来该变量的值可以继续使用。在过程体内用 Static 声明的局部变量，就属于静态变量。

【例 8-22】统计在窗体上单击的次数。

程序代码如下：

```
Private Sub Form_Click()
    Static i As Integer  '利用静态变量 i 统计单击的次数
    i = i + 1
    Print i
End Sub
```

若将语句 Static i As Integer 改为：

```
Dim i As Integer
```

会出现什么情况呢？

【例 8-23】下列程序说明 Static 关键字的作用。

程序代码如下：

```
Private Sub Form_Load()
    Show
    Dim i As Integer
    For i = 1 To 6
      test
    Next i
End Sub
Sub test()
    Dim x As Integer, m As String
    Static y, n
    x = x + 1: y = y + 1
    m = m & "*": n = n & "*"
    Print "x="; x, "y="; y, "m="; m, "n="; n
End Sub
```

结果如图 8-21 所示。

x、y、m、n 都是过程 test 中的局部变量，其中 y 和 n 被定义为静态变量，因此每次调用 text 过程都会保留上一次的值；x 和 m 是动态变量，每次调用都会被重新初始化为 0 或为空。

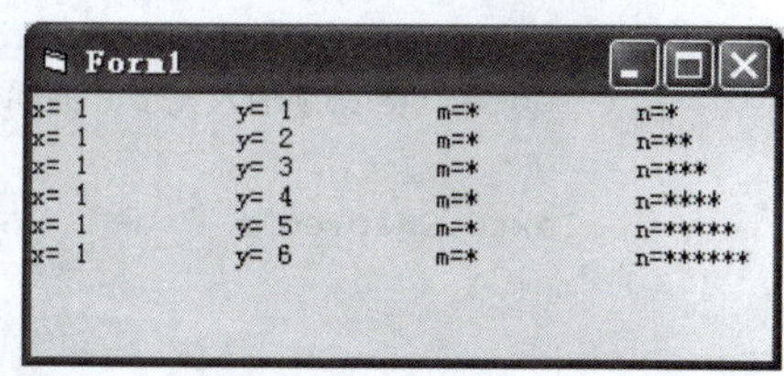


图 8-21 运行结果

# 8.9 程序举例

【例 8-24】编写程序，验证哥德巴赫猜想（一个不小于 6 的偶数可以表示为两个素数之和。

（1）分析。

① 判定方法：假设有一个偶数 x，将它表示为两个整数 m 和 n 的和（即 x = m + n）。如果 x = 10，先假设 m = 2，判断 2 是否为素数，（经验证 2 是素数），由于 n = x − m，所以 n 为 8（经验证 8 不是素数），所以这一组合（10 = 2 + 8）不符合要求；再令 m 加 1，即 m = 3（经验证 3 是素数），n = x − m = 7（经验证 7 是素数），则这一组合（10 = 3 + 7）符合要求。

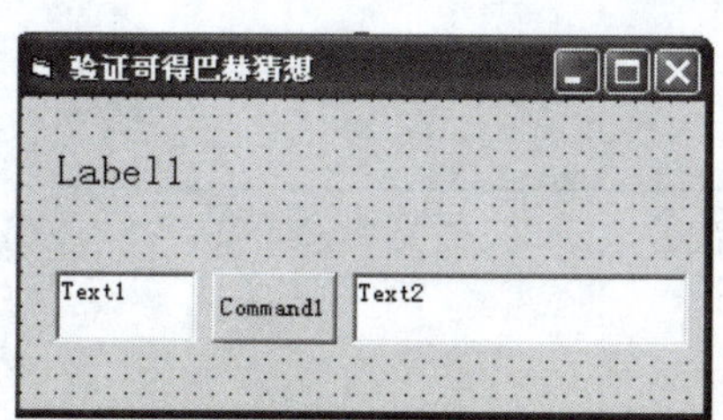


图 8-22 设计界面

② 由于需要多次验证一个整数是否为素数，将判断是否为素数的过程编写为一个子程序。在子程序中，若 m 是一个被验证的整数，先假设此数为素数（以标志标量为 True 表明），使它被 2 ~ Sqr(m) 除，若 m 能被其中任意一个整数整除，则使标志变量为 False（即此数不是素数），从而跳出循环。

（2）设计应用界面，如图 8-22 所示。各对象属性设置见表 8-4。

表 8-4 对象属性设置

| 控 件 名 | 属 性 名 | 属 性 值 |
| --- | --- | --- |
| Form | Caption | 验证哥德巴赫猜想 |
| Label1 | Caption | 请输入一个不小于 6 的整数: |
| Text1 | Text | 空白 |
| Text2 | Text<br>Enabled | 空白<br>False |
| Command1 | Caption | = |

（3）程序代码如下：

```
Dim p As Boolean
Private Sub Command1_Click()
   Dim m As Integer, n As Integer
   Dim x As Integer
   x = Text1.Text
   If x Mod 2 <> 0 Or x < 6 Then
     MsgBox ("必须输入大于 6 的偶数! ")
   Else
     Text2.Enabled = True
     m = 1
     Do
       Do
         m = m + 1
         Call ss(m, p)
       Loop Until (p Or m >= x / 2)
       n = x - m
       Call ss(n, p)
       Text2.Text = Str(m) & "+" & Str(n)
     Loop Until p
   End If
   Text1.SetFocus
End Sub
Sub ss(m As Integer, p As Boolean)
   p = True   '假设 m 是素数
   i = 2
   j = Sqr(m)
   Do While i <= j And p
     If m Mod i = 0 Then p = False
     i = i + 1
   Loop
End Sub
```

**【例 8-25】**利用选择法排序，实现将任意个数据按升序输出。

（1）分析。

假定有 $n$ 个数据，排序算法步骤为：

① 从 $n$ 个数据中选出最小数的下标，然后将最小数与第 1 个数据交换位置；

② 除了第 1 个数据之外，其余 $n-1$ 个数据再按步骤①的方法选出次小的数据，然后与第 2 个数据交换位置；

③ 重复步骤①共 $n-1$ 遍，最后构成升序排列。

（2）设计应用界面，如图 8-23 所示。各对象属性设置见表 8-5。

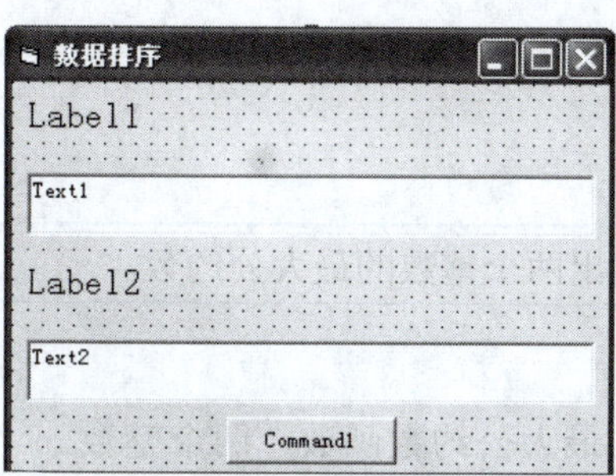


图 8-23　设计界面

表 8-5　对象属性设置

| 控　件　名 | 属　性　名 | 属　性　值 |
|---|---|---|
| Form | Caption | 数据排序 |
| Label1 | Caption | 排序前： |
| Text1 | Text | 空白 |
| Label2 | Caption | 排序后： |
| Text2 | Text<br>Enabled | 空白<br>False |
| Command1 | Caption | 开始排序 |

（3）程序代码如下：

```
Private Sub Command1_Click()
    Dim n As Integer, x() As Integer
    Text1.Text = "": Text2.Text = ""
    n = InputBox("请输入要排序的数据个数：")
    ReDim x(1 To n)
    For i = 1 To n
      x(i) = Int(Rnd * 100)
      Text1.Text = Text1.Text & x(i)
      If i < n Then Text1.Text = Text1.Text & ","
    Next i
    Text2.Enabled = True
    Call sort(x())
    For i = 1 To n
      Text2.Text = Text2.Text & x(i)
      If i < n Then Text2.Text = Text2.Text & ","
    Next i
End Sub
Sub sort(a() As Integer)
    For i = LBound(a) To UBound(a) - 1
```

```
        imin = i
        For j = i + 1 To UBound(a)
          If a(j) < a(imin) Then imin = j
        Next j
        t = a(i)
        a(i) = a(imin)
        a(imin) = t
      Next i
End Sub
```

**【例 8-26】** 利用递归调用输出两个整数的最大公约数。

（1）分析。

假设 gcd(m，n) 为 m 与 n 的最大公约数函数。两个整数 m 与 n 的最大公约数的计算方法：如果 n 能除尽 m，则这两个数的最大公约数 gcd(m，n) 就是 n；否则 m 与 n 的最大公约数 gcd(m，n) 就是 n 与 m Mod n 的最大公约数 gcd(n, m Mod n)；……例如：gcd(24, 16) = gcd(16, 24 Mod 16) = gcd (16, 8) = 8。

（2）程序代码如下：

```
Private Sub Form_Click()
    Dim m As Integer, n As Integer
    m = InputBox("请输入第一个数据：")
    n = InputBox("请输入第二个数据：")
    Print m & "与" & n & "的最大公约数是：" & gcd(m, n)
End Sub
Function gcd(a As Integer, b As Integer) As Integer
    If a < b Then t = a: a = b: b = t
    If a Mod b = 0 Then
      gcd = b
    Else
      gcd = gcd(b, a Mod b)
    End If
End Function
```

# 第 9 章 界面设计

界面设计是程序设计的重要部分，界面主要负责用户与应用程序之间的交互。一个好的应用程序，应该具有良好的用户界面，本章将重点介绍菜单、对话框、工具栏、鼠标与键盘事件、通用对话框、多窗体及多文档设计等。

除菜单命令外，应用程序的窗体还可以通过工具栏来定义一些经常要使用的命令，工具栏往往出现在窗口的顶部；大多数应用程序的窗口底部一般还有一个状态栏，状态栏主要用来表明应用程序当时的运行状态等信息，在应用程序窗体上安置工具栏和状态栏能更好的美化界面、方便用户使用、增加人机交互能力；此外，VB 程序设计提供的 ActiveX 控件技术也为用户开发程序提供了很大的方便，我们可以使用系统的通用对话框来进一步完善应用程序的人机交互性，使得 Windows 应用程序更加人性化，给用户带来友好、亲切的感觉，同时也保证了开发的应用程序与其他的 Windows 程序之间的界面的统一。

## 9.1 菜单设计

在 Windows 环境下，通过窗体菜单来实现复杂的操作具有快捷、安全等明显优势。窗体菜单是 Windows 应用程序界面中最有特色的部分，主要有下拉式菜单、弹出菜单、动态菜单 3 种形式。

本节通过例题来介绍菜单编辑器的常用方法，通过一个菜单例子例 9-1，演示如何设计下拉式菜单、弹出式菜单，动态菜单如何编写菜单的 Click 事件，如何运行时动态改变菜单属性。

### 9.1.1 菜单编辑器

Visual Basic 为程序设计者提供了一个操作简单、功能强大的菜单编辑器，通过菜单编辑器，程序设计人员可以很方便地设计出精美的菜单。

**1. 进入菜单编辑器**

打开【菜单编辑器】窗口有 3 种方法。

（1）从【工具】菜单上单击【菜单编辑器】。

（2）在工具栏上单击【菜单编辑器】快捷按钮。

（3）用鼠标选中窗体后，单击鼠标右键，在弹出菜单中选择【菜单编辑器】选项并单击。弹出的菜单编辑器窗体如图 9-1 所示。

### 2. 菜单编辑器简介

菜单编辑器窗口分成 3 部分。

（1）数据区

数据区位于窗口的上半部，用于输入或修改菜单项的各种属性。各栏目的作用如下。

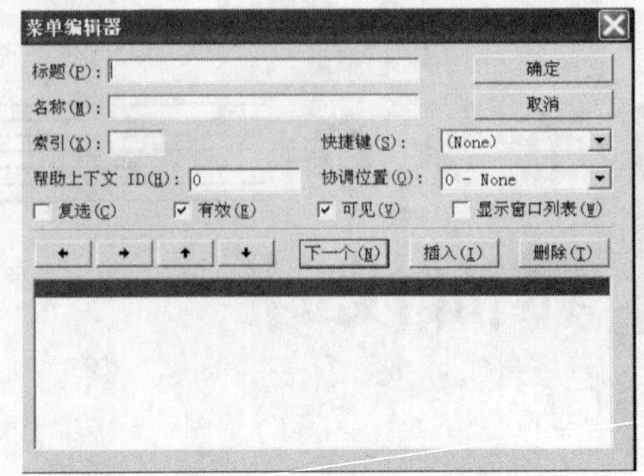

图 9-1 菜单编辑器窗口

【标题】：用来输入菜单项显示的字符串，相当于控件的 Caption 属性，这些字符串将出现在菜单中。

【名称】（Caption）：用来输入菜单项的控件名。控件名是用户自定义的标识符，仅用于在代码中访问菜单项，不会出现在菜单中。菜单的名称相当于控件的 Name 属性，建议命名前缀为 mnu。

【索引】（Index）：用来指定一个数字值来确定菜单项控件在控件数组中的序号。该序号与控件的屏幕位置无关。

【快捷键】：又称为热键。用于为菜单项命令选定快捷键。

【帮助上下文】：用于帮助信息的上下文编号。允许指定一个 ID 数值，在 HelpFile 属性指定的帮助文件中用该数值查找适当的帮助主题。

【调整位置】：用于设定选择菜单的 NegotiatePosition 属性。该属性决定是否及如何在容器窗体中显示菜单。有 4 个选项：0（菜单项不显示），1（菜单项靠左显示），2（菜单项居中显示），3（菜单靠右显示）。

【复选】（Check）：允许在菜单项的左边设置复选标记。通常用它来指出切换选项是否处于活动状态。

【有效】（Enable）：用于决定是否让菜单项对事件做出响应。清除菜单项事件也可以使该项失效并灰度显示。

【可见】（Visible）：用于设置是否将菜单项显示在菜单上。

【显示窗口列表】：用于在 MDI（多文档界面）应用程序中打开的 MDI 子窗体列表。

对于每个菜单项，其最重要的两个属性是【标题】和【名称】，因此在菜单编辑窗口中被放置在最重要位置。并且名称属性作为菜单的必要属性，必须予以指定。如果没有设定名称属性就试图退出，系统将显示一个对话框指出程序的错误。

（2）编辑区

编辑区位于菜单编辑窗口的中部，共有 7 个按钮，用来对输入的菜单项进行简单编辑。

【右箭头】：每单击一次右箭头，产生 4 个点（....）。这 4 个点称为内缩符号，用来确定菜单的层次。每单击一次把选定的菜单向下移一个等级。

【左箭头】：每单击一次把选定的菜单向上移一个等级。

【上箭头】：每单击一次把选定的菜单项在同级菜单内向上移动一个位置。

【下箭头】：每单击一次把选定的菜单项在同级菜单内向下移动一个位置。

【下一个】：开始一个新的菜单项。

【插入】：在列表框的当前选定行上方插入一行。

【删除】：删除当前选定行。

（3）菜单项显示区

菜单项显示区位于窗口的下部，输入的菜单项都在这里显示，并通过内缩符号表明菜单项的层次。条形光标所在的菜单项是当前菜单项。

窗口右上角的【确定】按钮用于关闭菜单编辑器，并对选定的最后一个窗体进行修改。【取消】按钮则用于关闭菜单编辑器，取消当前编辑器所作的修改。

当一个窗体的菜单创建完成后，退出菜单编辑器，所设计的菜单就显示在窗体上。只要选取一个没有子菜单的菜单项，就会打开代码编辑窗口，并产生一个与这一菜单项相关的 Click 事件过程，程序员可编写与它相关的代码。

在当前窗体已经建立菜单后，再打开菜单编辑器，系统就会在菜单编辑器中显示出它的结构，程序员可以对每一菜单项进行修改。选取欲修改的菜单项；编辑器的各文本框和列表框就会显示这一菜单项的相应属性。

对于当前窗体，可以在属性窗口的对象列表中找到每一个菜单的名称。选取一个菜单项，属性窗口就会列出这一菜单项的相关属性，程序员也可以通过属性表来修改菜单。

**3. 菜单项的控制**

制作的菜单可以拥有自己的特色，如某些菜单呈灰色，菜单的某个字母有下划线等。完成这些功能就是要掌握对菜单项的控制。

有效性设置是根据条件的不同而进行的动态设置，条件满足则执行，不满足则不执行。【菜单项】的【有效】(Checked）属性就是通过有效属性来设置的。值为 False 时失效，运行后菜单项变为灰色；而设置成有效时，只要设置【有效】属性为 True 即可。

（1）菜单项标记

菜单项标记指可以在菜单项前添加复选标记“√”，也可以使用 Checked 属性在代码中设置。

利用菜单项标记可以明显地表示当前某个或某些命令状态是可用还是不可用。

利用菜单项标记可以表示当前选择的是哪个菜单项。

菜单项标记通过菜单设计窗口中的【复选】属性设置，值为 True 时，有“√”；值为 False 时，无“√”。

（2）键盘选择

菜单项可以用鼠标进行选择，也可以用键盘进行选择。用键盘选择有两种方法：快捷键（热键）和访问键。它们都在设计菜单时直接指定。

① 快捷键

利用快捷键可以直接执行菜单命令。在菜单编辑器中有编辑热键选择的控制选取项，如图 9-2 所示。

② 访问键

访问键是指在菜单项中加了下划线的字母，只要按 Alt 键和加了下划线的字母键，如选择“文件”菜单选项，在大多数应用程序里也可以按访问键 Alt + F。用访问键选择菜单项时，必须一级一级地选择，即只有在下拉显示下一级菜单后，才能用 Alt 键和菜单项中有下划线的字母键选择。

设置访问键，必须在准备加下划线的字母的前面加上一个“&”，如 & Clean。在设计菜单时，如果按上面的格式输入菜单项的标题，则程序运行后，就可以在字母“C”的下面加上一个下划线，按 Alt + C 组合键即可选取这个菜单项，如图 9-3 所示。在设置访问键时，应注意避免重复。

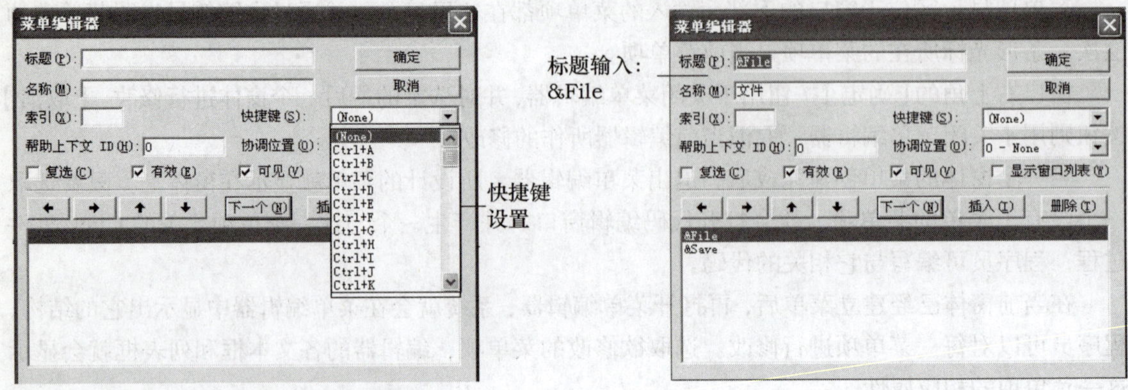


图 9-2　菜单编辑器中的快捷键选项　　　　图 9-3　设置访问键

## 9.1.2　下拉式菜单

下拉式菜单一般通过单击菜单标题，即可出现下拉式菜单命令列表，其样式如图 9-4 所示。

下拉式菜单一般由菜单栏、菜单标题、菜单项等组成。若单击一个菜单标题则拉出由若干菜单项构成的下拉列表。

建立一个下拉式菜单时，首先要列出菜单的组成，然后在【菜单编辑器】窗口按着菜单组成进行设计。设计完后，再把各菜单项与代码连接起来。

【例 9-1】建立一个菜单，效果如图 9-5 所示。

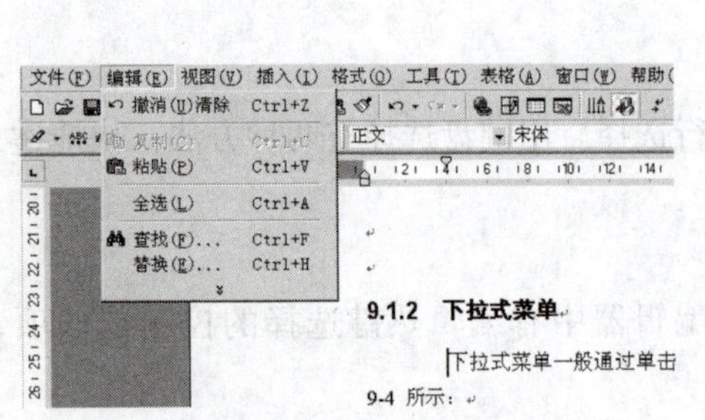

图 9-4　“下拉式菜单”

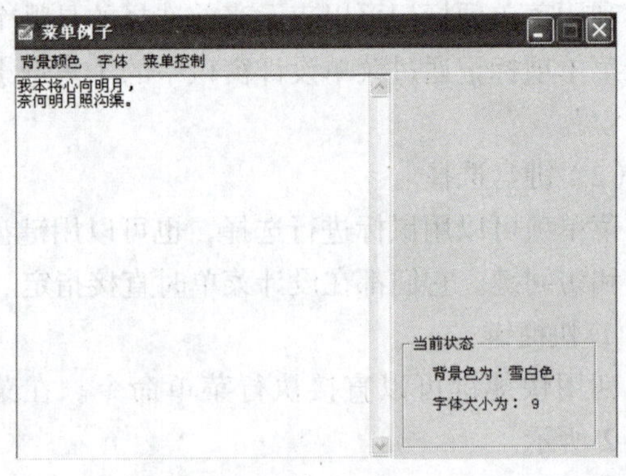


图 9-5　例 9-1 效果图

新建窗体的各控件属性如表 9-1 所示。

表 9-1　　例 9-1 窗体各控件属性

| 控　件　名 | 属　性　名 | 属　性　值 |
| --- | --- | --- |
| myform | Caption | 菜单例题 |
| myFrame | Caption | 当前状态 |
| mytext | Text | 我本将心向明月，奈何明月照沟渠 |

启动【菜单编辑器】，进行菜单设计，菜单的属性如表 9-2 所示。

表 9-2 例 9-1 菜单各项值设置

| 标　题 | 名　称 | 快 捷 键 | 标　题 | 名　称 | 索 引 值 |
|---|---|---|---|---|---|
| 背景颜色 | Mnucolor | | 菜单控制 | | |
| …天蓝（&B） | MnuBlue | Ctrl+B | …显示 / 隐藏主菜单项 | MnuShowHide | |
| …橙黄（&Y） | MnuYellow | Ctrl+Y | …- | SeprateBar2 | |
| …草绿（&G） | MnuGreen | Ctrl+G | …增加菜单项 | MnuAdd | |
| …默认（&W） | MnuWhite | Ctrl+W | …删除菜单项 | MnuDel | |
| 字体 | mnuFont | | …- | SeprateBar1 | |
| …增大字体（&I） | MnuAddFont | Ctrl+A | …关闭 | MnuClose | |
| …减小字体（&D） | MnuDecFont | Ctrl+D | 动态菜单 | MnuDyna | |
| | | | …新增的菜单项 1 | MnuD | 1 |

**说明：**

（1）在设置快捷键时，要注意与其他应用软件快捷键设置的通用性，例如剪切操作的快捷键是"Ctrl + X"，获得在线帮助的快捷键是"F1"等。

（2）虽然分融符（-）是当作菜单控件来创建的，它们却不能响应 Click 事件，而且也不能被选取。

（3）菜单中不能使用重复的访问键。如果多个菜单项使用同一个访问键，则该键将不起作用。

### 9.1.3 菜单的 Click 事件

在 Visual Basic 中，每一菜单项甚至分隔符都被看作一个控件。每一菜单项都要响应某一事件过程。一般来说，菜单项都响应鼠标单击（Click）事件，即每个菜单项都拥有一个事件处理过程 Name_Click()。每当单击菜单项时，Visual Basic 就调用 Name_Click 过程，执行这一过程中的代码。下面为各菜单项添加代码。

编写代码是在代码窗口中进行的。首先在窗体窗口中单击菜单条，在下拉菜单中选择要连接代码的菜单项，然后单击这一菜单项，在屏幕上会出现代码窗口，并在窗口中出现这一菜单项的控制名和相应事件组成的事件处理过程的过程头和过程尾。用户只要在过程头与过程尾之间输入需执行的代码即可。当然用户也可以直接在代码窗口中选择相应菜单项的 Click 事件进行代码编写。

如果想为其他菜单项添加代码，可按上面的方法，也可以从对象列表框中选择菜单项控制名，再在过程列表框中选择 Click 事件，这时代码窗口中就出现了这一菜单的过程头与过程尾，在其中添加代码即可。如果有多个菜单项需要与代码过程连接，就得多次重复上述步骤。

本例的菜单项 Click 事件代码如下：

```
Private Sub Form_Load()
    '为标签控件赋值
    m_str = "背景色为：雪白色"
    If Trim(Str(myText.BackColor)) = "12640511" Then
        m_str = "背景色为：橙黄色"
```

```
        End If
        If Trim(Str(myText.BackColor)) = "16777152" Then
            m_str = "背景色为：天蓝色"
        End If
        If Trim(Str(myText.BackColor)) = "12648384" Then
            m_str = "背景色为：草绿色"
        End If
        m_str = m_str + Chr(10) + Chr(13) + Chr(10) + Chr(13) + "字体大小为：" _
         + Str(myText.FontSize)
        myLabel.Caption = m_str
    End Sub
    Private Sub MnuYellow_Click()
        myText.BackColor = &HC0E0FF                     '将文本框背景设为橙黄色
        Call Form_Load
    End Sub
    Private Sub MnuGreen_Click()
        myText.BackColor = &HC0FFC0                     '将文本框背景设为青绿色
        Call Form_Load
    End Sub
    Private Sub MnuWhite_Click()
        myText.BackColor = &H80000005                   '将文本框背景设回默认白色
        Call Form_Load
    End Sub
    Private Sub MnuAddFont_Click()
        myText.FontSize = myText.FontSize + 1           '将文本框中字体大小加 1
        Call Form_Load
    End Sub
    Private Sub MnuClose_Click()
        End
    End Sub
    Private Sub MnuDecFont_Click()
        myText.FontSize = myText.FontSize - 1           '将文本框中字体大小减 1
        Call Form_Load
    End Sub
    Private Sub MnuBlue_Click()
        myText.BackColor = &HFFFFC0                     '将文本框背景设为天蓝色
        Call Form_Load
    End Sub
```

### 9.1.4 运行时动态改变菜单属性

在 Windows 应用程序中，往往随着用户不同的操作，菜单项也会有相应的变化，常见的有【复选菜单】、【失效菜单】和【不可见菜单】等变化。

【复选菜单】是由菜单控件的 Checked 属性决定的。当控件的 Checked 属性为 True 时，则菜单中对应选项前出现选中标志“√”；否则，当 Checked 属性为 False 时，选中标志消失。通过复选菜单来标志菜单对应功能的打开和关闭状态，这一操作是需要用程序代码来保证实现的。

【失效菜单】和【不可见菜单】是在程序设计中，当程序运行处于特殊状态时，菜单中的某些菜单的功能将无法发挥作用或根本就不出现，此时应该把这些菜单设置成为失效菜单或不可见菜单。

【失效菜单】通常在菜单功能只是暂时失效，例如当剪切板中已经存放剪切内容后，则编辑菜单中的【剪切】选项将失效，这时不应该把【剪切】选项设置成不可见，因为经过【粘贴】操作后【剪切】选项就会重新生效。

【不可见菜单】即使菜单控件不可见，同时产生使之无效的作用。该控件通过菜单、访问键或者快捷键都再无法访问。如果一级菜单不可见，则该级菜单上所有菜单项控件均无效、不可见。

设置菜单的【生效 / 失效】，只要把 Enabled 属性设置为 True/False；而设置菜单的【可见 / 不可见】，只要把 Visible 属性设置为 True/False 即可。

单击本例的菜单项【菜单控制】下的【显示 / 隐藏主菜单】，会在【显示 / 隐藏主菜单】前出现选中标志“√”，同时【动态菜单】“可见”；再单击一次，则【显示 / 隐藏主菜单】前的“√”会去掉，【动态菜单】“不可见”。单击【菜单控制】下的【增加菜单项】，会在【动态菜单】下按秩序动态生成一个新菜单项，同时【删除菜单项】从“失效”变成“有效”；单击【删除菜单项】，则会删除当前【动态菜单】最下面的一个新菜单项。当删除所有利用【增加菜单项】新增的菜单项后，【删除菜单项】“失效”。

### 9.1.5　弹出式菜单

在使用 Windows 应用程序的过程中，除去下拉式菜单，当选中对象之后，单击右键还会出现一种弹出式菜单，也被称为快捷菜单。弹出式菜单中一般包括了在当前选定状态下的常用命令，如图 9-6 所示。

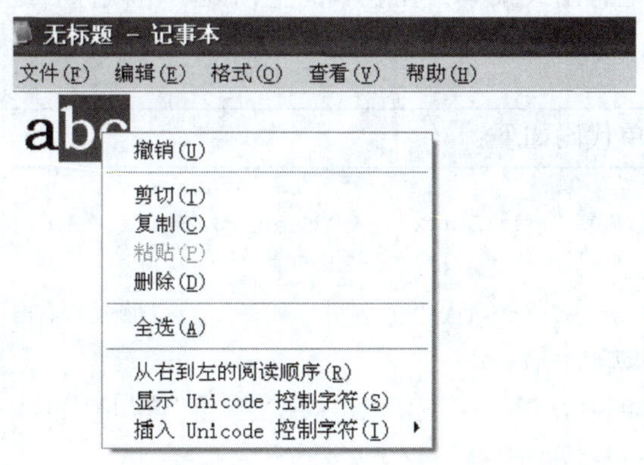


图 9-6　弹出式菜单

当选中对象之后，单击弹出式菜单是独立于菜单栏而显示在窗体上的浮动菜单，在 Windows 应用程序中，通常使用鼠标右键激活上下文菜单。

弹出式菜单根据鼠标指针所处屏幕位置的不同，可弹出不同的菜单。

定义弹出式菜单的方法与定义下拉式菜单的方法一样，任何含有一个或一个以上子菜单的菜单项都可以作为弹出式菜单。

弹出式菜单的最高一级菜单项称为顶级菜单项。顶级菜单项的标题将不会被显示出来，这一点与下拉式菜单不同。顶级菜单项必须被定义，因为顶级菜单项的名字要用于激活弹出菜单。

如果这个菜单仅在某个位置单击鼠标右键时才弹出，而不需要以下拉式菜单的形式显示在屏幕上，则应在设计时使顶级菜单项为不可见，即取消菜单编辑器里的【可见】复选框选择或在属性窗口设定 Visible 属性值为 False。

当一个菜单既作下拉式菜单使用，又作弹出式菜单使用时，激活的弹出式菜单将自动地不显示顶级菜单的项目。

激活弹出式菜单使用 PopupMenu 方法，其格式如下：

[<对象名>.] PopupMenu <菜单名> [ ,flags[ ,x [ ,y[ ,boldcommand ] ] ] ]

其中：

- 对象名默认为当前窗体。
- flags 参数用于设定弹出菜单的性能。
- x，y 参数为坐标值。
- boldcommand 参数用于在弹出式菜单中显示一个菜单控制。
- flags 参数可以定义弹出式菜单的位置与性能。取值分两组：位置常量和行为常量。Flags 各常量取值如下。
- 位置常量取值。

0(默认)：弹出菜单的左边定位于 X 坐标。

4：弹出菜单以 X 点坐标为中心线。

8：弹出菜单的右边定位于 X 坐标。

- 行为常量取值。

0(默认)：菜单命令只接收左键单击。

2：菜单命令可以接收左、右键单击。

我们为【例 9-1】加上弹出式菜单，在表单的空白处单击鼠标右键，会弹出设置文本框背景菜单项。

**【例 9-2】**弹出式菜单代码如下：

```
Private Sub myText_MouseDown(Button As Integer, Shift As Integer, X As _
Single, Y As Single)
    If Button = vbRightButton Then                    '判断是否右击了鼠标
        myText.Enabled = False
        PopupMenu MnuColor                            '调用 MnuColor 菜单项
        myText.Enabled = True
    End If
End Sub
```

# 9.2 工具栏和状态栏

工具栏（ToolBar）是 Windows 窗口的组成部分，往往出现在窗口的顶部。熟悉 Windows 的用户一定会经常使用工具栏。工具栏为用户提供了应用程序中经常使用的一些菜单命令的快捷访问方式，进一步增强了应用程序的命令使用界面，如图 9-7 所示。

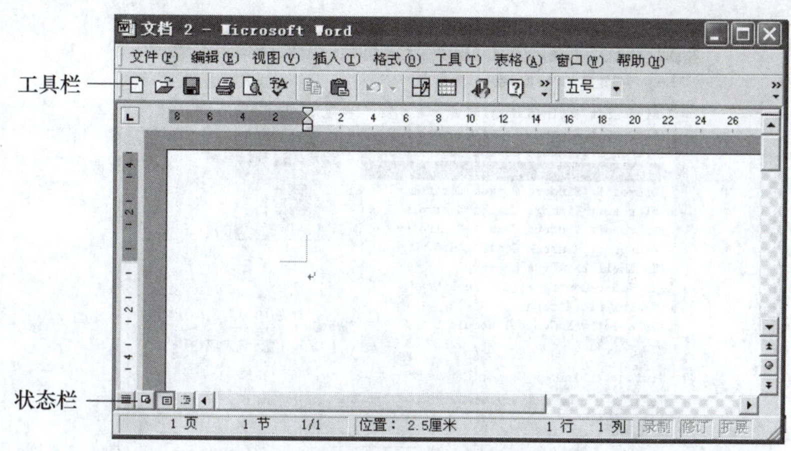


图 9-7　应用程序工具栏和状态栏

状态栏（StatusBar）是 Windows 应用程序窗口中用来显示各种状态信息，通常位于窗体的底部，如图 9-7 所示。

### 9.2.1　ActiveX 控件

ActiveX 控件以前被称为 OLE 控件。OLE 即对象链接与嵌入的意思，ActiveX 控件是指可以重复使用的编程代码和数据。通过 OLE 技术，用户在开发应用程序的过程中，能够访问 Windows 环境中的其他应用程序。这种技术能将其他应用程序链接到 VB 的应用程序中，如 Word 文档、Excel 表以及 AVI 视频剪辑等都可以作为一个对象链接被嵌入到 VB 应用程序中，用户可以利用现有的部件对应用程序进行组装，这样大大缩短了软件的开发周期，增强了软件的功能，提高了软件部件的重用性。

ActiveX 控件是 VB 工具箱的扩充部分。大部分 ActiveX 控件在 VB 的标准工具箱内没有，需要通过“工程”|“部件”命令进行添加，经过添加的 ActiveX 控件将出现在工具箱中，其使用方法与其他的标准控件使用方法一样，也具有属性、方法、事件代码等。

本节我们主要介绍两种 ActiveX 控件—ToolBar 控件和 StatusBar 控件，并运用它们为应用程序定制工具栏和状态栏。

### 9.2.2　工具栏

工具栏（Toolbar）就是那些在菜单下面的图形钮，它是常见的 Windows 应用程序界面的组成部分。下面我们介绍简单的工具栏和带图形按钮工具栏的制作方法。

**1. 在标准工具箱中插入制作工具栏所需要的控件**

制作工具栏需要 Toolbar（工具栏）控件和 ImageList（图像列表）控件。这两个控件没有列在标准工具箱中，需要加进去。具体方法如下。

（1）选择“工程”菜单项中的“部件”选项。

（2）选择“部件“对话框中的“控件”选项卡。

（3）单击“Microsoft Windows Common Controls6.0”左边的小方框，如图 9-8 所示。

（4）单击“确认”按钮，这时可看到工具箱中增加了一些控件，ToolBar（工具栏）控件和 StatusBar 控件（状态栏）也在其中，如图 9-9 所示。

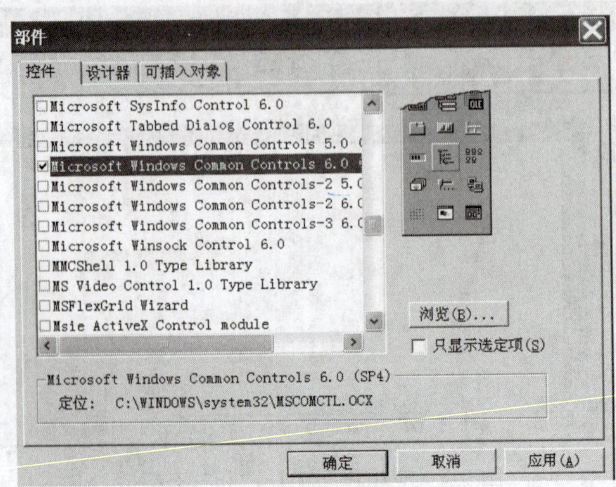


图 9-8 插入部件对话框

### 2. 简单的工具栏的制作过程

工具栏的制作过程如下。

（1）双击工具箱中 ToolBar 控件或用拖曳的办法将工具栏安置在对象窗口中，如图 9-10 所示。

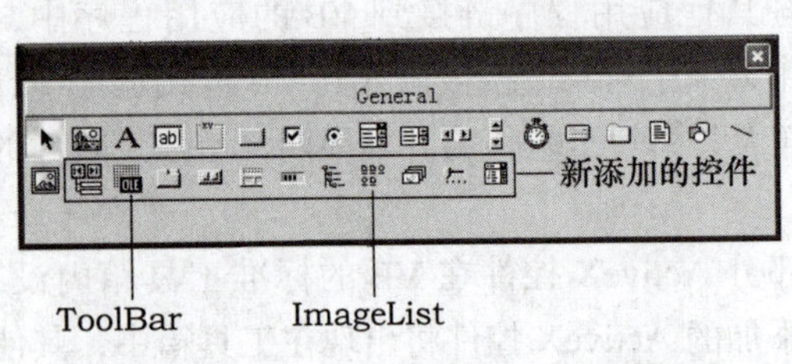


图 9-9 在标准工具箱中加入工具栏控件和 ImageList（图像列表）控件

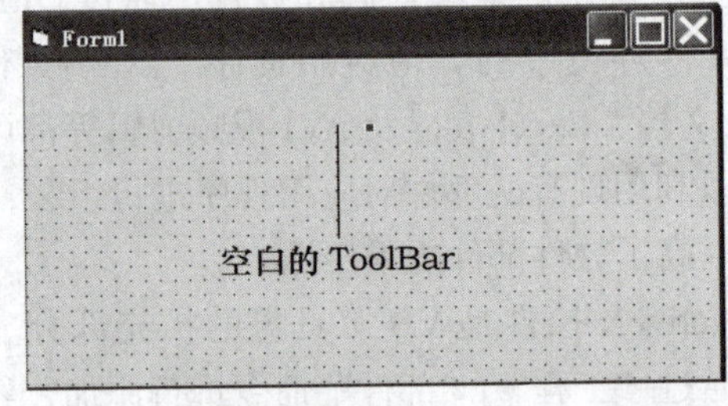


图 9-10 在窗体中插入一个空白的 ToolBar 控件

（2）将工具栏控件安排到适当的位置上，可以通过改变属性窗口中工具栏的 Align 属性进行设置。Align 属性值如表 9-3 所示。

表 9-3 ToolBar 控件的 Align 属性值及作用

| 属 性 名 | 属 性 值 | 作 用 |
|---|---|---|
| vbAlignNone | 0 | 不对齐 |
| vbAlignTop | 1 | 与顶部对齐 * 默认设置 |
| vbAliBotton | 2 | 与底部对齐 |
| vbAlignLeft | 3 | 与左边对齐 |
| vbAlignRight | 4 | 与右边对齐 |

（3）在工具栏中添加按钮。将鼠标指在窗体上的工具栏区域单击右键，弹出一个菜单，选择最后面的“属性”选项，打开“属性页”对话框。

ToolBar“按钮”选项对话框中的主要属性。

- 索引（Index）：表示每个按钮的索引序列号，即数字编号。
- 关键字（Key）：表示每个按钮的标识名。
- 图像（Image）：在做图形按钮时，每个按钮对应的 ImageList 对象中的图像，它的值可以是图像控件中图形的 Key 或 Index 值。
- 值（Value）：表示按钮的状态。其取值有两种：按下（tbrPressed）和未按下（tbUnpressed），当样式值取 1 或 2 时有用。
- 样式：表示按钮的样式，共 5 种，如表 9-4 所示。

表 9-4　　按钮样式属性表

| 属 性 名 | 属 性 值 | 按 钮 | 作 用 |
|---|---|---|---|
| brDefault | 0 | 普通按钮 | 按钮按下后恢复状态，如“新建”，“保存” |
| tbrCheck | 1 | 开关按钮 | 按钮按下后保持按下状态，如“加粗”，“倾斜” |
| tbrButtonGroup | 2 | 编组按钮 | 一组按钮只一个有效，如“居中”，“左对齐” |
| tbrSepatator | 3 | 分隔按钮 | 对左右按钮进行分隔 |
| tbrPlaceholder | 4 | 占位按钮 | 以便安放其他按件，可设置其按钮宽度 |
| tbrDropdown | 5 | 菜单按钮 | 具有下拉式菜单 |

（4）为工具栏按钮编写相关代码。

当用户单击按钮（占位符和分隔符样式的按钮除外）时，会发生 ButtonClick 事件。我们可以利用“属性页”按钮选项中的“关键字（Key）”属性和“索引（Index）”属性来识别单击的按钮。利用“关键字（Key）”属性和“索引（Index）”属性中的任意一个，可以用多分支语句 Select Case 来完成代码的编写。

**3. 图像工具栏按钮的制作过程**

大多数应用程序的工具按钮都有图像。如样式。在工具栏上制作图像按钮需要分两步，首先需要将按钮所需图像集中放在图像列表中，就是对图像列表进行初始化。二是将利用工具栏按钮的图像（Image）与所需图像连接起来。

为工具栏制作图形按钮，具体制作步骤如下。

创建图像工具栏按钮首先必须在 ImageList 控件中添加所需的图像。

工具栏按钮的图像是通过 ToolBar 控件从 ImageList 的图像库中获得的。ImageList 控件的作用像一个图像的储藏室，包含了一个图像的集合，这些图像可以被 W1ndows 公共控件使用，特别是 ListView，TreeView，TabShtrip 和 ToolBar 控件。ImageList 控件不能独立使用，它需要 Toolbar 控件等来显示所存储的图像。具体步骤如下。

① 在工具箱里中单击 ImageList 控件将它拖到窗体中的任何位置（位置不重要，因为它运行时是不可见的）。

② 在 ImageList 控件图标图上右键单击，选择快捷菜单中“属性”命令，打开 ImageList 属性页窗口，如图 9-11 所示。

ImageList 控件的主要属性如下。

索引（Index）：表示每个图像的编号，对应于工具栏每个按钮属性页中的图像属性选项。

关键字（Key）：表示每个图像的标识名，也可以为工具栏每个按钮属性页的图像属性引用。

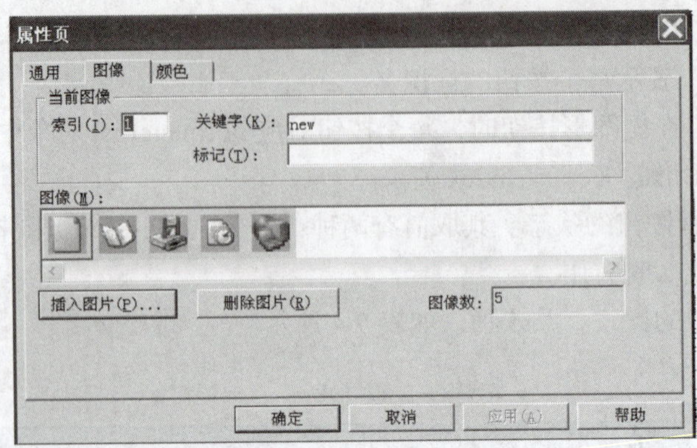


图 9-11 ImageList 属性页窗口

图像数：表示已经插入的图像数目。

“插入图片”按钮：可以插入 .ico、.bmp、.jpg 等图像文件。

“删除图片”按钮：用来删除选中的图。

③ 设置 ImageList 控件属性窗口中“通用”标签中的单选按钮 16×16，确定图像的大小。选择“图像”标签。

④ 单击“插入图片”按钮，将所需图形的图形文件打开，则选中的图形将自动添加到图形对话框中，设置它们的索引值分别为 1，2，3，……

⑤ 选中 ToolBar1 控件，单击右键，在快捷菜单中选择最后一项“属性”中，将“图像列表”选项设置为 Imagelist1 表是 ToolBar1 控件的图形来自于 Imagelist1 控件。

⑥ 选中 ToolBar1 的“按钮”设置对话框。设置每个按钮的图像值（注意：每个按钮的图像值对应的是相应的 ImageList1 中每个图像的索引值）。

⑦ 经过上述设置即可得到所需的图像按钮。

⑧ 为 ToolBar 工具栏按钮编写代码。

### 9.2.3 状态栏

状态栏（StatusBar）通常位于应用程序窗体的底部，主要用于显示应用程序的各种状态信息，如图 9-12 所示。状态栏和工具栏控件一样也是 ActiveX 控件，向工具箱中添加状态栏控件的方法与添加工具栏控件的方法相同。

1 页 1 节 1/1 位置: 13厘米 19 行 1

图 9-12 应用程序状态栏

创建一个状态栏的操作步骤如下。

（1）将工具箱中的状态栏（StatusBar）控件拖至到窗体相应的位置。如未另外设定，一般均在窗体的底部。

（2）选中状态栏（StatusBar）控件单击右键，选择快捷菜单中的“属性”，对状态栏（StatusBar）的通用属性进行设置，如图 9-13 所示。

状态栏（StatusBar）的通用属性如下。

- 样式（Style）：设置状态条控件显示的样式。取值为：

0（SbNormal）：正常样式，状态栏中可显示所有的窗格。

1（SbSmiple）：简单样式，控件中显示一个窗格。

- 简单文本（SimpleText）：返回或设置显示文本。
- 鼠标指针属性（MousePointer）：指定鼠标指针的显示形状。
- 显示提示属性（ShowTips）：用于显示提示。取值为 True 时，则当鼠标在对象上逗留时，给出提示信息。

（3）对状态栏（StatusBar）的窗格属性进行设置。

状态栏（StatusBar）是由多个窗格（Panel）对象构成，通过“插入窗格”按钮在一个状态栏（StatusBar）控件最多能创建 16 个窗格（Panel）对象。

状态栏（StatusBar）的窗格常用属性如下。

- 索引值（Index）、关键字（Key）：对于一个状态栏（StatusBar）即为一个窗格数组，通过索引值（Index）也可以通过关键字（Key）对窗格对象进行访问。例如 StatusBar1.Panels(i) 即指的是第 i 个窗格对象。
- 文本属性（Text）：设置指定窗格中显示文本。
- 对齐方式（Alignment）：指定文本的对齐方式。取值为：

0(SbrLeft)：默认值：文本右边齐。

1(SbrCenter)：文本居中。

2(SbrRight)：文本左对齐。

- 工具提示文本属性（ToolTipText）：设置显示在状态窗格上的提示文本信息。
- 有效属性（Enabled）：值为 True 时，信息正常显示；值为 Fasle 时，以灰色显示。

下面我们用一个实例来简单的介绍一个状态栏在应用程序中的作用。

**【例 9-3】**设计一个显示文本状态的状态栏，它能随着光标的移动给出光标所在位置及当前光标所在的字符的字体、字号，同时还显示系统时间信息。

操作步骤如下。

（1）在窗体中插入一个文本框 Text1 其属性值，Text1.Text=""，`Text1.FontNname="隶书",Text1.FontSize=16`

（2）在窗体中插入一个状态栏控件 StatusBar1。

（3）对状态栏的窗格属性进行设置。单击“插入窗格”的按钮，依次插入 4 个窗格“光标位置”、“字体”、“字号”、“系统日期”，索引号分别为 1、2、3、4，如图 9-14 所示。

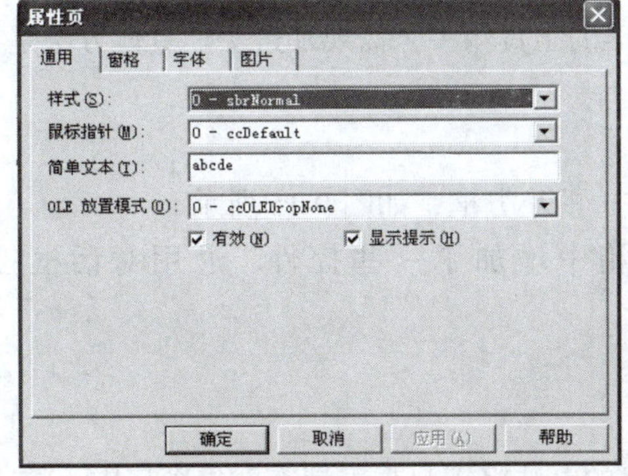


图 9-13 状态栏（StatusBar）的通用属性设置窗口

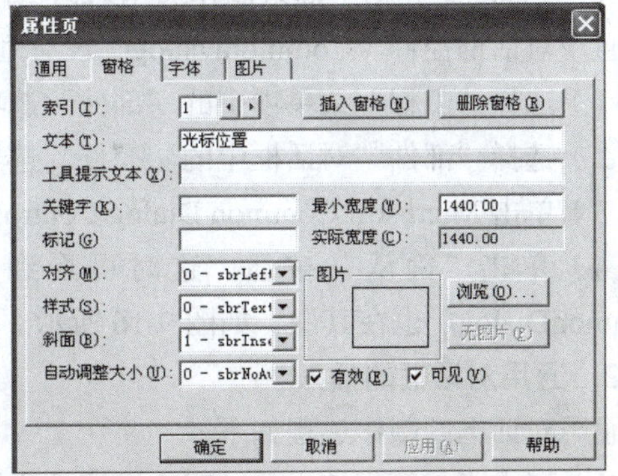


图 9-14 例 9-3 状态栏窗格属性设置

（4）编写代码。

```
Private Sub Form_Load()  '调用窗体时，即在窗格四中显示日期
    StatusBar1.Panels(4).Text = Date
End Sub
Private Sub Text1_Change()
    StatusBar1.Panels(1).Text = "光标位置:" + Str(Text1.SelStart)
    StatusBar1.Panels(2).Text = "字体:" + Text1.FontName
    StatusBar1.Panels(3).Text = "字号:" + Str(Text1.FontSize)
End Sub
Private Sub Text1_Click()
    StatusBar1.Panels(1).Text = "光标位置:" + Str(Text1.SelStart)
    StatusBar1.Panels(2).Text = "字体:" + Text1.FontName
    StatusBar1.Panels(3).Text = "字号:" + Str(Text1.FontSize)
End Sub
```

# 9.3 对 话 框

用户在使用 Winodows 应用程序的过程中都会遇到各式各样的对话框。界面美观、提示清晰的对话框是实现人机交互的重要元素，通过对话框实现用户数据的输入和计算结果、查询结果的输出。

在 VB6.0 中提供了许多通用对话框供设计人员使用，此外，设计人员还可以根据自己的需要自己定制对话框。本节主要介绍常见的通用对话框的设计及如何设计一个简单的自定义对话框。

## 9.3.1 通用对话框

在使用 Windows 应用程序的时候，经常可以发现诸如"打开"，"保存"，"字体"等操作对话框样式及选项基本相似，用户操作起来也非常方便。VB6.0 中提供的通用对话框（CommonDialog）控件便能非常好地帮助我们设计这些界面相似的对话框，以使得设计出来的应用程序与 Windows 其他的应用程序功能和界面保持一致。

本小节我们主要给大家介绍"打开"（Open）、"保存"（Save）、"字体"（Font）、"颜色"（Color），"打印"（Printer）通用对话框的设计。

### 1. 在标准工具箱中插入制作通用对话框所需要的控件

通用对话框控件（CommonDialog）没有列在标准的工具箱中，需要加进去。具体方法是：

（1）选择"工程"菜单项中的"部件"选项。

（2）选择"部件"对话框中的"控件"选项卡。

（3）单击 Microsoft Common Dialog Control6.0 左边的小方框，如图 9-15 所示。

（4）单击"确认"按钮，这时可看到工具箱中增加了一些控件，通用对话框控件（CommonDialog）也在其中，如图 9-16 所示。

### 2. 通用对话框的插入

通用对话框的制作过程如下。

（1）双击工具箱中 CommonDialog 控件或用拖曳的办法将工具栏安置在对象窗口中（注：通用对话框控件在窗体运行时是不可见的），如图 9-17 所示。

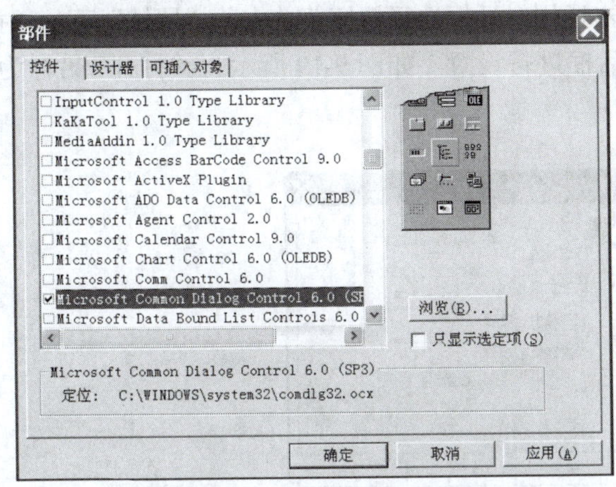


图 9-15　插入部件对话框

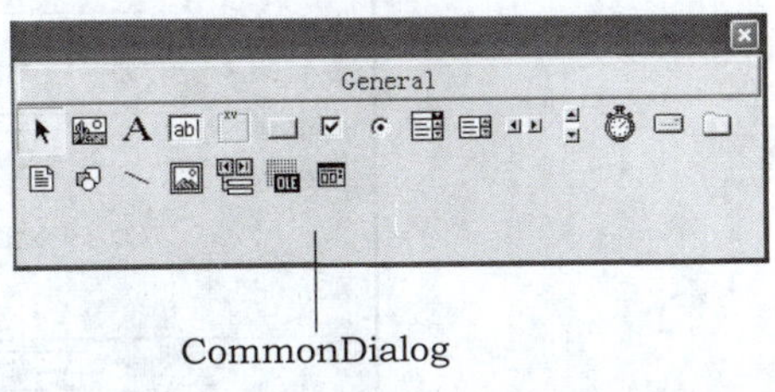


图 9-16　在标准工具箱中加入通用对话框（CommonDialog）控件

（2）对 CommonDialog 属性设置。右键单击，在快捷菜单中选择“属性”选项，列开“属性页”对话框，如图 9-18 所示。

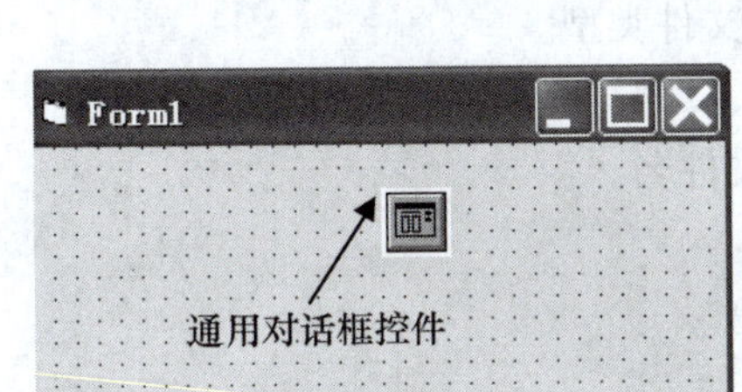


图 9-17　在窗体中插入一个 CommonDialog 控件

图 9-18　CommonDialog 属性设置

CommonDialogAction 属性：该属性在对话框中无法设计，编写代码时可通过设计此属性设置对话框的类型。Action 属性可以有 7 种不同的值对应 7 种不同的方法从而调用不同的对话框，如表 9-5 所示。

表 9-5　　　　Action 属性值表

| Action 值 | 功　能 | 方　法 |
| --- | --- | --- |
| 0 | 无操作 | |
| 1 | 打开文件对话框 | ShowOpen |
| 2 | “另存为”对话框 | ShowSave |
| 3 | “颜色”对话框 | ShowColor |
| 4 | “字体”对话框 | ShowFont |
| 5 | “打印”对话框 | ShowPrinter |
| 6 | 帮助文件对话框 | ShowHelp |

3. “打开 / 另存为”对话框

“打开 / 另存为”对话框属性设置。右键单击通用对话框选择快捷菜单中的“属性”下的“打开 / 另存为”标签即可对“打开 / 另存为”对话框进行设置。如图 9-19 所示为“打开 / 另存为”属性设置对话框。

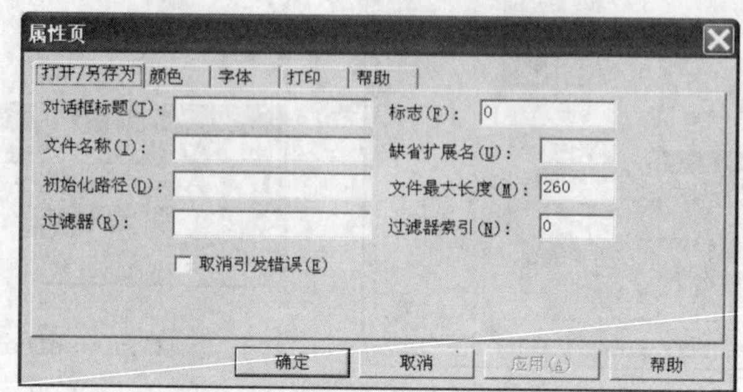


图 9-19 “打开 / 另存为”属性设置对话框

“打开 / 另存为”对话框主要属性和方法。

- 对话框名称（DialogTitle）属性：设置对话框中标题栏的名称。
- 文件名称（Filename）：返回所选文件的路径和文件名。
- 初始化路径（InitDir）：指定初始路径。如未指定，则使用当前路径。
- 过滤器（Filter）：设置对话框中文件扩展名即文件类型，通过设定在文件类型列表中只列出过滤器所指定的文件类型。其格式为：文件说明 | 文件类型。
- 如 : 文本文件 |*.txt|word 文档 |*.doc 所有文件 | *.*
- 默认扩展名（DefaultExt）：指定对话框默认的扩展文件名。
- 标志（Flag）：用于设置选项内容。
- 过滤器索引（FilterIndex）：用来指定默认的文件类型。

图 9-20 所示为“打开”对话框于各属性的对照图。

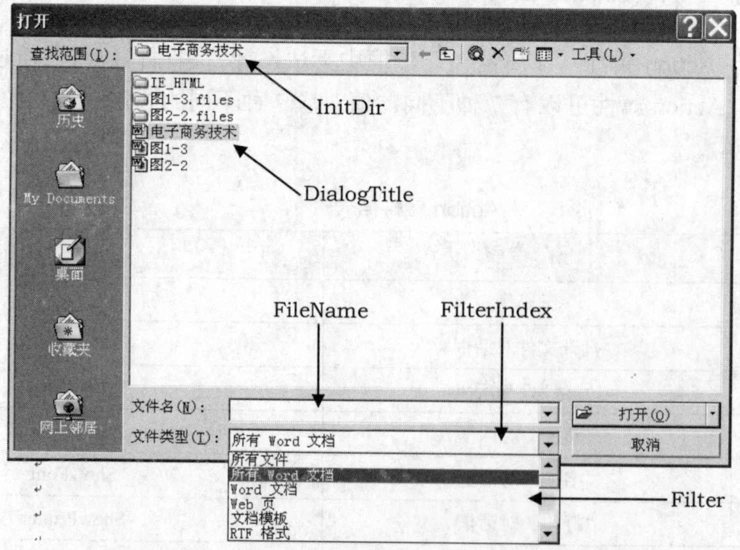


图 9-20 “打开”窗口与打开对话框各属性的对照图

- ShowOpen 方法：用于“打开”对话框。例如，将一个通用对话框控件 CommonDialog1 设置为“打开”对话框则可使用命令：CommonDialog1.ShowOpen。

也可以使用命令：CommonDialog1.Action=1。

- ShowSave 方法：用于“另存为”对话框。例如，将一个通用对话框控件 CommonDialog1 设置为“另存为”对话框则可使用命令：CommonDialog1.ShowSave。
- 也可以使用命令：CommonDialog1.Action=2。

### 4. “颜色”对话框

“颜色”对话框属性设置。右键单击通用对话框选择快捷菜单中的“属性”下的“颜色”标签即可对“颜色”对话框进行设置。图 9-21 所示为“颜色”属性设置对话框。

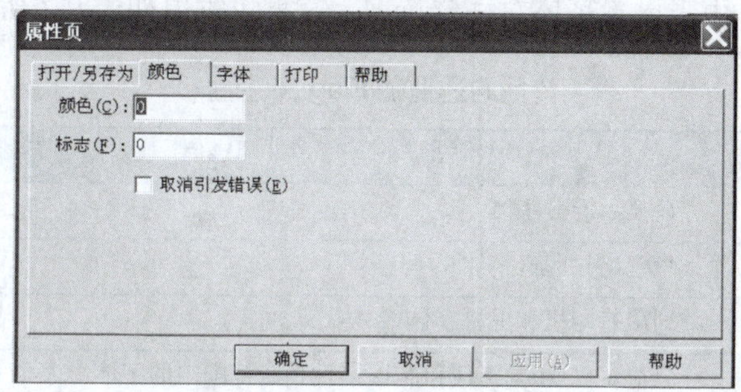


图 9-21 “颜色”属性设置对话框

“颜色”对话框主要属性和方法如下。

- 颜色（Color）属性：用来返回用户选择的颜色，每一个 Color 值对应一个颜色。
- 标志（Flag）：用来定义对话框的格式。颜色对话框的 Hags 有 4 种可能值，如表 9-6 所示。

表 9-6 “颜色”对话框的 Flag 属性值

| Flag 值 | 功　能 |
|---|---|
| 1 | 使 Color 属性定义的颜色在首次显示对话框时显示出来 |
| 2 | 打开的对话框，包括“自定义颜色”窗口 |
| 4 | 不能使用“规定自定义颜色“按钮” |
| 8 | 显示一个 Help 按钮 |

### 5. “字体”对话框

（1）“字体”对话框属性设置。右键单击通用对话框选择快捷菜单中的“属性”下的“蓬字体”标签即可对“字体”对话框进行设置。图 9-22 所示为“字体”属性设置对话框。

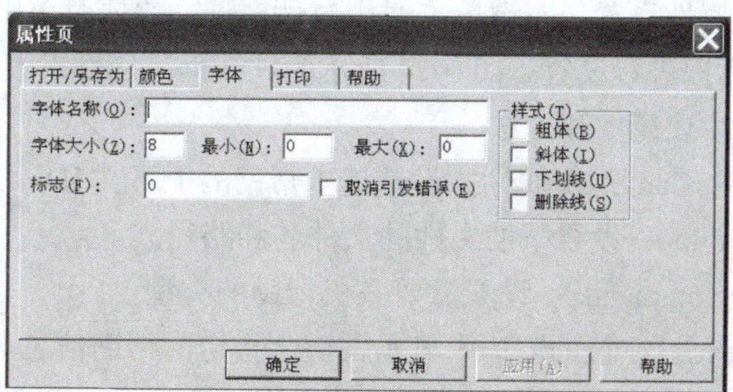


图 9-22 “字体”属性设置对话框

（2）“字体”对话框主要属性和方法。

- 字体名称（FontName）属性：用来返回用户选中的字体。
- 字体大小（FontSize）：用来定义字号。
- 粗体（FontBold）：字体是否加粗。
- 斜体（FontItalic）：用来定义字体是否倾斜。
- 下划线（FontUnderline）：用来定义是否加下划线。
- 删除线（FontStrikethru）：用来定义是否加删除线。
- 颜色（Color）：用来定义字的颜色。
- 最小（Min），最大（Max）：用来设置字号的最大和最小尺寸。
- 标志（Flags）：用来设置字体对话框选项。常见设置值如表 9-7 所示。

表 9-7　“字体”对话框的 Flag 属性值

| Flag 值 | 功　能 |
| --- | --- |
| 1 | 只显示屏幕字体 |
| 2 | 只列出打印机字体 |
| 3 | 列出打印机和屏幕字体 |
| 8192 | 只显示在 Max 属性和 Min 属性指定范围内的字体（大小） |
| 32768 | 只允许选择屏幕和打印机可用的字体。该属性应当与 3 和 131072 同时设置 |
| 131072 | 只显示按比例缩放的字体 |

### 6. “打印”对话框

（1）“打印”对话框属性设置。

右键单击通用对话框选择快捷菜单中的“属性”下的“打印”标签即可对“打印”对话框进行设置。图 9-23 所示为“打印”属性设置对话框。

（2）“打印”对话框主要属性和方法。

- 复制（Copied）属性：设定打印份数。
- 标志（Flag）：设置对话框选项。当值为 cdlPDPrintSetup(40) 时，则调用是打印设置对话框。
- 最大值（Max）、最小值（Min）：设置打印范围的最大和最小值。
- 起始页（FromPage）、终止页（ToPage）：设置打印从第几页到第几页。此属性在“打印设置”对话框内无效。
- ShowPrinter 方法：调用“打印”对话框。其作用与 CommonDialog.Action = 5 一样。

### 7. “帮助”对话框

（1）“帮助”对话框属性设置。右键单击通用对话框选择快捷菜单中的“属性”下的“帮助”标签即可对“帮助”对话框进行设置。图 9-24 所示为“帮助”属性设置对话框。

（2）“帮助”对话框主要属性和方法。

- 帮助上下文（HelpContext）属性：设置请求帮助的上下文 ID。
- 帮助文件（HelpFile）：设置帮助文件的文件名和路径。
- 帮助命令（HelpCommand）：设置需要联机帮助的类型。
- 帮助键（HelpKey）：在帮助窗口中显示关键字指定的帮助信息。
- ShowHelp 方法：调用“帮助”对话框。其作用与 CommonDialog.Action=6 一样。

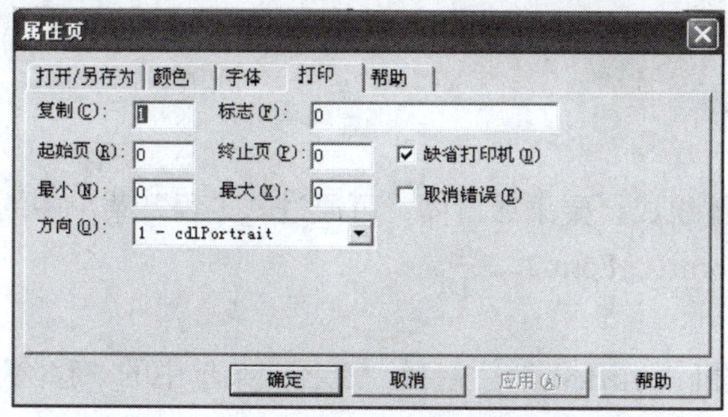


图 9-23　“打印”属性设置对话框

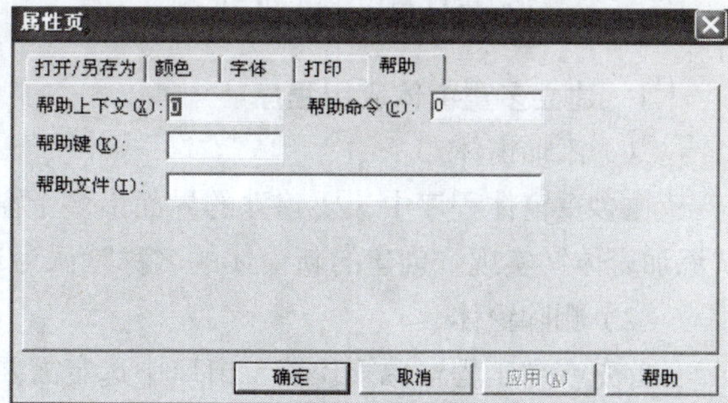


图 9-24　“帮助”属性设置对话框

### 9.3.2　自定义对话框

VB 除提供通用对话框之外，用户还可以利用普通窗体进行定制。根据应用程序的需要，在窗体中加入命令按钮、文本框、标签、单选按钮、复选按钮等来定制对话框。

利用对话框模板建立对话框具体操作步骤如下。

（1）创建一个工程，选择“工程”菜单中的“添加窗体”命令。

（2）出现窗体添加的对话框，选择相应的对话框模板，如图 9-25 所示。

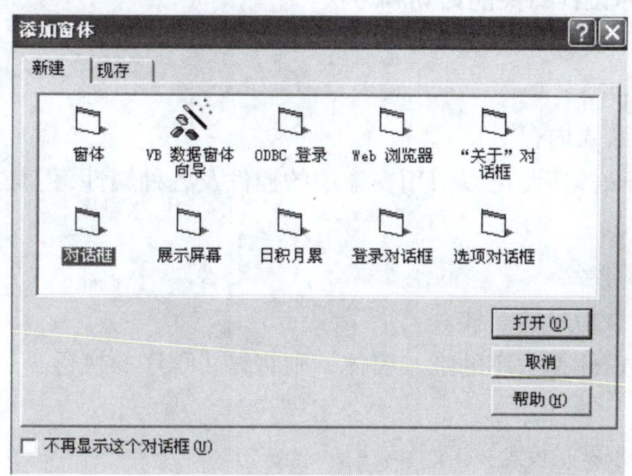


图 9-25　“添加窗体”对话框

（3）根据所选择的模板，适当地增加需要的控件，删除不需要的控件并对控件的属性进行更改，使得对话框适用于设计的应用程序。

（4）根据功能编写代码。

## 9.4　多重窗体程序设计与多文档程序设计

在解决较为复杂的应用问题时，单一窗体往往不能满足需要，必须使用多窗体来实现。在多窗体程序中，每个窗体可以有自己的界面及过程代码，以实现不同的要求。

### 9.4.1 多窗体程序设计

**1. 建立多重窗体应用程序**

（1）添加窗体

在多重窗体程序中，要建立的界面由多个窗体组成。要添加窗体，可通过“工程”菜单中的“添加窗体”实现。创建的新窗体的名称默认为 Form1、Form2、…

（2）删除窗体

首先在“工程资源管理器”窗口中选定需要删除的窗体，然后选择“工程”菜单中的“移除”命令即可。

（3）保存窗体

首先在“工程资源管理器”窗口中选定需要保存的窗体，然后选择“文件”菜单中的“保存”或“另存为”命令即可。当然工程中的每一个窗体都要分别保存。

（4）设置启动窗体

在单个窗体应用中，程序的执行是从此窗体开始执行的。而对于多窗体，默认情况下会从在设计阶段所建立的第一个窗体开始执行，当需要改变这个顺序时，就需设置启动窗体。

首先从“工程”菜单中选择“工程属性”命令，打开“工程属性”对话框；然后选择“通用”选项卡，在“启动对象”列表框中选择需作为启动窗体的窗体。

**2. 与多重窗体程序设计有关的语句和方法**

（1）Load 语句

格式：`Load <窗体名>`

功能：将一个窗体装入内存。

说明：当执行 Load 语句后，可以引用窗体中的控件及各种属性，但是此刻窗体并未显示出来。

（2）UnLoad 语句

格式：`UnLoad <窗体名>`

功能：从内存中卸载指定的窗体。

说明：如果卸载的窗体是程序的唯一窗体，则将终止程序的执行。

（3）Show 方法

格式：`[窗体名].Show [模式]`

功能：该方法用来显示一个指定窗体。

说明：若省略“窗体名”，则显示当前窗体；当指定窗体不在内存中时，则 Show 方法自动将窗体装入内存，然后再显示出来。我们在此不对“模式”进行说明，有兴趣可参考有关书籍。

（4）Hide 方法

格式：`[窗体名]Hide`

功能：将指定窗体隐藏，即不在屏幕上显示，但仍然在内存中。

在多窗体程序中，经常使用关键字 Me，它代表的是程序代码所在的窗体。例如，假定建立了一个 Form1，则可通过下列代码使该窗体隐藏：

```
Form1.Hide
```

与下列代码等价：

```
Me.Hide
```

注意：关键字 Me 必须出现在窗体或控件的事件过程的代码中。

【例 9-4】多窗体应用。计算机两个数据之和与乘积。

创建 3 个窗体和一个标准模块。

（1）主窗体（Form1）

建立 3 个命令按钮，运行界面如图 9-26 所示，属性设置见表 9-8。

表 9-8　　例 9-4 主窗体及控件属性设置

| 控件名 | 属性名 | 属性值 |
|---|---|---|
| Form1 | Caption | 主窗体 |
| Command1 | Caption | 输入数据 |
| Command2 | Caption | 计算 |
| Command3 | Caption | 结束 |

代码如下：

```
Private Sub Command1_Click()
    Form1.Hide
    Form2.Show
End Sub
Private Sub Command2_Click()
    Form1.Hide
    Form3.Show
End Sub
Private Sub Command3_Click()
    Unload Form1
    Unload Form2
    Unload Form3
End Sub
```

（2）"输入"数据窗体（Form2）

建立 2 个标签、2 个文本框、1 个命令按钮，运行界面如图 9-27 所示，属性设置见表 9-9。

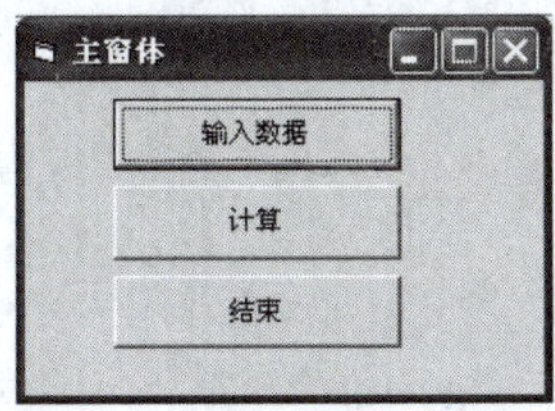

图 9-26　例 9-4 运行界面 1

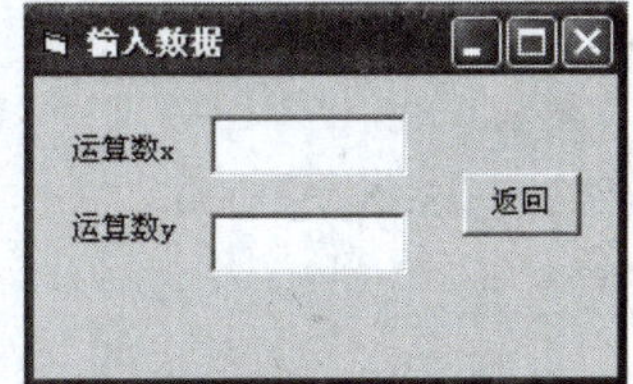

图 9-27　例 9-4 运行界面 2

表 9-9　　例 9-4"输入数据"窗体及控件属性设置

| 控件名 | 属性名 | 属性值 |
|---|---|---|
| Form2 | Caption | 输入数据 |
| Label1 | Caption | 运算数 x |
| Label2 | Caption | 运算数 y |

续表

| 控件名 | 属性名 | 属性值 |
|---|---|---|
| Text1 | Text | 空 |
| Text2 | Text | 空 |
| Command1 | Caption | 返回 |

代码如下：

```
Private Sub Command1_Click()
    x = Val(Text1.Text)
    y = Val(Text2.Text)
    Form2.Hide
    Form1.Show
End Sub
```

（3）“计算”窗体（Form3）

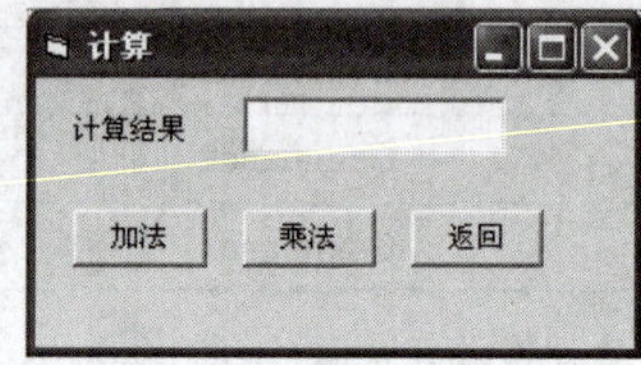

图 9-28　例 9-4 运行界面 3

建立 1 个标签、1 个文本框、3 个命令按钮。运行界面如图 9-28 所示，属性设置见表 9-10。

表 9-10　　例 9-4“计算”窗体及控件属性设置

| 控件名 | 属性名 | 属性值 |
|---|---|---|
| Form3 | Caption | 计算 |
| Label1 | Caption | 计算结果 |
| Text1 | Text | 空 |
| Command1 | Caption | 加法 |
| Command2 | Caption | 乘法 |
| Command3 | Caption | 返回 |

代码如下：

```
Private Sub Command1_Click()
    Text1.Text = x + y
End Sub
Private Sub Command2_Click()
    Text1.Text = x * y
End Sub
Private Sub Command3_Click()
    Form3.Hide
    Form1.Show
End Sub
```

（4）建立个标准模块 Module1，该标准模块中的代码如下：

```
Public x As Integer
Public y As Integer
```

运行程序后，首先显示主窗体。在主窗体上，用户可通过“输入数据”和“计算”两个按钮来选择进入不同的窗体。

## 9.4.2　多文档程序设计

多文档界面有一个父窗体及多个子窗体构成，父窗体称之为 MDI 窗体。MDI 窗体作为子窗体的容器，主要负责管理各个子窗体。而子窗体（或称为文档窗口）则显示各自的文档，所有的子窗体具有相同的功能。

多文档界面具有以下特点。

- 所有子窗体均被限制于 MDI 窗体的工作区域内，子窗体可以移动、改变大小。
- 当子窗体最小化时，将以标题栏的形式出现在 MDI 窗体内，而不是在 Windows 任务栏中；当子窗体最大化时，子窗体的标题栏均显示在 MDI 窗体的标题栏中。
- 当 MDI 窗体被关闭时，所有的子窗体也将随之关闭。
- MDI 窗体与子窗体都可以具有自己的菜单，当子窗体被加载时将覆盖 MDI 窗体的菜单。活动子窗体的菜单是显示在 MDI 窗体的菜单栏中，而不是显示在子窗体中。

值得注意的是，MDI 窗体与多重窗体的概念是不同的，多重窗体程序中的各个窗体是平行的，没有父与子的关系。

一个应用程序只能定义一个 MDI，MDI 窗体包含 Menu 控件、PictureBox 控件和具有 Align 属性的自定义控件或不可视控件。若需要放置这些控件，则通常是先在 MDI 窗体上放置一个 PictureBox，然后将这些控件放在 PictureBox 中。注意，MDI 窗体是不支持 Printer 方法的。

### 1. 与 MDI 有关的属性、事件和方法

MDI 窗体有着与普通窗体一样的事件和方法，但是增加了专门用于 MDI 的属性、事件和方法。

（1）属性

专门用于 MDI 窗体的常用属性如表 9-11 所示。

表 9-11　MDI 窗体的专用属性

| 属性名 | 属性值 | 说明 |
| --- | --- | --- |
| MdlChild | 逻辑型数据 | 若为 True，则该窗体作为 MDI 窗体的子窗体。默认为 False |
| WindowState | vbNormal（0） | 子窗体正常显示，可被其他窗体框住 |
| | vbMinimized（1） | 将子窗体最小化为一个图标 |
| | vbMaximized（2） | 将子窗体扩大到最大尺寸 |

（2）方法

MDI 窗体的专用方法如下。

① Arrange 方法：该方法用来以不同的方式排列 MDI 中的窗体或图标。其格式为：

```
< MDI 窗体名称 > .Arrange  < 方式 >
```

其中：< 方式 > 的取值如表 9-12 所示。

表 9-12　Arrange 方法中的 < 方式 > 参数取值表

| 参数值 | 说明 |
| --- | --- |
| vbCascade（0） | 层叠所有非最小化 MDI 子窗体 |
| vbTileHorizontal（1） | 水平平铺所有非最小化 MDI 子窗体 |
| vbTileVertical（2） | 垂直平铺所有非最小化 MDI 子窗体 |
| vbArrangeIcons | 重排最小化 MDI 子窗体图标 |

② Dim 语句：用此语句可以增加 MDI 子窗体。其调用格式为：

```
Dim <对象名>[ <对象1 To> <对象2>] As [ New] <对象名>|<对象类型>
```

其中：最后的<对象名>是指已经存在的窗体和控件，<对象类型>是以前未指定的新对象，若省略 <New>，则可通过编写代码来改变新对象的属性设置。Dim 语句只能声明图形对象，只有再次执行 Set 或 Load 及 Show 指令之后才能真正建立。

例如：

```
Dim NewOne As New Form1
NewOne.Show
```

上述两条语句中，第一条语句将 Form1 声明为一个名为 NewOne 的子窗体，而只有执行了第二条语句之后才能显示这个子窗体。

（3）事件

MDI 窗体常常触发的一个事件是 QueryUnload 事件。当关闭一个 MDI 窗体时，MDI 窗体首先触发 QueryUnload 事件，然后所有的子窗体触发该事件，如果所有的窗体都没有取消 QueryUnload 事件，则 Unload 事件将首先在子窗体发生，然后在 MDI 窗体中发生。

该事件主要用于在关闭一个应用程序之前确保每个窗体中没有尚未完成的任务，如果有的话，则提出询问。

该事件的调用格式为：

```
Sub MDIForm_QueryUnload(Cancel As Integer , UnloadMode As Integer)
```

**2. 创建 MDI 应用程序**

创建一个 MDI 应用程序的一般步骤如下。

（1）创建 MDI 窗体

执行“工程”菜单中的“添加 MDI 窗体”命令，即可创建一个 MDI 窗体，注意，每个应用程序只能创建一个 MDI 窗体，将 MDI 窗体设置为启动窗体。

（2）创建子窗体

创建一个新的普通窗体，并将其 MDIChild 属性设置为 True，则该窗体称为 MDI 窗体的子窗体。

（3）创建 MDI 窗体的控制区

在 MDI 窗体的最上端创建一个 PictureBox，这就是 MDI 窗体的控制区，而窗体的下面部分就是工作区，可再将 MDI 窗体的控件创建在 PictureBox 中。注意，控制区一旦创建，只能调整其高度，而不能调整其宽度。

（4）编写程序代码

**【例 9-5】**创建一个 MDI 窗体。将 MDIForm1 的 Caption 属性设置为“MDI 窗口”，Form1 的 Caption 属性设置为“无标题”，并将其 MDIChild 属性设置值为 True（即将 Form1 设置为 MDIForm1 的子窗体）。在 MDIForm1 中创建一个菜单“文件（File）”及它的一个子菜单“新建（FileNew）”；在 Form1 中创建一个文本框，将其 Multiline 属性设置为 True。

MDIForm1 窗体的代码为：

```
Private Sub Form_Resize()
    Text1.Height = ScaleHeight
    Text1.Width = ScaleWidth
```

```
End Sub
Private Sub FileNew_Click()
    Dim NewDoc As New Form1
    NewDoc.Show
End Sub
```

程序被执行后，每执行一次“文件”菜单中的“新建”命令，都将在 MDI 窗体上增加一个新的子窗体，运行结果如图 9-29 所示。

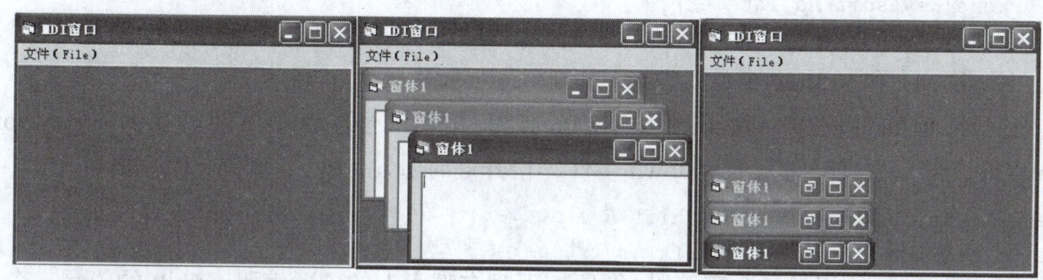


图 9-29　运行结果

# 9.5　Sub Main 过程

在一个含有多个窗体或多个工程的应用程序中，有时需要在显示多个窗体之前对一些条件进行初始化，这就需要在启动程序时执行一个特定的过程，在 VB 中，这样的过程称为启动过程，并命名为 Sub Main。一个应用如果有 Sub Main 过程，则可以首先执行 Sub Main 过程。

Sub Main 过程在标准模块中建立，并且只能有一个。如果将 Sub Main 过程指定为启动过程，则可以在运行程序时自动执行。由于 Sub Main 过程可先于窗体模块运行，因此常用来设定初始化条件。例如：

```
Sub Main()
    '初始化
    ……
    Form2.Show
End Sub
```

即改成先进行所需要的初始化处理，然后显示一个窗体。

# 9.6　鼠标与键盘事件

鼠标与键盘是进行应用程序操作的基础，在 VB 系统中，与键盘和鼠标相关的事件很多，在此，我们简单介绍一下键盘与鼠标的常用事件。

## 9.6.1　键盘事件

多数情况下，用户只需要使用鼠标就可操纵 Windows 应用程序，但有时也需要使用键盘进行处理，尤其是对于接受文本输入的控件（如文本框），需要控制和处理输入的文本，这时就更需要对键盘事件进行编程。

VB 提供 3 种事件处理键盘操作，即 KeyPress、KeyDown、KeyUp 事件，这些事件可用于窗体和其他可接收键盘输入的控件。

### 1. KeyPress 事件

当按下键盘上的某个键时，将触发 KeyPress 事件。该事件只能处理 ASCII 字符有关的键盘操作。其格式如下：

```
KeyPress(KeyAscii As Integer)
```

其中：KeyAscii 的值是一个字符码，即所按下键 ASCII 码。

### 2. KeyDown 和 KeyUp 事件

在按下某键的过程中，除了触发 KeyPress 事件外，还会触发另两种事件：KeyDown 和 KeyUp 事件，即按下键时触发 KeyDown 事件，松开键时触发 KeyUp 事件，其格式如下：

```
KeyDown(KeyCode As Integer,Shift As Integer)
KeyUp(KeyCode As Integer,Shift As Integer)
```

其中：KeyCode 的值是一个字符码，即所按下键在键盘上的位置编码。Shift 的值是一个整数，该值指示 Shift、Ctrl、Alt3 个控制键是否按下。

**说明：**

（1）KeyCode 是按键的实际的 ASCII 码，该码以“键”为准，而不是以“字符”为准，即大写字母与小写字母使用的是同一个键，他们 KeyCode 相同。

（2）在默认情况下，当用户对当前具有焦点的控件进行操作时，该控件 KeyPress、KeyDown、KeyUp 事件都可以被触发，但是窗体的 KeyPress、KeyDown、KeyUp 事件不会发生。为了启动窗体的这 3 个事件，必须将窗体 KeyPreview 属性设置 True，而该属性的默认值为 False。如果窗体 KeyPreview 属性设置 True，则首先触发窗体的这 3 个事件。

（3）Shift 的值代表着 Shift、Ctrl、Alt 的状态，这 3 个键分别以二进制形式表示，每个键有 3 位，即 Shift 键为 001，Ctrl 键为 010，Alt 键为 100。因此 Shift 参数共有 8 种取值可能，见表 9-13。

表 9-13　Shift 参数的值

| 十进制数 | 二进制数 | 含义 |
|---|---|---|
| 0 | 000 | 没有按下 Shift、Ctrl、Alt 其中的任何一个键 |
| 1 | 001 | 按下一个 Shift 键 |
| 2 | 010 | 按下一个 Ctrl 键 |
| 3 | 011 | 按下 Ctrl+Shift 组合键 |
| 4 | 100 | 按下 Alt 键 |
| 5 | 101 | 按下 Alt+Shift 组合键 |
| 6 | 110 | 按下 Alt+Ctrl 组合键 |
| 7 | 111 | 按下 Alt+Ctrl+Shift 组合键 |

**【例 9-6】**设计一个窗体，显示按键 KeyAscii 码和 KeyCode 码。

程序代码如下：

```
Private Sub Command1_Click()
    End
```

```
End Sub
Private Sub Text1_KeyDown(KeyCode As Integer, Shift As Integer)
    Text3.Text = KeyCode
End Sub
Private Sub Text1_KeyPress(KeyAscii As Integer)
    Text2.Text = KeyAscii
    Text1.Text = "": Text1.SetFocus
End Sub
```

运行结果如图 9-30 所示。

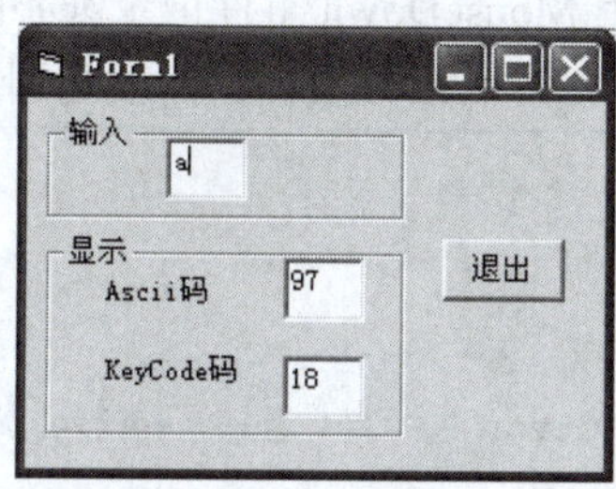


图 9-30　例 9-6 运行界面

## 9.6.2　鼠标事件

鼠标事件是指由于用户操作鼠标而引发的事件。其实在前面我们已经使用到了常用的鼠标事件 Click 事件，此外还提供了 MouseUp、MouseDown、MouseMove3 个常用的鼠标事件。它们的格式如下：

```
MouseMove(Button As Integer,Shift As Integer,X As Integer,Y As Integer)
MouseUp(Button As Integer,Shift As Integer,X As Integer,Y As Integer)
MouseDown(Button As Integer,Shift As Integer,X As Integer,Y As Integer)
```

功能： MouseMove 事件是鼠标移动到对象上时触发的事件，MouseDown 事件是鼠标按下时触发的事件，MouseUp 事件是鼠标按下再松开时触发的事件。

其中：Button 的值是一个整数，该值指示按下鼠标的状态。X、Y 表示鼠标光标的当前位置。

**说明：**

（1）对于 MouseDown、MouseUp 来说，Button 表示被按下的鼠标键，可以取 3 个值，如表 9-14 所示。

表 9-14　（MouseDown、MouseUp 事件）鼠标键 Button 的取值

| 符 号 常 量 | 值 | 含　义 |
|---|---|---|
| LEFT_BUTTON 或 vbLeftButton | 1 | 按下鼠标左键 |
| RIGHT_BUTTON 或 vbRightButton | 2 | 按下鼠标右键 |
| MIDDLE_BUTTON 或 vbMiddleButton | 4 | 按下鼠标中间键 |

（2）Shift 表示 Shift、Ctrl、Alt 键的状态，Shift 的值与键盘的 KeyDown 和 KeyUp 事件相同。

（3）对于 MouseMove 来说，可以通过 Button 参数判断按下或同时按下两个、三个键，Button 可以取 8 个值，如表 9-15 所示。

表 9-15　　　　（MouseMove 事件）鼠标键 Button 的取值

| Button 参数值 | 含　义 | Button 参数值 | 含　义 |
|---|---|---|---|
| 000（十进制 0） | 未按任何键 | 100（十进制 4） | 中间键被按下 |
| 001（十进制 1） | 左键被按下（默认） | 101（十进制 5） | 同时按下中键和左键 |
| 010（十进制 2） | 右键被按下 | 110（十进制 6） | 同时按下中键和右键 |
| 011（十进制 3） | 左、右键同时被按下 | 111（十进制 7） | 同时按下 3 个键 |

【例 9-7】利用鼠标画圆。使用 MouseDown 事件记录圆心的坐标，使用 MouseUp 事件记录半径端点的坐标，计算半径，再利用 Circle 方法在窗体上画圆。

程序代码如下：

```
Option Explicit
Dim StartX As Integer, StartY As Integer
Private Sub Form_MouseDown(Button As Integer, Shift As Integer, X As _
Single, Y As Single)
   StartX = X: StartY = Y
End Sub
Private Sub Form_MouseUp(Button As Integer, Shift As
     Integer, X As _Single, Y As Single)
   Dim r As Integer, color As Integer
   Dim EndX As Integer, EndY As Integer
   EndX = X: EndY = Y
   Color = Int(16 * Rnd)
   r = Sqr((EndX - StartX) ^ 2 + (EndY - StartY) ^ 2)
   Form1.Circle (StartX, StartY), r, QBColor(color)
End Sub
```

运行结果如图 9-31 所示。

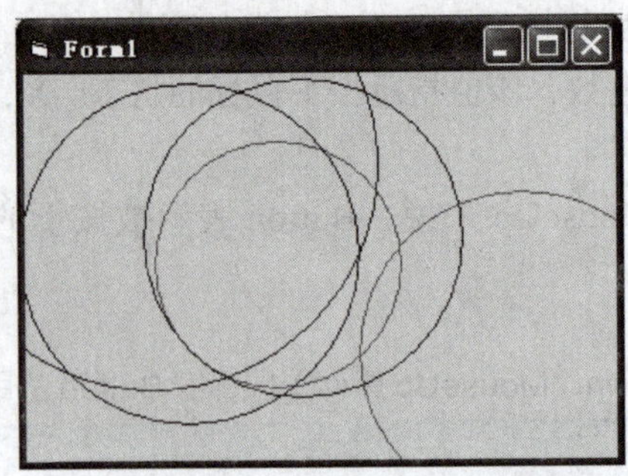


图 9-31　例 9-7 运行界面

# 第10章 文件

前面章节中编写的应用程序，其数据都是通过文本框或 InputBox 对话框输入的，程序的运行结果也是打印到窗体或其他可用于显示的控件上。如果要再次查看结果，就必须重新运行程序，并重新输入数据。如果退出应用程序或关闭计算机，相应的数据就会丢失，也不能重复使用这些数据。因此，为了保存这些数据以便修改和供其他程序使用，就必须将数据以文件的形式存放在外部介质（如磁盘）中。

Visual Basic 具有较强的文件处理能力，为用户提供了多种处理方法。它既可以直接读写文件，同时又提供了用于制作文件系统的控件和大量的与文件管理有关的语句、函数。

Visual Basic 对文件的操作分为 3 个步骤，即首先打开文件，然后进行读或写操作，最后关闭文件。

## 10.1 文件的概念

在计算机中，文件是存储在外部介质上的一组数据集合。通常使用的程序、数据、图片、声音等都是以文件的形式存在的。我们把存储在磁盘上的文件称为磁盘文件，与计算机相连的设备称为设备文件，这些文件都不在计算机内，故称为外部文件。用户要访问数据，必须先按文件名找到指定文件，再从文件中读取数据。反之，要存储数据，必须先建立一个文件（以文件名为标识），才能向它输出数据。

在 Visual Basic 中，文件可分为以下 3 类。

（1）按内容性质分类，将文件分为程序文件和数据文件。

程序文件经编译后是可以执行的。数据文件则是专门存放数据的，它不能单独运行。

（2）按存储格式分类，将文件分为文本文件和二进制文件。

文本文件中每个字符用一个字符编码表示，其中西文字符占用一个字节，中文字符占用两个字节。二进制文件是把内存中的数据按其在内存中的存储形式输出到磁盘上。

文本文件便于对字符进行逐个处理和输出，但占存储空间较多，而且还要花费字符编码与二进制形式间的转换时间；二进制文件可节省空间和转换时间，但不能直接输出字符形式。

（3）按存取方式分类，将文件分为顺序文件、随机文件和二进制文件。

① 顺序文件（sequential file）

顺序文件结构比较简单，文件中的数据是按顺序组织的文本行，即每行为一个数据记录，每行的长度可以不固定，行之间以换行符作为分隔符。顺序文件以 ASCII 码方式存放数据，可以直接用文本编辑软件打开顺序文件。

Visual Basic 中对顺序文件的访问必须按顺序逐记录存取。如果要在顺序文件中查找某一个记录，必须从第一个记录开始读取，直到找到该记录为止。例如，要读取文件中的第 100 条记录，就必须先读出前 99 条记录，写入记录也是如此。

② 随机文件（random access file）

随机文件又称为记录文件，由一组长度完全相同的记录组成。记录与记录之间不需要分隔符号。随机文件一般以二进制形式存放，每个记录包含一个或多个字段。对于随机文件，可以按任意次序读写。用户可以根据每条记录唯一的记录号直接读取记录。

与顺序文件相比，随机文件可以同时进行读写操作，具有灵活、方便、存取速度快、容易更新的优点，缺点是占用空间大，数据组织复杂，程序设计较为繁琐。

③ 二进制文件（binary file）

二进制文件是最原始的文件类型，它直接把二进制码存放在文件中，没有固定的格式。二进制访问模式以字节数来定位数据，允许在程序中按任何方式组织和访问数据，占用空间较小，存取灵活。二进制文件不能用普通的字处理软件进行编辑。任何形式的文件都可以使用二进制模式进行访问。

## 10.2 顺 序 文 件

顺序文件是普通的文本文件，结构简单，易于操作，适用于有规律、不经常修改的数据。下面介绍有关顺序文件的操作命令。

### 1. 打开文件

在对文件进行任何操作之前，都必须先打开文件，同时要通知操作系统是要对文件进行读操作还是写操作。

打开顺序文件用 open 语句，其格式如下：

```
Open 文件名 For 模式 As【#】文件号【Len= 记录长度】
```

**说明：**

（1）文件名可以是字符串常量，也可以是字符串变量。

（2）“模式”为下列 3 种形式之一。

Output：向打开的文件进行写操作。若指定打开的文件不存在，则新建该文件，若指定打开的文件已存在，则原有同名文件将会被覆盖，其中的数据将全部丢失。

Input：从打开的文件进行读操作。此模式要求打开的文件必须存在，否则程序将出错。

Append：也是用于向打开的文件进行写操作，与 Output 模式不同的是，指定打开的文件若已存在，在打开后原有内容不会被擦除，新记录将追加在其后面。

（3）文件号是一个介于 1 ～ 511 之间的整数。当打开一个文件并为它指定一个文件号后，该文件号就代表文件，直到文件被关闭后，此文件号可以再被其他文件使用。在复杂的应用程序中，可以利用 FreeFile() 函数获得可利用的文件号。

（4）Len= 记录长度：可选项，用来指定缓冲区的字符数。

例如，打开 C 盘 TEMP 目录下一个文件名为 A.txt 的文件，向该文件中写入数据。

```
Open "c:\TEMP\A.txt" For Output As #1  '指定文件号为 #1
```

例如，若从上述文件中读取数据，可用如下命令：

```
Open  "c:\TEMP\A.txt" For Input As #1
```

### 2. 写操作

将数据写入磁盘文件操作可以使用 Print 语句或 Write 语句来实现。

(1)Print # 语句

其格式如下：

```
Print  #<文件号>[,<输出列表>]
```

其中：文件号为以写方式打开的文件号，输出列表可用分号或逗号分隔各表达式项，区别在于前者紧凑输出，后者按区输出。

例如，利用 Print 语句把数据写入文件 #1 中。

```
Open  " testfile " For Output as #1                    '打开文件供输出
Print #1, " This is a test "                          '输出一行内容
Print #1,                                             '输出一个空行
Print #1, " Zone 1 "; Tab; " Zone 2 "                 '在两个打印区输出
Print #1, " Hello "; "  "; " World "                  '用空格分隔字符串
Print #1, Spc(5); " 5 leading spaces "                '先输出 5 个前导空格，再输出字符串
Print #1, Tab(10); " hello "                          '在第 10 列上输出字符串
Print #1, Text1.Text                                  '把整个文本框的内容一次性写入到文件
```

(2)Write # 语句

其格式如下：

```
Write  #<文件号>[,<输出列表>]
```

其中：文件号与输出列表的含义与 Print# 语句相同。区别在于使用 Print# 语句，数据项之间的输出无分隔符，且字符串不加引号。而使用 Write# 语句，不管输出列表之间用什么符号分割，数据项之间的输出均以紧凑格式存放，并以“,”自动隔开，且自动给字符串加上双引号。Write# 语句在将输出列表中的最后一个字符写入文件后会插入回车换行符。

**【例 10-1】**用 Print# 语句和 Write# 语句把数据写入到指定文件中，比较输出效果。

程序如下：

```
Private Sub Form_Click()
   Open  "e:\temp\Myfile.txt" For Output As #1   '写的方式打开文件
   Print #1, "Print 输出:"
   Print #1,  "A" ,  "B" , 3
   Print #1,  "A" ;  "B" ; 3
   Print #1,  "****************"
   Print #1, "Write 输出:"
   Write #1,  "A" ,  "B" , 3
   Write #1,  "A" ;  "B" ; 3
   Close #1
End Sub
```

程序运行后，在本机 E 盘 temp 根目录下会建立一个 Myfile.txt 文件，用记事本打开，可见其输出效果，如图 10-1 所示。

### 3. 读操作

顺序文件读文件的操作方式有 3 种。

（1）Input # 语句

其格式如下：

```
Input #<文件号>,<变量列表>
```

功能：从已打开的顺序文件中依次读出数据，并分别赋给指定的用逗号分隔的变量列表中的变量。变量的类型与文件中的数据的类型要求对应一致。

例如，从 #1 文件中读出 3 个数据存入变量中。

```
Input #1,a,b,c
```

**说明：**

Input 语句可以读取 Print 语句和 Write 语句写入的数据，但建议使用 Write# 语句而不要使用 Print# 语句。因为 Write# 语句自动地将各个数据域自动地分隔开来，确保了每个数据域的完整性。

（2）Line Input # 语句

其格式如下：

```
Line Input #<文件号>,<字符串变>
```

功能：从已打开的顺序文件中读出一行数据，并赋给字符串变量。读取数据时以回车或回车换行作为结束标志，读出的数据不包括回车符及换行符。

（3）Input() 函数

其格式如下：

```
变量名 = Input$(<读取的字符数>,#<文件号>)
```

功能：调用该函数可以读取指定数目的字符，以字符串形式返回。

例如：从 #1 文件中读出 16 个字符存入变量 a 中。

```
A=Input(16,#1)
```

【例 10-2】将 E 盘 temp 目录下文本文件 Myfile1.txt 中的内容通过 3 种方法读入文本框 Text1 中。

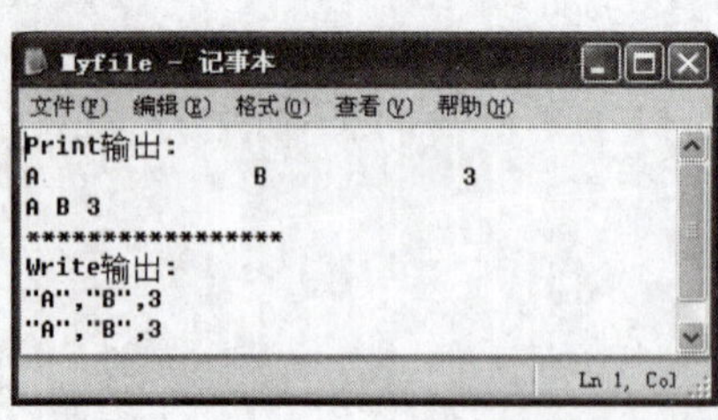


图 10-1　Print 与 Write 的输出比较

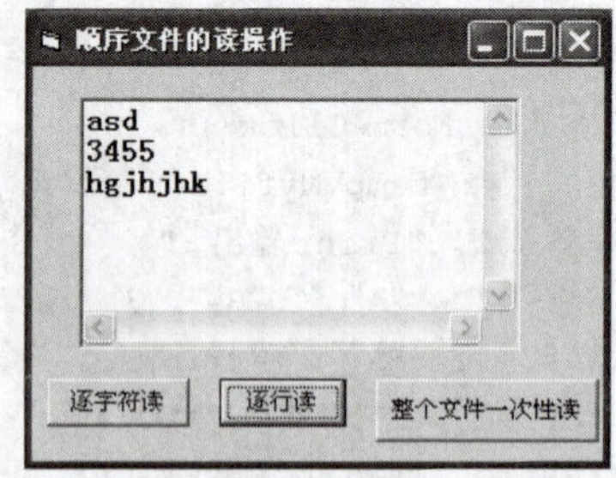


图 10-2　读输出文件语句比较

方法 1：逐字符读。

程序如下：

```
Private Sub Command1_Click()
    Dim data As String * 1
    Text1.Text = ""
    Open "e:\temp\Myfile1.txt" For Input As #1
    Do While Not EOF(1)
```

```
        Input #1, data
        Text1.Text = Text1.Text + data
    Loop
    Close #1
End Sub
```

方法 2：逐行读。

程序如下：

```
Private Sub Command2_Click()
    Dim data As String
    Text1.Text = ""
    Open "e:\temp\Myfile1.txt" For Input As #1
    Do While Not EOF(1)
      Line Input #1, data
      Text1.Text = Text1.Text + data + vbCrLf 'vbcrlf表示回车换行的系统常量
    Loop
    Close #1
End Sub
```

方法 3：整个文件一次性读入。

程序如下：

```
Private Sub Command3_Click()
    Text1.Text = ""
    Open "e:\temp\Myfile1.txt" For Input As #1
      Text1.Text = Input(LOF(1), 1)
    Close #1
End Sub
```

**说明：**

由于可能不明确究竟文件有多少行，因此该程序用循环的方法来遍历文件中的所有行，通过循环条件控制读取文件的全部数据。VB 的 EOF() 函数能够返回是否达到文件尾的信息，当遍历文件达到文件末尾时，返回 True，退出循环。

**【例 10-3】**将 E 盘 temp 目录下文本文件 aaa.txt 合并到 bbb.txt 中。

**分析：**

合并两个顺序文件，只需简单地将一个文件接在另一个文件的后面，题目要求将文件 aaa.txt 合并到 bbb.txt 中，就是说，合并后的 bbb.txt 文件应包含原来两个文件内的所有记录，因此原来 bbb.txt 文件必须以 Append( 追加记录 ) 方式打开，以保留原记录，使 aaa.txt 中的记录加在后面。

程序如下：

```
Private Sub Form_Click()
    Dim char$
    Open "e:\temp\bbb.txt" For Append As 1      '对文件采用追加方式打开，使原有记录保留
    Open "e:\temp\aaa.txt" For Input As 2       'aaa.txt文件中的记录加在其后
     Do While Not EOF(2)
       Line Input #2, char                      '读aaa.txt文件中的记录
       Print #1, char                           '写入bbb.txt文件中
```

```
    Loop
    Close #1, #2
End Sub
```

### 4. 文件的关闭

文件读写结束后，应及时将文件关闭，否则文件中的数据可能丢失。关闭数据文件具有两方面的作用：首先，把文件缓冲区中的所有数据写到文件中；其次，释放与该文件相联系的文件号及其占用的缓冲区，以供其他 Open 语句使用。

关闭文件用语句 Close，其格式如下：

```
Close[ [#] 文件号][ ,[ #] 文件号] ……
```

例如：关闭上述 A.txt 的文件。

```
Close #1
```

如果省略了文件号，Close 命令将会关闭所有已经打开的文件。

### 5. 顺序文件的应用

【例 10-4】通过键盘输入 3 个学生的学号、姓名和总分，建立数据文件 datafile.txt。然后从该文件将数据读出，显示数据并计算平均成绩，运行界面如图 10-3 所示。

程序代码：

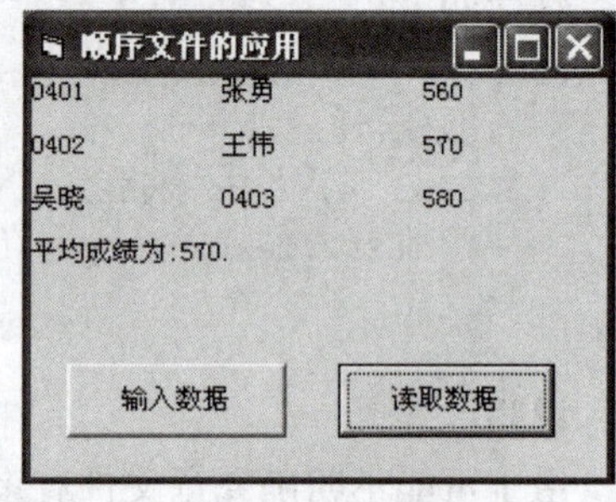

图 10-3 运行界面

```
Dim xh As String, xm As String, zf As Integer
Private Sub Command1_Click()         ' 建立数据文件
    Dim i As Integer
    Open "e:\temp\datafile.txt" For Output As #1
    For i = 1 To 3
        xh = InputBox(" 请输入学号 :")
        xm = InputBox(" 请输入姓名 :")
        zf = InputBox(" 请输入总分 :")
        Print #1, xh; ","; xm; ","; zf
    Next
    Close #1
End Sub

Private Sub Command2_Click()          ' 读取数据文件
    Dim i As Integer, sum As Long
    Open "e:\temp\datafile.txt" For Input As #2
    Do While Not EOF(2)
        Input #2, xh, xm, zf
        sum = sum + zf
        Print xh, xm, zf
      Print
    Loop
    Close #2
    Print " 平均成绩为 :" & Format(sum / 3, "###.#")
End Sub
```

思考：

建立数据文件时，语句 print#1，xh；“,”；xm；“,”；zf 中，为什么数据项之间要将使用分界符“,”？如果使用 Write 语句该如何实现？

# 10.3 随机文件

与顺序文件不同，随机文件中各记录的写入顺序、在文件中的存放顺序及从文件中读出的顺序，三者可以不一致。先写入的记录不一定放在文件的最前面，排在前面的记录也不一定最早被读出。在读写数据时，只要指定记录号，就可以直接对该记录进行读写。因此，随机文件具有“直接存取”的特点。

在随机访问模式中，无论是从内存向磁盘写数据或从磁盘读数据，都需要事先定义内存空间，而内存空间的分配是靠变量说明来进行的，所以不管是读操作还是写操作，都必须事先在程序中定义变量。将变量定义成随机文件中的一条记录，而一条记录又是由多个数据项组成的，每个数据项有不同的类型和长度。因此在程序的变量说明部分采用用户自定义的类型说明语句，首先定义记录的类型结构，然后再将变量说明成该类型，这样就为这个变量申请了内存空间用于存放随机文件中的记录。

## 10.3.1 用户自定义类型

Visual Basic 不仅具有丰富的标准数据类型，还提供了用户自定义数据类型。通常使用 VB 的标准类型的数据来组合一个新的数据类型。例如，对于一个学生的“学号”、“姓名”、“性别”、“年龄”、“入学成绩”等数据，为了处理方便，常常需要把这些数据定义成一个新的数据类型（如 Student 类型），这种结构的数据类型也称为“记录”类型。

### 1. 创建自定义数据类型

自定义数据类型通过 Type 命令来定义，格式如下：

```
Type 自定义数据类型名
  元素名 1 As 类型名
元素名 2 As 类型名
...
元素名 n As 类型名
End Type
```

其中，元素名表示自定义数据类型中的一个成员，可以是变量或数组；类型名为标准数据类型。

例如：以下定义了一个有关学生信息的自定义数据类型。

```
Private Type student
    Xh As Integer                          '学号
    Xm As String *20                       '姓名
    Xb As String *1                        '性别
    Mark(1 to 4) as Single                 '4门课程成绩
    Total As Single                        '总分
End Type
```

**注意：**

（1）自定义数据类型一般在标准模块（.bas）中定义，默认为 Public。若在窗体模块中定义，必须是 Private。

（2）自定义数据类型中的元素类型可以是字符串，但应是定长字符串。

（3）不要将自定义类型名和该类型的变量名混淆，前者表示了如同 Integer、Single 等的类型名，后者 VB 根据变量的类型分配所需的内存空间存储记录数据。

**2. 声明自定义类型的变量**

自定义数据类型可用于声明变量和数组，格式与基本数据类型一样。

```
Dim 变量名 as 自定义类型名
```

例如：可在窗体的某处将变量 S 声明为 Student 类型：

```
Dim S as Student
```

**3. 自定义类型数据的存储**

用自定义类型声明的变量，其成员在内存中占用连续的存储空间，所占空间大小为自定义类型所有成员的长度之和。例如：上述变量 S 所占内存空间为自定义类型 Student 所有成员长度之和，即 2Byte + 20Byte + 1Byte + 4 × 4Byte + 4Byte = 43Byte。

**4. 自定义类型变量的使用**

变量用自定义数据类型声明后，就拥有该自定义类型的全部成员元素。表示其中的某个成员元素，可使用如下形式：

变量名 . 元素名

例如：要给自定义类型变量 S 中的姓名、第 4 门课程成绩赋值，可以表示如下：

```
S. Xm = “王建波”, S.Mark(4)=80
```

若要表示每个变量 S 中的每个元素，这样书写则太繁琐了，可利用 With 语句进行简化。例如，对 S 变量的各个元素赋值，计算总分，并显示结果，有关语句如下：

```
With S
    . Xh=7001
    . Xm = "张勇"
    . Xb = "男"
    .Total = 0
    For i=1 to 4
        .mark(i)=Int(rnd*101)          '随机产生 0 ~ 100 之间的分数
        .Total=.Total+.Mark(i)         '总分累加
    Next i
    Print .Xh, .Total                  '显示学号和总分
End With
```

## 10.3.2 随机文件操作

随机文件的存取以记录为单位，因此在访问随机文件时，应事先声明一个用户自定义的数据类型，该类型对应于该文件的记录。

**1. 打开文件**

打开随机文件仍然使用 Open 语句，命令格式如下：

```
Open 文件名 For Random As #文件号【Len=记录长度】
```

**说明：**

（1）文件名可以是字符串常量，也可以是字符串变量。

（2）Random：是隐含的存取方式，默认的访问类型。

（3）文件以随机访问模式打开后，可以同时进行读或写的操作。在 Open 语句中要指明记录的长度，记录长度的默认值是 128 个字节。

例如，用随机方式打开 D 盘根目录下 MyDoc 文件夹中的 MyDatal.txt 文件，记录长度为 100 个字节：

```
Open " D:\MyDoc\Mydatal.txt " For Random As #1 Len=100
```

**2. 写操作**

随机文件的写操作可以使用 Put 语句实现。其格式如下：

```
Put <文件号>,【<记录号>】,<表达式>
```

功能：将表达式的值写入由记录号指定的记录位置处，同时覆盖原记录内容。随机文件的操作不受当前文件中的记录数的限制。

说明：

（1）<记录号>：指定写到文件中的第几个记录上，如果省略，则表示在当前记录后插入一条记录。记录号应为大于 1 的整数。

（2）<表达式>：是要写入文件的数据，可以是变量。

**3. 读操作**

随机文件的读操作使用 Get 命令。其使用格式如下：

```
Get #文件号,【<记录号>1】,变量名
```

功能：将指定的记录内容存放到变量中。记录号为大于 1 的整数。如果省略记录号，则表示读取当前记录。

例如：从 #1 文件的 3 号记录读取数据，并将数据送入到变量 st 中，语句为：

```
Get #1,3,st
```

**4. 文件关闭**

与关闭顺序文件相同，仍用 Close 语句。

**【例 10-5】**单击“写入数据”按钮，将 3 个文本框中输入的数据（学号、姓名、总分）保存到 MyFile.dat 中；单击“读取数据”按钮，能够将 MyFile.dat 文件中的 1 号记录读到内存，并在窗体上显示，运行界面如图 10-4 所示。

程序如下：

```
Private Type student
    xh As Integer
    xm As String
    zf As Integer
End Type
```

用户自定义数据类型，可以在窗体模块的“通用”部分用 Private 声明，也可以添加一个新的模块，用“工程”菜单的“添加模块”命令。

```
Dim s As student    '声明s为自定义类型变量

Private Sub Command1_Click()                    '向随机文件写数据
    s.xh = Text1.Text
    s.xm = Text2.Text
    s.zf = Text3.Text
    Open "e:\temp\myfile.dat" For Random As #1 Len = 12
    Put #1, 1, s
```

```
    Close #1
End Sub

Private Sub Command2_Click()                          '从随机文件读数据
    Open "e:\temp\myfile.dat" For Random As #1 Len = 14
    Get #1, 1, s
    Picture1.Print s.xh; s.xm; s.zf
    Close #1
End Sub
```

5. 记录操作

数据文件建立后，由于实际问题的需要，经常要对文件中的数据进行增加、删除和修改的操作。随机文件能够针对记录进行操作，因此对文件内容的各种处理比较方便。

（1）添加记录

随机文件可以直接访问其内部的任何一条记录，与数据在随机文件中的物理位置无关。因此增加记录时，只要将记录写到文件的末尾即可。步骤如下。

① 计算出随机文件的记录总数。

② 将输入的新数据放入自定义数据类型的变量中。

③ 用 Put 语句将记录写入到原记录总数 +1 的位置。

（2）删除记录

依次从文件中读取每一条记录，并添加到列表框中显示，步骤如下。

① 清除列表框。

② 用 For 循环结构把文件中的每一条记录用 AddItem 方法添加到列表框中。

（3）删除记录

随机文件记录的删除方法有多种，以下介绍的方法是，利用两个结构相同的文件，将当前文件中的记录逐个复制到备份文件中，只留下要删除的记录。然后删除原文件，将备份文件更名为原文件名。步骤如下。

① 创建一个新的随机文件作为备份文件，同时打开原文件。

② 复制原文件的记录到新文件中，用 Get 语句从原文件中读取一条记录。然后用 Put 语句写入新文件中，如此重复。

③ 用 Close 语句关闭这两个文件。

④ 用 Kill 语句删除原文件。

⑤ 用 Name 语句将备份文件名改为原文件名。

（4）修改记录

修改记录实际上是替换记录，步骤如下。

① 获取被替换的记录号，如果已经知道要修改的记录号，则直接给出被替换的记录号。否则要逐条记录用 Get 语句读出查看，确定被替换的记录号。

② 输入新记录，将新数据放入自定义数据类型的变量中。

③ 用 put 语句将新数据写入文件中确定的记录位置。

**【例 10-6】**设计如图 10-5 所示的程序界面，实现对随机文件 stu.dat 的增加、显示浏览、删除操作。

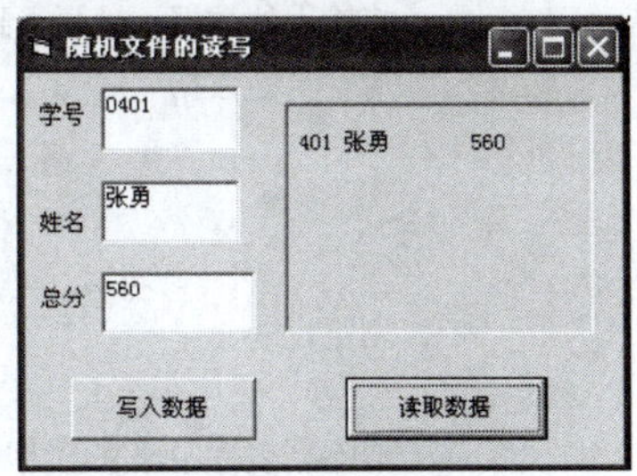


图 10-4 运行界面

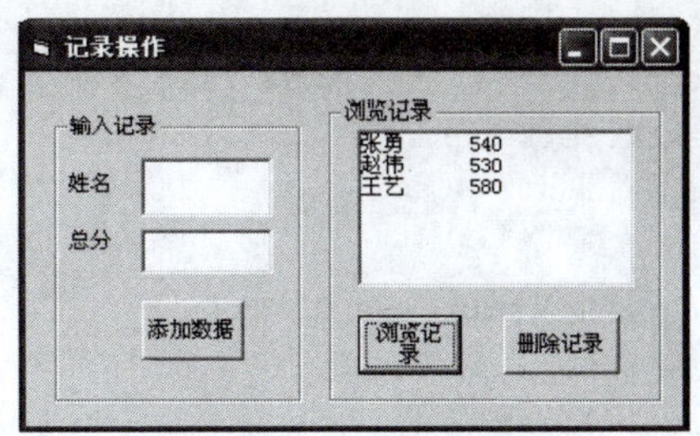


图 10-5 运行界面

主要控件属性如表 10-1 所示。

表 10-1 设置主要控件属性

| 对 象 | 名 称 | 属 性 | 属性值 | 说 明 |
|---|---|---|---|---|
| 窗体 | Form1 | Caption | " 记录操作 " | |
| 框架 1 | Frame1 | Caption | " 输入记录 " | |
| 框架 2 | Frame2 | Caption | " 浏览记录 " | |
| 文本框 1 | Text1 | Text | " " | 输入姓名 |
| 文本框 2 | Text2 | Text | " " | 输入总分 |
| 列表框 1 | List1 | List | " " | |
| 命令按钮 1 | cmdAdd | Caption | " 添加数据 " | |
| 命令按钮 2 | cmdDelete | Caption | " 删除记录 " | |
| 命令按钮 3 | cmdBrowse | Caption | " 浏览记录 " | |

**思路：**

在窗体通用模块中定义用户自定义类型 student 作为记录类型，并定义 student 类型的记录变量 s、表示文件中记录数的变量 lastrecord 和要查找的记录号变量 find。

```
Private Type student                              ' 定义自定义数据类型
   xm As String * 8
   cj As Integer
End Type
Dim s As student                                  's 为自定义类型的变量
Dim lastrecord As Integer                         ' 表示文件中记录数的变量
Dim find As Integer                               ' 表示要查找到的记录号变量
```

采用窗体 Load 事件过程打开随机文件，并计算文件中所存储的记录数。

```
Private Sub Form_Load()
   Open "e:\temp\stu.dat" For Random As #1 Len = Len(s)
   lastrecord = LOF(1) / Len(s)                   ' 计算出随机文件的记录数
End Sub
```

各事件过程如下：

```
Private Sub cmdadd_Click()                        ' 添加记录
   lastrecord = lastrecord + 1                    ' 计算添加记录的记录号
   s.xm = Text1.Text
```

```
    s.cj = Text2.Text
    Put #1, lastrecord, s                              '将输入的数据记录写入到文件尾
    Text1.Text = "": Text2.Text = ""                   '清空当前数据
    Text1.SetFocus
End Sub

Private Sub cmdbrowse_Click()                          '浏览记录
    Dim str1 As String
    List1.Clear                                        '清除列表框中原来的内容
    For i = 1 To lastrecord                            '从文件中读取记录添加到列表框中
      Get #1, i, s
      s.xm = Left(s.xm, 5)
      s.cj = Str(s.cj)
      str1 = s.xm & s.cj
      List1.AddItem str1
    Next
End Sub

Private Sub cmddelete_Click()                          '删除记录
    Dim sname As String * 8
    sname = InputBox("请输入要删除的学生姓名:")          '输入要删除学生的姓名
    find = 0      '表示没有找到
     For i = 1 To lastrecord                           '在文件中查找该学生
       Get #1, i, s
       If Trim(s.xm) = Trim(sname) Then
         find = i                                      '查找到该学生的记录号
         Exit For
       End If
    Next
    If find <> 0 Then                                  '根据找到的记录号进行删除
     Open "e:\temp\temp.dat" For Random As #2 Len = Len(s)
     '创建一个新的随机文件作为备份文件
     For i = 1 To lastrecord
       Get #1, i, s
         If i <> find Then Put #2, , s                 '不删除的记录写到临时备份文件中
       Next
         Close                                         '关闭两个文件
         Kill "e:\temp\stu.dat"                        '删除原文件
         Name "e:\temp\temp.dat" As "e:\temp\stu.dat"  '将备份文件改为原文件
         Call Form_Load
       Else
         MsgBox "删除的学生不存在!"
       End If
    End Sub
```

思考：

本例是一个对随机文件进行读写操作的程序，程序代码比较长，读者只要按功能模块去分析阅读，其实并不难，读者可自行完成记录修改的程序。

## 10.4　常用的文件操作语句和函数

Visual Basic 提供了许多与文件操作的语句和函数，因而用户可以方便地对文件和目录进行复制、删除等维护工作。

### 10.4.1　文件操作语句

1. FileCopy 语句

格式：FileCopy 源文件名，目标文件名

功能：复制一个文件。

例如：将 D 盘 MyFile 文件夹中的 ABC.doc 文件复制到 E 盘 ABC.doc 文件中。

```
FileCopy "d:\MyFile\ABC.doc","E:\ABC.doc"
```

注意：FileCopy 语句不能复制一个已打开的文件，否则，将会产生一个错误。

2. Kill 语句

格式：Kill 文件名

功能：从磁盘中删除指定的文件。允许使用通配符“*”和“?”，删除多个文件。

例如：将当前目录下所有扩展名为 TXT 的文件删除。

```
Kill "*.TXT"
```

注意：因为在使用 Kill 语句删除文件时不会出现任何提示，所以应在程序中加上适当的代码以提示用户确认后再删除。

3. Name 语句

格式：Name 旧文件名　as 新文件名

功能：重新命名一个文件、目录或文件夹。

例如，将 D 盘 Myfne 文件夹中的 ABC.doc 文件移到 C 盘 New 文件夹中并更名为 XYZ.　doc。

```
Name "D: \Myfile\ABC.doc" As "c: \New \ XYZ.doc"
```

注意：

（1）该语句应指定已存在的新、旧文件名和位置，不能使用通配符“*”和“?”。

（2）该语句不能创建新文件、目录或文件夹。

（3）该语句不能重新命名一个已打开的文件，否则，将会产生一个错误。

4. ChDrive 语句

格式：ChDrive 驱动器名

功能：改变当前的驱动器的位置。

例如：ChDrive"D" 与 ChDrive"D:\ " 都是将当前的驱动器设为 D 盘。

注意：驱动器名如果是一个空字符串""，则当前的驱动器将不会改变；如果驱动器名中有多个字符，则只会使用首字母。

5. ChDir 语句

格式：ChDir 路径

功能：改变当前的目录或文件夹。

例如：`ChDir"d: \MyFile"`

注意：ChDir 语句改变默认的目录位置，但不会改变默认驱动器的位置。如果默认的驱动器是 C 盘，那么上面的语句改变的只是驱动器 D 上的默认目录，而 C 盘仍是默认的驱动器。

### 6. MkDir 语句

格式：MKDir 路径

功能：创建一个新的目录或文件夹。

例如：在 D 盘的 Myfile 文件目录中名为 ABC 的子目录。

```
MkDir "D:\Myfile\ABC"
```

注意：如果没有指定驱动器，则 MkDir 会在当前的驱动器上创建新的目录或文件夹。

### 7. RmDir 语句

格式：RmDir 路径

功能：用于删除一个存在的空的目录或文件夹。

例如：删除 D 盘的 Myfile 文件目录中名为 ABC 的空子目录。

```
RmDir "D:\Myfile\ABC"
```

注意：RmDir 只能删除空子目录，否则，将会产生一个错误。在试图删除目录或文件夹之前，可先用 Kill 语句删除所有的文件，再用 RmDir 语句删除它的上一级目录。

### 8. SetAttr 语句

格式：SetAttr 文件名，属性

功能：给一个文件设置属性。属性参数如表 10-2 所示。

表 10-2　　属性参数设置

| 内部常数 | 值 | 描　述 | 内部参数 | 值 | 描　述 |
|---|---|---|---|---|---|
| VbNormal | 0 | 常规（默认） | VbSystem | 4 | 系统文件 |
| VbReadonly | 1 | 只读 | VbArchive | 32 | 上次备份后，文件已改变 |
| VbHidden | 2 | 隐藏 | | | |

例如：

```
SetAttr "D:\Myfile\ABC.doc",VbReadOnly
```

将 D 盘的 Myfile 目录下的 ABC.doc 文件设置为只读属性。

注意：SetAttr 语句不能用于一个已打开的文件的属性设置，否则，将会产生一个错误。

## 10.4.2 文件操作函数

### 1．与文件读写操作有关的重要函数

（1）LOF（文件号）函数

功能：返回指定文件号的文件占有的字节总数。

例如，LOF（1）返回 #1 文件的长度，如果返回 0，则表示该文件是一个空文件。

（2）EOF（文件号）函数

功能：测试文件指针是否达到文件末尾的值。

说明：当到文件末尾时，EOF() 函数返回 True，否则返回 False。对于顺序文件用 EOF() 函数可以测试是否到文件末尾。对于随机文件和二进制文件，当最近一个执行的 Get 语句无法读到一个完整记录时返回 True，否则返回到 False。

（3）LOC( 文件号 ) 函数

功能：返回在一个打开文件中读写的记录号；顺序文件返回当前字节位置除以 128 的值，对于二进制文件，它将返回最近读写的字节位置。

（4）Len( 变量 ) 函数

功能：返回指定变量的长度。

说明：变量是字符串或用户自定义类型。

**2. CurDir 函数**

格式：CurDir( 文件名 )

功能：获得当前目录。

说明：返回一个 Variant(String)，用来表示当前路径。

**3. GetAttr 函数**

格式：GetAttr( 文件名 )

功能：获得文件属性。

**4. FileDateTime 函数**

格式：FileDateTime( 文件名 )

功能：获得文件的日期和时间。

说明：返回一个 Variant(Date)，是文件最初创建或最后修改的日期和时间。

**5. FileLen 函数**

格式：FileLen( 文件名 )

功能：获得文件的长度，单位是字节。

注意：返回一个 Long，文件打开时调用 Filelen 函数，则返回的值是文件打开之前的长度。

**6. Shell 函数和 Shell 语句**

调用格式如下：

```
ID=Shell(文件名[，窗口类型])   '返回程序 ID
或 Shell 文件名[，窗口类型]   '过程调用形式
```

功能：运行应用程序。

说明：返回一个 Variant(Double)。如果成功，返回这个程序 ID，不成功，返回 0。

FileName：是要执行的应用程序名字符串，包括盘符、路径，它必须是可执行的文件。

WindowType：为整型值，表示执行应用程序打开的窗口类型，其取值如表 10-3 所示。

表 10-3　窗口类型设置

| 常　数 | 值 | 描　述 |
|---|---|---|
| VbHide | 0 | 窗口被隐藏，且焦点会移到隐式窗口 |
| VbNormalFocus | 1 | 窗口具有焦点，且会还原到它原来的大小和位置 |
| VbMinimizedFocus | 2 | （缺省）窗口会以一个具有焦点的图标来显示（最小化） |
| VbMaximizedFocus | 3 | 窗口是一个具有焦点的最大化窗口 |
| VbNormalNoFocus | 4 | 窗口会被还原到最近使用的大小和位置 |
| VbMinimizedNoFocus | 6 | 窗口会以一个图标来显示。而当前活动的窗口仍然保持活动 |

例如：调用执行 Windows 下的记事本可以用：

```
I=Shell("C:\Windows \ Notepad.exe")
```

也可以按过程形式调用：

```
Shell"C: \Windows \ Notepad.exe"
```

7. Seek() 函数和 Seek 语句

Seek() 函数用来返回一个长整型数，在 Open 语句打开的文件中指定当前的读、写位置。

Seek 语句设置下一个读、写位置。

格式：Seek # 文件号，记录号

# 10.5 文件系统控件

Visual Basic 提供了两种用于文件操作的方式：一种是利用“打开 / 保存”通用对话框。另一种是使用可直接浏览系统目录结构和文件的 3 个文件系统控件，即驱动器列表框（DriVeListBox）、目录列表框（DirListBox）和文件列表框（FileListBox）。这 3 个控件封装了大量的方法和属性，用户可以利用它们便捷地实现各种文件操作。

## 10.5.1 驱动器列表框

驱动器列表框（DriveListBox）是下拉式列表框。默认时显示当前驱动器（磁盘）。当该控件获得焦点时，用户可以输入任何有效的驱动器标识符，或单击右侧箭头，以下拉列表框形式列出所有的有效驱动器，如图 10-6 所示。若用户选定某个驱动器，该驱动器将出现在驱动器列表框的顶端。

图 10-6 驱动器列表框

1. 重要属性

驱动器列表框最重要和最常用的属性是 Drive 属性，用于返回或设置运行时选择的驱动器。该属性在设计时不可用。其使用格式如下：

驱动器列表框对象名 .Drive【=< 字符串 >】

例如：`Drivel.Drive ="c:"`

2. 重要事件

当选择一个新的驱动器或通过代码改变 Drive 属性的设置时都会触发驱动器列表框的 Change 事件发生。

例如，下列代码可以实现驱动器列表框 Drivel 与目录列表框 Dirl 的同步。

```
Private Sub Drivel_Channge() '当用户选择新的驱动器时触发
    Dirl.Path=Drivel.Drive
End Sub
```

## 10.5.2 目录列表框

目录列表框（DirListBox）用来显示当前驱动器，当前目录（文件夹）下的目录结构，可以分层显示目录列表。用户可以双击任一目录（文件夹）来显示该目录的所有子目录，并使该目录成为当前目录，如图 10-7 所示。

图 10-7 目录列表框

1. 重要属性

目录列表框最重要和最常用的属性是 Path 属性，用于返回或设置当前路径。该属性在设计时不可用。其使用格式如下：

目录列表框对象名 .Path【=< 字符串 >】

例如：Dir1.Path="F:\VB98"

2. **重要事件**

当选择一个新的目录或改变当前目录，即改变目录列表框的 Path 属性的设置时，都会触发目录列表框的 Change 事件发生。

例如，下列代码可以实现目录列表框 Dirl 与文件列表框 Filel 的同步。

```
Private Sub Dirl_Change()     '当用户选择新的目录时触发目录列表框发生
   Filel.Path=Dirl.Path
End Sub
```

## 10.5.3 文件列表框

文件列表框（FileListBox）能够在应用程序运行时，显示当前目录中的所有文件或指定类型的文件。用户在列表框中单击某个文件时，该文件即被选中。

1. **常用属性**

文件列表框的常用属性有 Path、FileName 和 Pattern 属性，如表 10-4 所示。

表 10-4 文件列表框的常用属性

| 控 件 | 常用属性 | 使用格式 | 作 用 | 示 例 |
|---|---|---|---|---|
| 文件列表框 | Path 属性 | Object.Path[= 字符串 >] | 返回或设置文件列表框当前目录 | Filel.Path=Dirl.Path |
| | FileName 属性 | Object.FileName | 返回或设置被选定的文件名 | MsgBox Filel.FileName |
| | Pattern 属性 | Object.Pattern[value] value 是可以包含通配符 * 和 ? 的字符串 | 返回或设置文件列表框中显示的文件类型 | Filel.Pattern="*.txt" |

**注意：**

FileName 属性不包括路径名，这一点与通用对话框中的 FileName 属性不同。如果要在程序中浏览文件或做进一步的操作，如打开、复制等，就必须获得全路径的文件名。

通常可以采用文件列表框的 Path 属性值和 File 属性值字符串连接的方法来获取带全路径的文件名。但必须首先判断 Path 属性值的最后一个字符是否是目录分隔符“\”，如果不是，应添加一个分隔符“\”，以保证目录分隔正确，例如可以编写如下代码来获取全路径的文件名。

```
If Right(Filel.Path,1)= "\"Then
   fname$=Filel.Path & file.FileName
Else
   fname$=Filel.Path &"\"& Filel.FileName
End If
```

2. **主要事件**

文件列表框的主要事件和触发时机，如表 10-5 所示。

表 10-5　　　　　　　　　　文件列表框的主要事件

| 控　件 | 主 要 事 件 | 事件发生的时机 |
| --- | --- | --- |
| 文件列表框 | PathChange 事件 | 当文件列表框的路径被代码中的 FileName 或 Path 属性的设置所改变时，PathChange 发生 |
| | PatternChange 事件 | 当文件列表框的 Pattern 属性值发生改变时，PatternChange 事件发生 |
| | Click 事件 | 用鼠标单击时发生 |
| | DblClick 事件 | 用鼠标双击时发生 |

### 10.5.4　文件系统控件的联动应用

实际上，3 个文件系统控件之间是彼此独立、没有关联的，必须通过编写代码来实现 3 者之间的联动，即形成一种“驱动器列表框中的当前驱动器改变 - 触发目录列表框的 Change 事件 - 文件列表框目录发生变化”的联系。我们可以将之理解为是一种“树”型的文件定位，即文件列表框中的文件来源于目录列表框中的当前目录，而目录列表框中的目录来源于驱动器列表框中的当前驱动器，形成一种“磁盘 - 文件夹 - 文件”的系统结构。

【例 10-7】设计一个如图 10-8 所示的文件浏览程序，实现以下功能：

（1）3 个文件系统控件是同步的，即选择驱动器时，目录列表框中显示当前驱动器下的文件夹，在文件列表框中显示目录列表框的当前文件夹中的文件。

（2）用组合框控件限定文件列表框显示的文件类型。

（3）当单击文件名时，用信息框输出文件名。

图 10-8　运行界面

在窗体上分别创建驱动器列表框 Drivel、目录列表框 Dirl、文件列表框 Filel 和用来显示文件类型的组合框 Comboll，设置 Combol2 的 Style 属性为 2。

程序代码如下：

```
Private Sub Dir1_Change()            '用户选择新的驱动器时触发 Change 事件发生
    File1.Path = Dir1.Path           '目录列表框的路径改变
End Sub

Private Sub Drive1_Change()          '目录列表框的 Path 属性改变时触发 Change 事件发生
```

```
    Dir1.Path = Drive1.Drive            '文件列表框的路径改变
End Sub

Private Sub File1_Click()               '用户在文件列表框中单击某个文件名时，使用信息框输出文件名
    MsgBox "您选择的文件是              " & File1.FileName
End Sub

Private Sub Combo1_click()              '选择文件类型
    Select Case Combo1.Text
    Case "所有文件(*.*)"
        File1.Pattern = "*.*"
    Case "位图文件(*.bmp)"
        File1.Pattern = "*.bmp"
    Case "可执行程序文件(*.exe)"
        File1.Pattern = "*.exe"
    Case "文本文件(*.txt)"
        File1.Pattern = "*.txt"
    End Select
End Sub

Private Sub Form_Load()                 '组合框的选项在窗体的 Load 过程中装入
    Combo1.AddItem "所有文件(*.*)"
    Combo1.AddItem "位图文件(*.bmp)"
    Combo1.AddItem "可执行程序文件(*.exe)"
    Combo1.AddItem "文本文件(*.txt)"
    Combo1.Text = "所有文件(*.*)"
End Sub
```

# 第 11 章 图形操作

VB 提供了相当丰富的图形功能，既可通过图形控件进行图形操作，也可通过图形方法在窗体或图片框上输出文字或图形。灵活使用这些图形控件和图形方法，不仅可以完成许多特殊的功能，而且可以为 Windows 的程序界面增加活力。

## 11.1 度量系统

由于显示器种类多样，为了使应用程序不依赖设备，必须对分辨率进行某种抽象。VB 使用的默认度量单位是 Twip(缇)，1 英寸等于 1 440Twip。但是 Twip 不一定对每个程序都合适（例如，对于位图绘制的程序“像素点”是最好的度量单位，像素点是屏幕上最小的点）。VB 支持多种度量单位，以备不同度量的需要。

窗体、图片框或打印对象中的任何对象必须使用它的 ScaleMode 属性来指定度量单位。每个窗体、图片框或打印对象的默认度量单位都是 Twip。表 11-1 列出了 ScaleMode 设置值与度量单位对应关系。ScaleMode = 0 是 VB 提供给设计者自定义的度量单位，当用户 ScaleTop、ScaleLeft、ScaleWidth、ScaleHeight 中的一个或多个改变时，ScaleMode 属性值将自动设为 0。

表 11-1　　VB 使用的度量单位

| 常　量 | 设 置 值 | 描　述 |
|---|---|---|
| vbUser | 0 | 自定义值 |
| vbTwios | 1 | 缇（Twip），缺省值，1cm=567Twip |
| vbPoints | 2 | 磅，1 磅 =20 缇 |
| vbPixels | 3 | 像素点，监视器或打印机分辨率最小的单位 |
| vbCharacters | 4 | 字符，水平 1 个单位 =120 缇，垂直 1 个单位 =240 缇 |
| vbInches | 5 | 英寸 |
| vbMilimeters | 6 | 毫米 |
| vbCentimeters | 7 | 厘米 |

例如将窗体的度量单位设为厘米，可用：frmDisplay.ScaleMode = 7。

# 11.2 坐标系统

绘图语句所绘制的图形，通常是通过容器控件（窗体、图片框）输出的，而每个容器控件都有一个坐标系统，坐标系是在容器控件中绘图必备的条件。一个坐标系包括坐标度量单位、坐标原点、坐标轴的长度与方向等要素。由坐标的原点、长度和方向 3 个要素确定绘制的图形在容器中的位置。

VB 坐标系统是以屏幕左上角为原点（0，0），而坐标轴 $x$、$y$ 轴分别是以向右、向下方向增加。每个对象定位于存放它的“容器”中，对象的 Top、Left 属性确定了该对象左上角在“容器”中的位置。

对象的坐标系统允许由用户自定义，有 2 种方法用于坐标系统的定义。

### 1. 通过对象的 ScaleTop、ScaleLeft、ScaleWidth 和 ScaleHeight 属性来实现

属性 ScaleTop、ScaleLeft 的值用于控制对象左上角坐标，所有对象的 ScaleTop、ScaleLeft 属性的默认值为 0，坐标原点在对象的左上角。当改变 ScaleTop 或 ScaleLeft 的值后，坐标系的 $x$ 轴或 $y$ 轴按此值平移形成新的坐标原点。

右下角坐标值为（ScaleLeft + ScaleWidth，ScaleTop + ScaleHeight）。根据左上角和右下角坐标值的大小自动设置坐标轴的正向。$x$ 轴和 $y$ 轴的度量单位分别为 1/ScaleWidth 和 1/ScaleHeight。

**【例 11-1】** 定义一个系统坐标，其原点为（0，0），使原点在窗体的中央位置。

程序代码如下：

```
Private Sub Form_Load()
    Form1.ScaleLeft = - 100
    Form1.ScaleTop = 100
    Form1.ScaleHeight = - 200
    Form1.ScaleWidth = 200
    Line (0, 100) - (0, - 100)
    Line (100, 0) - ( - 100, 0)
End Sub
```

### 2. 采用 Scale 方法设置坐标系统

Scale 方法是用户建立坐标系统最方便的方法，其格式如下：

```
[对象.] Scale  [(xLeft, yTop) - (xRight, yButton)]
```

其中：对象可以是窗体、图片框或打印机。如果默认该项，则指具有焦点的窗体对象。（xLeft，yTop）表示左上角的坐标值，（xRight，yButton）表示右下角的坐标值，均为单精度数值。系统会根据给定的坐标参数自动计算出 ScaleLeft、SclaeTop、ScaleWidth、ScaleHeight 的值：

```
ScaleLeft = xLeft
ScaleTop = yTop
ScaleWidth = xRight-xLeft
ScaleHeight = yBotton-yTop
```

例如，Form1.Scale(–100,100) – (100,–100) 将建立与例 11-1 一样的坐标系。

任何时候在程序代码中 Scale 方法都能有效地和自然地改变坐标系统。当 Scale 方法不带参

数时，则取消用户自定义的坐标系，而采用默认坐标系。

## 11.3 绘图属性

除了坐标系之外，与绘图相关的容器属性也要了解，这样才能输出所需的图形。

### 1. CurrentX、CurrentY 属性

CurrentX、CurrentY 属性给出在容器内绘图时的当前横坐标、纵坐标，这两个属性只能在程序中设置。CurrentX、CurrentY 属性的设置格式：

```
[对象.] CurrentX [ = x]
[对象.] CurrentY [ = y]
```

功能：设置对象的 CurrentX 和 CurrentY 的值。

### 2. DrawWidth（线宽）属性

窗体、图片框或打印机的 DrawWidth 属性给出这些对象上所画线的宽度或点的大小。

DrawWidth 属性格式：

```
[ 对象. ] DrawWidth [  = n]
```

功能：设置容器输出的线宽。

其中：n 为数值表达式，其范围为 1 ～ 32 767，该值以像素为单位表示线宽。默认值为 1，即 1 个像素宽。

### 3. DrawStyle（线型）属性

窗体、图片框或打印机的 DrawStyle 属性给出这些对象上所画线的形状，见表 11-2。

表 11-2　DrawStyle 属性值的含义

| DrawStyle 属性值 | 含　义 | DrawStyle 属性值 | 含　义 |
|---|---|---|---|
| 0 | 实线（默认） | 4 | 双点划线 |
| 1 | 长划线 | 5 | 透明线 |
| 2 | 点线 | 6 | 内收实线 |
| 3 | 点划线 | | |

以上线型仅当 DrawWidth 属性值为 1 时才能产生。当 DrawWidth 属性值大于 1 且 DrawStyle 属性值为 1 ～ 4 时，都只能产生实线效果。当 DrawWidth 的值大于 1，而 DrawStyle 属性值为 6 时，所画的内收实线仅当是封闭线时起作用。

### 4. AutoRedraw 属性

AutoRedraw 属性用于设置和返回对象或控件是否能自动重绘。

若 AutoRedraw 属性值为 True 时，使 Form 对象或 PictureBox 控件的自动重绘有效，否则会不接收重绘事件（Paint）。

### 5. FillStyle 和 FillColor 属性

封闭图形的填充方式由 FillStyle 和 FillColor 属性决定。

FillColor 属性指定填充图案的颜色，默认的颜色 ForeColor 相同。FillStyle 属性指定填充的图

案，共有 8 种内部图案，具体含义见表 11-3。

表 11-3　　FillStyle 属性说明

| FillStyle 属性值 | 含　义 | FillStyle 属性值 | 含　义 |
|---|---|---|---|
| 0（Solid） | 实心 | 4（Upward Diagonal） | 左上右下对角线 |
| 1（Transparent） | 透明 | 5（Downward Diagonal） | 左下右上对角线 |
| 2（Horizontal Line） | 水平线 | 6（Cross） | 十字交叉线 |
| 3（Vertial Line） | 垂直线 | 7（Diagonal Cross） | 对角交叉线 |

6. 色彩

VB 默认采用对的前景色（ForeColor 属性）绘图，也可通过以下方式指定。

（1）RGB 函数

RGB 函数通过红、绿、蓝 3 基色混合产生某种颜色，其函数格式为：

```
RGB (a,b,c)
```

其中：a、b、c 代表红、绿、蓝 3 色成分，取值范围为 0 ～ 255 之间的整数。例如 RGB( 0,0,0 ) 返回黑色，RGB( 255,255,255 ) 返回白色。

（2）QBColor 函数

QBColor 函数 QuickBasic 所使用的 16 种颜色，其函数格式为：

```
QBColor (x)
```

其中：x 称之为颜色代码，取值范围为 0 ～ 15 的整数，每个颜色代码代表一种颜色。

（3）用长整型代码

RGB 函数与 QBColor 函数实际上都返回一个十六进制的长整数。这个数从左到右，每 2 位一组代表一种基色，它们的顺序是蓝绿红。因此也可直接使用 6 位的十六进制颜色代码。在色彩的属性设置框中可以看到这些代码（例如 &H000000& 表示黑色，&H0000FF& 表示红色等）。

## 11.4　图 形 控 件

为了在应用程序中创作图形效果，VB 提供了 4 个控件以简化与图形有关的操作，它们是 PictureBox 控件、Image 控件、Shape 控件、Line 控件，每一个控件都适用于一个特定的目的。Image、Shape 和 Line 控件需要较少的系统资源，且包含 PictureBox 中可用的属性、方法和事件的子集，因此，比 PictureBox 控件显示得快。

图形控件的优点是，创建图形所用的代码比图形方法用的少。例如 Cirele 方法要求在运行时用代码创建圆；而用形状控件，只需在设计时简单地将它拖到窗体上，并设置其属性即可。

VB 提供的图片框和图像框可以显示位图、图标、图元文件中的图形，也可处理 GIF 和 JPEG 格式的图形文件。

1. Line（直线）控件

在设计时可以用 Line 控件来画线，长度、宽度、颜色、虚实线等属性均可设置。画线操作的步骤如下。

（1）单击工具箱上的 Line 控件图标。

（2）移动鼠标到需要画线的起始位置。

（3）按下鼠标左键并拖曳鼠标到需要画线的结束位置，放开鼠标即可。

### 2. Shape（形状）控件

Shape 控件可用来画矩形、正方形、椭圆、圆、圆角矩形及圆角正方形。当 Shape 控件放置到窗体时显示为一个矩形，通过 Shape 属性可确定所需的几何形状，如表 11-4 所示。

表 11-4　Shape 控件 Shape 属性说明

| 属　性　值 | 形状说明 | 属　性　值 | 形状说明 |
|---|---|---|---|
| 0（缺省） | 矩形 | 3 | 圆形 |
| 1 | 正方形 | 4 | 圆角矩形 |
| 2 | 椭圆形 | 5 | 圆角正方形 |

【例 11-2】产生 Shape 控件的 6 种形状，如图 11-1 所示。

在窗体上添加一 Shape 控件，Index 属性设置为 0。

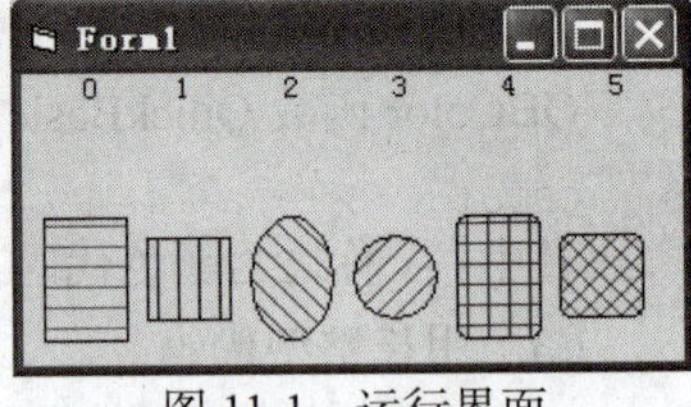

图 11-1　运行界面

程序代码如下：

```
Private Sub Form_Activate()
    Dim i As Integer, r As Integer
    R = 50
    Print "    0     1     2     3     4     5"
    Shape1(0).Shape = 0: Shape1(0).FillStyle = 2
    Shape1(0).FillColor = vbRed
    For I = 1 To 5
      Load Shape1(i)
      Shape1(i).Left = Shape1(I - 1).Left + 600
      Shape1(i).Shape = i
      Shape1(i).FillStyle = I + 2
      Shape1(i).FillColor = RGB(r + I * 30, 0, 0)
      Shape1(i).Visible = True
    Next i
End Sub
```

运行结果如图 11-1 所示。

### 3. PictureBox（图片框）控件

PictureBox 控件的主要作用是为用户显示图片，也可作为其他控件的容器。实际显示的图片由 Picture 属性决定。Picture 属性可设置被显示的图片文件名（包括可选的路径名）。在代码中可以 LoadPicture() 在图片框中装载图形文件，其格式如下：

<图片框控件>.Picture = LoadPicture("图形文件名")

为了在运行时从图片框中删除一个图片，可用以下方式实现：

<图片框控件>.Picture = LoadPicture("")

Picture 控件不提供滚动条，也不能伸展被装入的图片以适应控件的大小，但是可以用图片框 AutoSize 属性调整图片框的大小以适应图片的大小。当 AutoSize 设置为 True 时，图片框能够自

动调整大小与显示的图片相匹配；但当 AutoSize 设置为 False 时，图片框不能自动调整大小来适应其中的图片，加载到图片框中的图片保持原始尺寸，这就意味着如果图片比图片框大，则超过的部分将被剪裁掉。

PictureBox 控件也可用作其他控件的容器，像 Form 控件一样，可在 PictureBox 控件上面加上其他控件。这些控件随 PictureBox 的移动而移动，其 Top 和 Left 属性是 PictureBox 而言，而与窗体无关。当 PictureBox 大小改变时，这些控件 PictureBox 控件中的相对位置保持不变。

### 4. Image（图像框）控件

在窗体上使用图像框的步骤与图片框相同，但是图像框比图片框占用更少的内存，描绘得更快，与图片框不同的是，图像框内不能放置其他控件。

图像框没有 AutoSize 属性，但有 Stretch 属性。Stretch 属性设置为 False 时，图像框可自动改变大小以适应其中的图片；Stretch 属性设置为 True 时，加载到图像框的图片可自动调整尺寸以适应图像框的大小。如果图像框内装入的图形较大，在 Forme 比较小的情况下，图像框的边界会被窗体的边界截断。

## 11.5　图形方法与事件

### 1. Pset 方法

Pset 方法用于画点，其格式如下：

```
[对象.] Pset [Step] (x, y) [,颜色]
```

功能：在由<对象>指定的容器内，在坐标为（x，y）的位置上画一个点；若省略<对象>，则默认为窗体。

**说明**：关键字 Step 表示采用当前作图位置的相对值；采用背景颜色可清除某个位置上的点；利用 Pset 方法可以画任意曲线。

**【例 11-3】**利用 Pset 方法绘制阿基米德螺线。

程序代码如下：

```
Private Sub Form_Resize()
    Dim i As Integer, j As Single
    Dim x As Single, y As Single
    DrawWidth = 2
    For i = 0 To 5000
      PSet (i, 600), vbRed
    Next i
    For j = 0 To 20 Step 0.01
      y = 30 * j * Cos(j) + 600
      x = 50 * j * Sin(j) + 1200
      PSet (x, y), RGB(0, 0, 255)
    Next j
End Sub
```

运行结果如图 11-2 所示。

图 11-2　运行界面

### 2. Line 方法

Line 方法用于画直线或矩形，其格式如下：

```
[对象名.]Line  [[Step](x1, y1)]  - (x2, y2)[,颜色][, B[F]]
```

功能：在由 <对象名> 指定的容器内，在坐标系中以（x1，y1）为起点，（x2，y2）为终点画一条线段或一个矩形。

说明：

（1）（x1，y1）为线段的起点坐标或矩形的左上角坐标，（x2，y2）为线段的终点坐标或矩形的右上角坐标。

（2）关键字 Step 表示采用当前作图位置的相对值。

（3）“B”表示画矩形，“F”表示用画矩形的颜色来填充矩形。缺省 F，则矩形的颜色由 FillColor 和 FillStyle 属性决定。

例如：

```
Line(100,100)-(1000,1000),vbRed        '画红色线段
Line(100,100)-(1000,1000),vbRed,B     '画红色矩形框
Line(100,100)-(1000,1000),vbRed,BF    '画红色矩形块
```

### 3. Circle 方法

Circle 方法用于画圆、椭圆、圆弧或扇形，其格式如下：

```
[对象名.]Circle  [[Step]  (x,y),半径[,颜色][,起始角][,终止角][,长短轴比率]]]
```

功能：在由 <对象名> 指定的容器内，在坐标系中以（x，y）为圆心画圆、椭圆、圆弧或扇形。

说明：

（1）默认 <对象名>，则默认为当前窗体。

（2）（x，y）为圆心坐标，关键字 Step 表示采用当前作图位置的相对值。

（3）圆弧和扇形通过“起始角”、“终止角”控制。当“起始角”、“终止角”取值在 0～2π 时为圆弧；当在“起始角”、“终止角”取值前加一个负号时，画出扇形，负号表示画圆心到圆弧的径向线。

（4）椭圆通过长短轴的比率控制，比率为 1（默认值），则画圆；比率大于 1，则画沿水平方向拉长的椭圆；比率小于 1，则画沿垂直方向拉长的椭圆；比率应大于 0。

**【例 11-4】** Circle 方法的应用。

程序代码如下：

```
Private Sub Form_Paint()
    Const pi = 3.14159
    ScaleMode = 3: DrawWidth = 2
    Circle (50, 40), 30
    Circle (120, 40), 30, , , , 0.5
    Circle (180, 40), 30, , , , 1.5
    Circle (50, 120), 30, , -pi, -pi / 4
    Circle (120, 120), 30, vbRed, pi / 2, 1.5 * pi
    Circle (180, 120), 30, vbRed
    Circle (180, 120), 30, vbRed, , , 0.25
    Circle (180, 120), 30, vbRed, , , 1.75
End Sub
```

结果如图 11-3 所示。

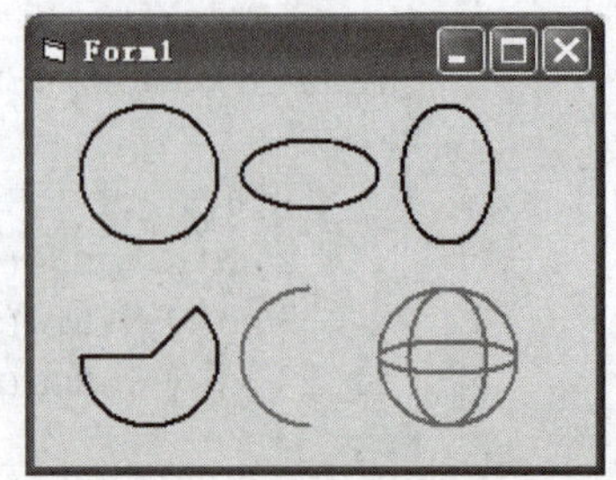


图 11-3　运行界面

4. Paint 事件

如果在程序代码中有图形方法的绘图语句，使用 Paint 事件将很有用，最有效的方法是将所有的绘图方法（Pset、Line 等）都放在 Paint 事件中，否则，可能会发生一些不希望发生的情况，例如，图形控件会被重叠、丢失或以错误的顺序排列。

窗体和 PictureBox 控件都有 Paint 事件，通过使用 Paint 事件过程，可以保证必要的图形都得以重现（如窗体最小化后，恢复到正常大小时，窗体内所有图形都得重画）。

当 AutoRedraw 属性为 True 时，将自动重画，Paint 事件不起作用。

在 Resize 事件过程中使用 Refresh 方法，可在每次调整窗体大小时强制对所有对象 Paint 事件进行重画。

【例 11-5】设计一应用程序，当程序运行时将画出一个与窗体各边的中点相交的菱形，当随意调整窗体的大小时，窗体中的菱形也随着自动调整。

程序代码如下：

```
Private Sub Form_Paint()
    Dim x, y
    x = ScaleLeft + ScaleWidth / 2
    y = ScaleTop + ScaleHeight / 2
    Line (ScaleLeft, y) - (x, ScaleTop)
    Line - (ScaleWidth + ScaleLeft, y)
    Line - (x, ScaleHeight + ScaleTop)
    Line - (ScaleLeft, y)
End Sub
Private Sub Form_Resize()
    Refresh
End Sub
```

运行结果如图 11-4 所示。

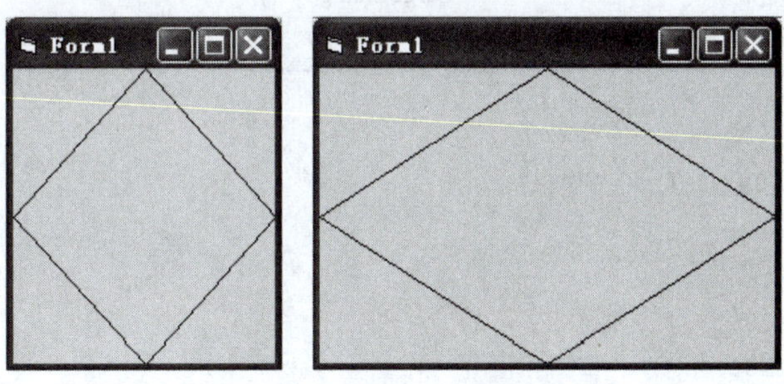


图 11-4 运行界面

## 11.6 程序举例

【例 11-6】实现通过两个滚动条的滚动，改变形状的颜色和大小。

设计界面如图 11-5 所示，属性设置见表 11-5。

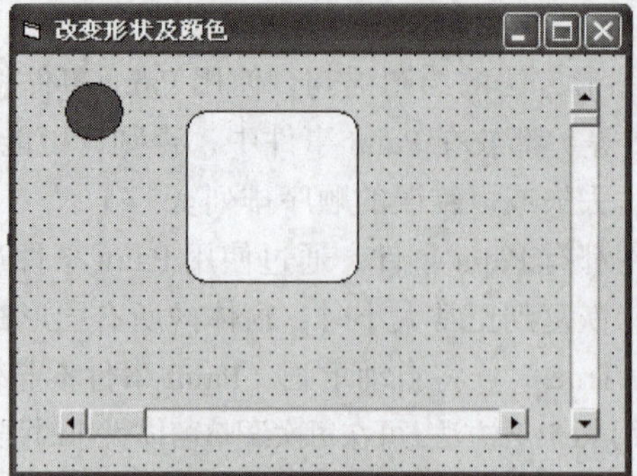


图 11-5　设计界面

表 11-5　属性设置

| 控 件 名 | 属 性 名 | 属 性 值 |
|---|---|---|
| Shape1 | Index<br>BackStyle<br>Shape | 0<br>1<br>3 |
| Shape2 | BackStyle<br>Shape | 1<br>5 |
| Hscroll1 | Max<br>Min<br>LargeChange<br>SmallChange | 12<br>0<br>2<br>1 |
| Vscroll1 | Max<br>Min<br>LargeChange<br>SmallChange | 100<br>0<br>5<br>1 |

程序代码如下：

```
Private Sub Form_Load()
   Dim i As Integer
   With Shape2
     .Width = 1200
     .Height = 1200
     .Left = 1400
     .Top = 800
     .BackColor = QBColor(0)
   End With
   Shape1(0).BackColor = QBColor(3)
   For i = 1 To 3
     Load Shape1(i)
     Shape1(i).Width = 460
     Shape1(i).Height = 460
     Shape1(i).BackColor = QBColor(3)
```

```
        Shape1(i).Visible = True
    Next i
    Shape1(0).Top = 250: Shape1(1).Top = 250
    Shape1(2).Top = 2250: Shape1(3).Top = 2250
    Shape1(0).Left = 780: Shape1(2).Left = 780
    Shape1(1).Left = 2800: Shape1(3).Left = 2800
End Sub
Sub vs()
    With Shape2
        .Width = 1200 - HScroll1.Value * 10
        .Height = 1200 - VScroll1.Value * 10
        .Top = 800 + VScroll1.Value * 10 / 2
        .Left = 1400 + VScroll1.Value * 10 / 2
    End With
    For i = 0 To 3
        Shape1(i).Width = 460 + VScroll1.Value * 10
        Shape1(i).Height = 460 + VScroll1.Value * 10
    Next i
    Shape1(0).Top = 250 - VScroll1.Value * 10 / 2:
    Shape1(1).Top = 250 - VScroll1.Value * 10 / 2
    Shape1(2).Top = 2250 - VScroll1.Value * 10 / 2
    Shape1(3).Top = 2250 - VScroll1.Value * 10 / 2
    Shape1(0).Left = 780 - VScroll1.Value * 10 / 2
    Shape1(2).Left = 780 - VScroll1.Value * 10 / 2
    Shape1(1).Left = 2800 - VScroll1.Value * 10 / 2
    Shape1(3).Left = 2800 - VScroll1.Value * 10 / 2
End Sub
Sub hs()
    Dim i As Integer
    Shape2.BackColor = QBColor(HScroll1.Value)
    For i = 0 To 3
        Shape1(i).BackColor = QBColor(HScroll1.Value + 3)
    Next i
End Sub
Private Sub HScroll1_Change()
    Call hs
End Sub
Private Sub HScroll1_Scroll()
    Call hs
End Sub
Private Sub VScroll1_Change()
    Call vs
End Sub
Private Sub VScroll1_Scroll()
    Call vs
End Sub
```

运行结果如图 11-6 所示。

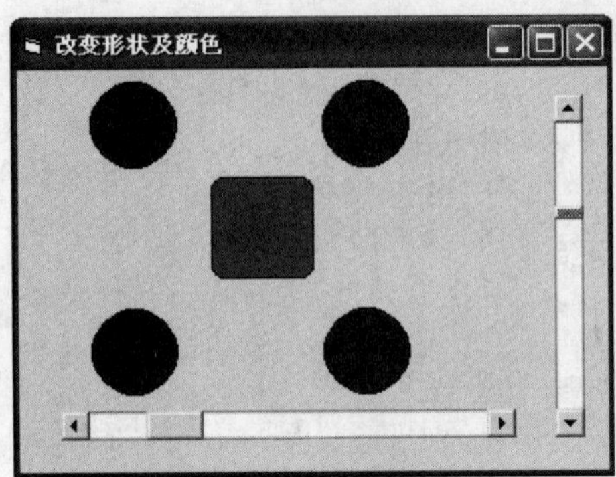


图 11-6　运行界面

# 第 12 章 数据库应用

数据库技术是信息管理系统的基本技术，信息管理系统的大量推广应用，使得数据库应用技术成为人们普遍关注的问题。对于大量的数据，使用数据库管理比通过文件来管理有着更高的效率。Visual Basic 提供了强大的数据库管理功能，可以非常灵活地创建和访问内外部数据库，完成对数据库应用中涉及的诸如创建数据库、查询以及更新等操作。

## 12.1 数据库基础

### 12.1.1 数据库的基本概念

**1. 数据库**

数据库（DataBase，DB），即数据的仓库，是长期存储在计算机内的、有组织的、可以共享的数据的集合。数据库中的数据按照一定的数据模型组织、描述和存储，具有较小的冗余度、较高的数据独立性和易扩展性，并可以为各种用户共享。

**2. 数据库管理系统**

数据库管理系统（DataBase Management System，DBMS），是在操作系统的支持下，为数据库的建立、使用和维护而配置的软件环境，如 Micorsoft SQL ServeruoMicrosoft Access 等。数据库管理系统是位于用户和操作系统之间的一层数据管理软件，它在操作系统的基础上，对数据库进行管理和控制，利用数据库管理系统提供的一系列命令，用户能方便地实现对数据库的基本操作（如建表、向表中添加记录、删除记录和修改记录等）。用户使用的各种数据库命令以及数据库应用程序的运行，都要通过数据库管理系统来实现；另外，数据库管理系统还要保证数据的安全性、完整性、多用户对数据的并发使用以及发生故障后系统的回复等任务。

**3. 数据库应用程序**

数据库应用程序是指用 Visual Basic 等开发工具开发的程序，用来实现某种具体的功能（如工资管理信息系统，学生基本信息管理系统等）。数据库应用程序是在操作系统和数据库管理系统的支持下开发和运行的，它利用数据库管理系统提供的各种手段访问一个或多个数据库及其数据。

**4. 数据库系统**

数据库系统（DataBase System，DBS）对所有的数据实行统一的、集中的、独立的管理，使数据存储独立于使用数据的程序，实现数据共享。一个完整的数据库系统是由数据库、数据库管理系统、数据库应用程序、数据库管理员（DataBase Administrator，DBA）以及用户组成，它们之间的关系如图 12-1 所示。

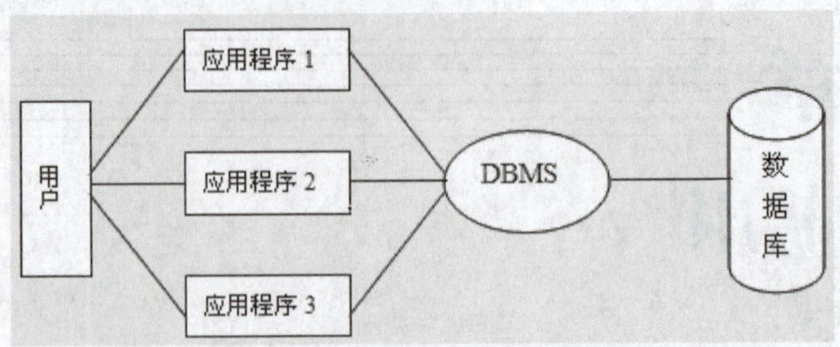


图 12-1 数据库系统各部分之间的关系

### 12.1.2 关系数据库

数据模型是对数据的特点及数据之间关系的一种抽象表示。现有的数据库系统均是基于某种模型的。数据模型主要有 3 种：层次模型、网状模型、关系模型。

关系数据库以关系模型为基础。自 20 世纪 80 年代以来，计算机厂商推出的数据库管理系统几乎都是基于关系模型的关系数据库。关系模型建立在严格的数学概念的基础上，结构简单、功能强大、易于用户理解和使用，所以，关系模型提出后，关系数据库得到了迅速发展，并得到了广泛的应用。

**1. 关系数据库的分类**

关系数据库分为两类：一类是桌面数据库（如 Access、FoxPro 等）；另一类是客户 / 服务器数据库（如 Microsoft SQL Server、Oracle 和 Sybase 等）。一般而言，桌面数据库用于小型的、单机的应用程序，它不需要网络和服务器，实现起来比较简单，但是它只提供数据的存取功能。而客户 / 服务器数据库主要适用于大型的、多用户的数据库管理系统，应用程序包括两部分：一部分驻留在客户机上，用于向用户显示信息及实现与用户的交互；另一部分驻留在服务器中，主要用来实现对数据库的操作和数据的计算处理。

**2. 关系数据库的基本概念**

关系数据库是根据表、记录和字段之间的关系进行组织和访问的，以行和列组织的二维表的形式存储数据，并通过关系将这些表联系在一起。

（1）数据表（Table）

数据表，简称表，采用二维表格来存储数据，是一种按行与列排列的具有相关信息的逻辑组。一个数据库可以包含多个数据表，每个数据表均有一个表的名称。

例如，表 12-1 和表 12-2 为两张数据表。

表 12-1 学生基本信息表

| 学　号 | 姓　名 | 性　别 | 出生年月 | 所在学院 | 所学专业 |
|---|---|---|---|---|---|
| 200701011002 | 李菲 | 女 | 88-09-22 | 土建学院 | 土木建筑 |
| 200701011043 | 赵阳和 | 男 | 88-02-12 | 土建学院 | 土木建筑 |
| 200701012003 | 彭丽 | 女 | 89-01-21 | 土建学院 | 桥梁 |
| 200704012105 | 葛胶 | 男 | 86-12-09 | 电气学院 | 自动化 |

续表

| 学　号 | 姓　名 | 性　别 | 出 生 年 月 | 所 在 学 院 | 所 学 专 业 |
|---|---|---|---|---|---|
| 200702021003 | 肖原 | 男 | 90-03-03 | 机电学院 | 机械制造 |
| 200705012002 | 刘星 | 男 | 89-11-19 | 信息学院 | 信息工程 |
| 200704021009 | 魏王燕 | 女 | 89-10-10 | 电气学院 | 电子电器 |

表 12-2　　学生成绩表

| 学　号 | 课 程 名 | 成　绩 | 学　期 |
|---|---|---|---|
| 200701011002 | vb 程序设计 | 90 | 2 |
| 200701011002 | 数据库技术 | 88 | 3 |
| 200701011002 | 英语 | 75 | 1 |
| 200702021003 | 英语 | 46 | 1 |
| 200702021003 | 数据库技术 | 77 | 3 |
| 200704021009 | 高等数学 | 100 | 1 |
| 200704021009 | 计算机导论 | 85 | 1 |
| 200704021009 | 体育 | 75 | 2 |

（2）字段（Field）

数据表中的每一列称为一个字段。它对应于表格中的数据项，每个数据项的名称称为字段名（如表 12-1 中的“学号”、“姓名”、“性别”、“出生年月”、“所在学院”、“所学专业”，表 12-2 中的“学号”、“课程名”、“成绩”、“学期”等都是字段名）。每个字段描述了它所含有的数据的意义。字段的取值范围称为域。

（3）记录（Record）

数据表的字段名下面的每一行称为记录，它是字段值的集合（如表 12-2 中的字段“课程名”为“vb 语言程序设计”对应的行中的所有数据即是一条记录）。记录中的每个字段的取值，称为字段值或分量。一般来说，数据表中的任意两行是不能相同的。

（4）关键字（Key）

关键字也称为主关键字，或称为主键。它主要用来确保表中记录的唯一性，它可以使一个字段或多个字段的组合（如表 12-1 中的字段“学号”可以作为表的主键，因为每个学生的学号是不同的，具有唯一性；而表 12-2 中的字段“学号”不能作为主键，因为同一位学生可以有多门课程，此时可采用将字段“学号”与字段“课程名”组合起来作为主键，以确保唯一性）。

（5）索引（Index）

索引是表中单列或多列数据按照特定的顺序进行的排序列表。每个索引指向其相关数据表的某一行（例如，用户可能想要自己的数据按照“学号”的顺序保存，这样的话，可以将表 12-1 按照字段“学号”创建索引，通过这个索引，数据库引擎就能非常迅速地查找到某个特定的记录）。

在关系数据库中，通常使用索引来提高数据的检索速度。表中的数据往往是动态增减的，记录在表中是按照输入的物理顺序存放的。当为主关键字或其他字段建立索引时，数据库管理系统将索引字段的内容以特定的顺序记录在一个索引文件上。检索数据时，数据库管理系统先从索引文件上找到信息的位置，然后再从表中读取数据。这种方法如同图书馆中的索引卡片，可以大大提高检索速度。

索引对小的表来说，也许并不十分必要，但是对于大的表来说，如果不以易于访问的逻辑顺序来组织，则将很难加以管理。

每个索引都有一个索引表达式来确定索引的顺序，索引表达式既可以是一个字段，也可以是多个字段的组合。可以为一个表生成多个索引，每个索引均代表一种处理数据的顺序。

（6）表间关系（Relations）

通常情况下，一个数据库往往包含多个数据表，不同类别的数据存放在不同的数据表中。表间关系可以将各个表连接起来，将来自不同表的数据组合在一起。表与表之间的关系是通过关键字来相互关联的（例如表 12-1 与表 12-2 可以通过字段“学号”来建立关系，这样就可以将学生成绩与学生姓名、专业等联系起来）。

### 12.1.3　Visual Basic 数据库应用系统

一个完整的数据库系统除了包括可以共享的数据库外，还包括用于处理数据的数据库应用系统。习惯上，数据库本身被称之为后台，后台的数据库通常是一个表的集合；而数据库应用系统则被称之为前台，它是一个计算机应用程序，通过该程序可以选择数据库中的数据项，并将所选择的数据项按照用户的要求显示出来。

Visual Basic 数据库应用系统由用户界面、数据库引擎和数据库 3 部分组成，如图 12-2 所示。

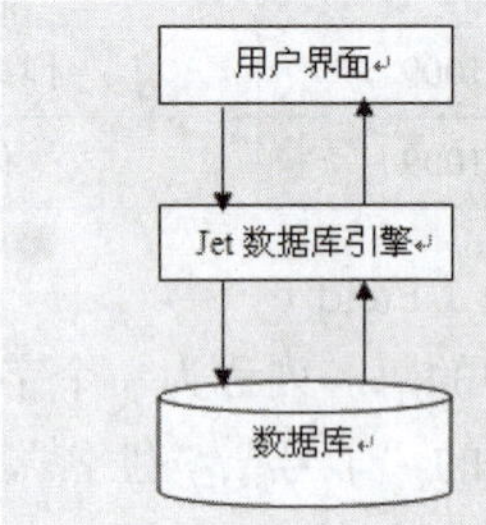

图 12-2　Visual Basic 数据库应用系统的组成

**1. 用户界面**

这是数据库与用户直接交互的部分，用户可以实现浏览、增加、删除或查询等操作。驱动用户界面窗体的是用 Visual Basic 编写的代码，这些代码使得用户的操作能反映到数据库中。

**2. 数据库引擎**

数据库引擎（DataBase Engine）负责数据库的管理和维护工作。Visual Basic 默认的数据库引擎是 Microsoft Jet，Jet 并不是一个可执行文件，而是由一群动态链接库（Dynamic Linking Library，DLL）所构成。运行时，这些动态链接库被链接到 Visual Basic 程序，它的作用是将应用程序翻译成对数据库的物理操作。

**3. 数据库**

数据库是实际存储数据的地方。数据库就是包含一个或多个数据表的地方。Visual Basic 可以访问的数据库有以下 3 种。

（1）Jet 数据库。数据库由 Jet 引擎直接生成和操作，不仅灵活而且速度快，Microsoft Access 和 VB 使用相同的 Jet 数据库引擎。

（2）ISAM 数据库。索引顺序访问方法（ISAM）数据库有几种不同的形式，如 Dbase、FoxPro、Text Files 和 Paradox。在 VB 中可以生成和操作这些数据库。

（3）ODBC 数据库。开放数据库连接，这类数据库包括遵守 ODBC 标准的客户 / 服务器数据库，如 Microsoft SQL Server、Oracle、Sybase 等，VB 可以使用任何支持 ODBC 标准的数据库。

# 12.2　数据管理器的使用

Visual Basic 提供了一个非常实用的工具，即可视化数据管理器（Visual DataBase Manager），使用它可以非常方便地建立数据库、数据表和数据查询。可以说，凡是有关 Visual Basic 数据库的操作，都能使用它来完成，并且由于它提供了可视化的操作界面，一次很容易被使用者所掌握。

## 12.2.1　创建数据库

### 1. 启动数据管理器

启动数据管理器有 2 种方法。

（1）在 Visual Basic 集成开发环境中启动数据管理器：单击“外接程序”菜单下的“可视化数据管理器”命令，即可打开可视化数据管理器“VisData”窗口，如图 12-3 所示。

（2）直接执行 VisData 程序：可以不进入 Visual Basic 环境，直接运行安装目录下的 VisData.exe 程序文件来启动可视化数据管理器。

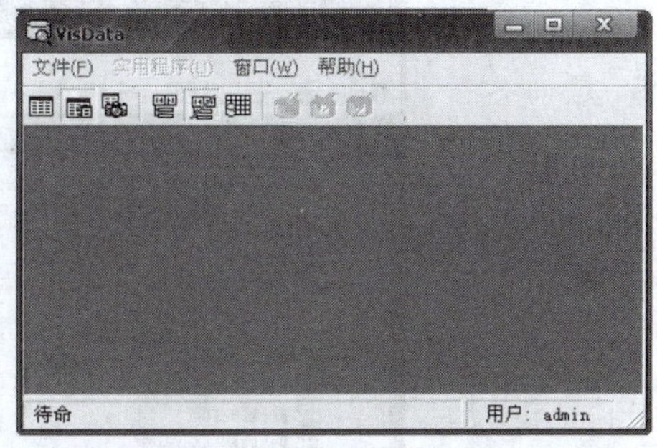


图 12-3　可视化数据管理器窗口

### 2. 创建 Jet 数据库

创建 Jet 数据库的步骤如下。

（1）选择“文件”菜单中的“新建”命令，出现如图 12-4 所示的选择。

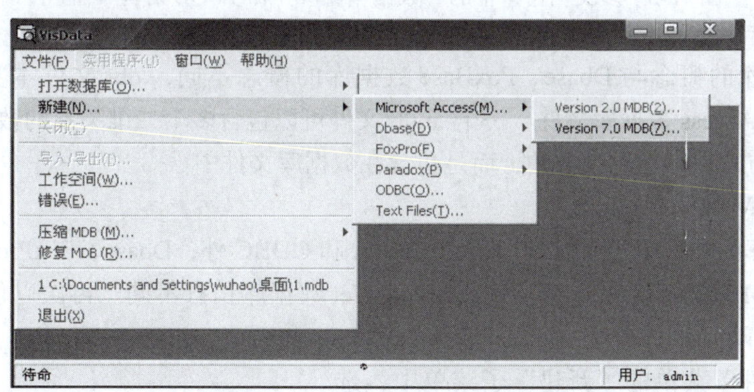


图 12-4　“文件”菜单中的“新建”子菜单

在“新建”子菜单中，可以选择新创建的数据库的类型，如表 12-3 所示。

表 12-3　在“新建”菜单中创建新的数据库类型

| 选 择 项 目 | 创 建 类 型 |
| --- | --- |
| Microsoft Access | Microsoft Access（Version 2.0 或 Version 7.0） |
| Dbase | Dbase（Version 5.0、IV 或 II）数据库 |
| FoxPro | FoxPro（Version 3.0、2.6、2.5 或 2.0）数据库 |

续表

| 选择项目 | 创建类型 |
| --- | --- |
| Paradox | Paradox（Version 5.0、4.X 或 3.X）数据库 |
| ODBC | 新的 ODBC 数据源 |
| Text Files | 存储表文件的目录 |

（2）在“新建”子菜单中，选择“Microsoft Access”子菜单中的“Version 7.0 MDB”，则显示创建数据库对话框，在该对话框中选择保存数据库的路径和库文件名。

（3）单击“保存”按钮后，在 VisData 多文档窗口中将出现“数据库窗口”和“SQL 语句”2 个子窗口。在“数据库窗口”中单击“+”号，将列出新数据库的常用属性，如图 12-5 所示。

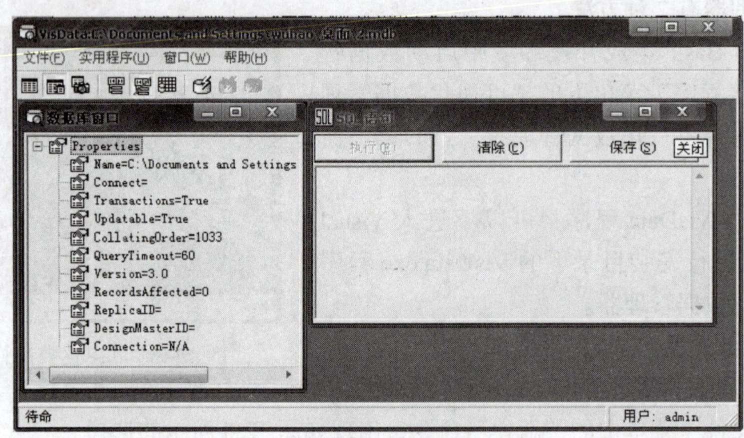


图 12-5　多文档窗口中的“数据库窗口”和“SQL 语句”窗口

Access 数据库的概念与 Dbase、FoxBase 数据库的概念不同，.dbf 文件本身是一个二维表格。.mdb 文件是 Access 数据库文件，一个 .mdb 文件可以包含多个二维关系的数据表，每个二维表不是以文件的方式保存在磁盘上的，而是包含在数据库文件中。

### 3. 建立 ISAM 数据库

在新建数据库的类型中，除了 Microsoft Access 和 ODBC 外，Dbase、FoxPro、Paradox、Text Files 都属于 ISAM 数据库。创建 ISAM 数据库与 Jet 数据库稍有不同。再次以创建 FoxPro 数据库为例，步骤如下。

（1）在“文件”菜单的“新建”子菜单中，选择“FoxPro”中的“2.5”，建立 FoxPro 数据库，弹出要求输入 ISAM 数据库目录名称的对话框，如图 12-6 所示。

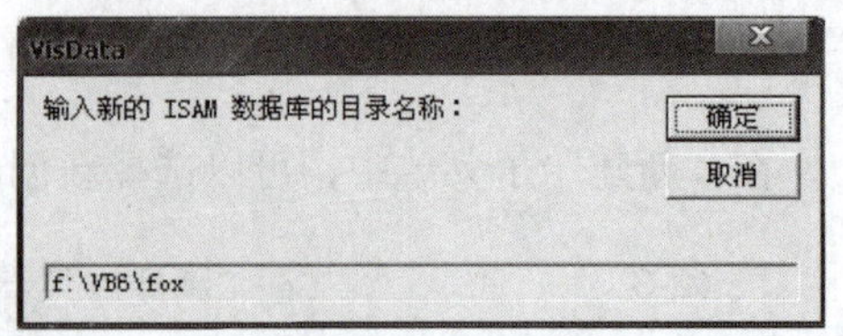


图 12-6　输入新建 ISAM 数据库的目录对话框

在 Visual Basic 中创建数据库都有一个共同的特点，即每一个数据表对应磁盘上的一个文件。因此，在创建数据库文件时，尽量首先确定目录（即文件夹），将该目录作为存放数据库文件的容器，避免将同一个应用的数据表存放到不同的目录中。

（2）在该对话框中输入目录名，然后单击“确定”按钮。如果该目录存在，则直接使用它；若不存在，则建立该目录。接着同创建 Jet 数据库一样，显示 FoxPro 的属性窗口和“SQL 语句”窗口。

### 12.2.2　打开数据库

在可视化数据管理器中可以打开已创建的数据库，在打开不同类型的数据库时，操作方法略有不同。

#### 1. 打开 Jet 数据库

在“文件”菜单的“打开数据库”的子菜单中选择“Microsoft Access”，将显示“打开 Microsoft Access 数据库”对话框，如图 12-7 所示。

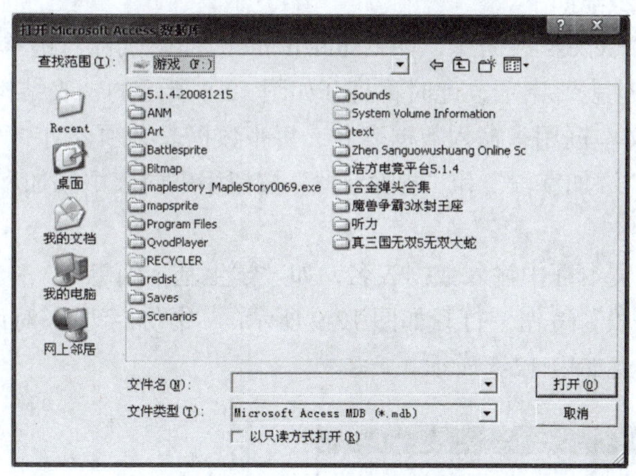


图 12-7　“打开 Microsoft Access 数据库”对话框

在该对话框中选择打开的 .mdb 文件，单击“打开”按钮打开选定的文件，数据属性窗口和 SQL 语句窗口将显示在 VisData 窗口中。

#### 2. 打开 ISAM 数据库

由于 ISAM 数据库中的数据表是以单个文件的形式存放在磁盘，因此打开这类数据库时需要选择其中的一个文件。

从“文件”菜单的“打开数据库”子菜单中的“FoxPro”菜单中选择“2.5”，将显示“FoxPro 数据库”对话框。在该对话框中选择保存有 .dbf 数据库文件的目录，选择其中任意一个文件，单击“打开”按钮，显示“数据库窗口”，在数据库窗口中显示出了该目录下的所有文件类型相同的数据表，而不是仅打开刚选定的一个文件。

### 12.2.3　添加数据表

用可视化数据管理器创建数据库后，就可以向该数据库中添加数据表了。一个数据表是由数据表名、数据表结构和记录 3 部分组成。下面以添加 Access 表为例介绍添加和创建表的方法。

#### 1. 定义数据表的结构

定义数据表的结构，就是确定表的组织形式，定义表的字段个数、字段名、字段类型、字段宽度以及是否以该字段建立索引等。“学生基本信息表”的结构如表 12-4 所示。

表 12-4 "学生基本信息表"结构

| 字段名 | 类型 | 宽度 | 索引 |
|---|---|---|---|
| 学号 | Text | 12 | 主索引 |
| 姓名 | Text | 8 | |
| 性别 | Text | 2 | |
| 出生年月 | Date | 8 | |
| 所在学院 | Text | 20 | |
| 所学专业 | Text | 8 | |

## 2. 建立表结构

数据表结构的建立步骤如下。

（1）打开已建立的 Access 数据库，如"student.mdb"。用鼠标右键单击数据库窗口，在弹出的快捷菜单中选择"新建表"选项，此时将打开如图 12-8 所示的"表结构"对话框。

其中："表名称"文本框用来输入数据表名，每张数据表必须要有一个名字。"字段列表"用来显示表中的字段名。"添加字段"和"删除字段"按钮用来向表中添加和删除字段。"添加索引"按钮用来添加索引。

（2）在"表名称"文本框中输入数据表名，如"学生基本信息"。

（3）单击"添加字段"按钮，打开如图 12-9 所示的"添加字段"对话框。"添加字段"对话框内各个选项的功能描述如表 12-5 所示。

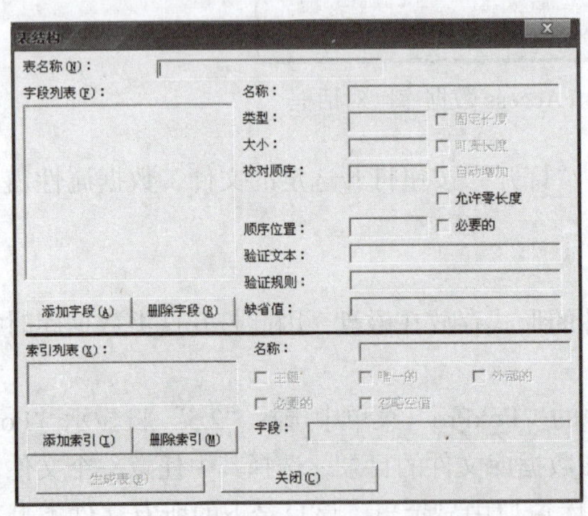


图 12-8 "表结构"对话框

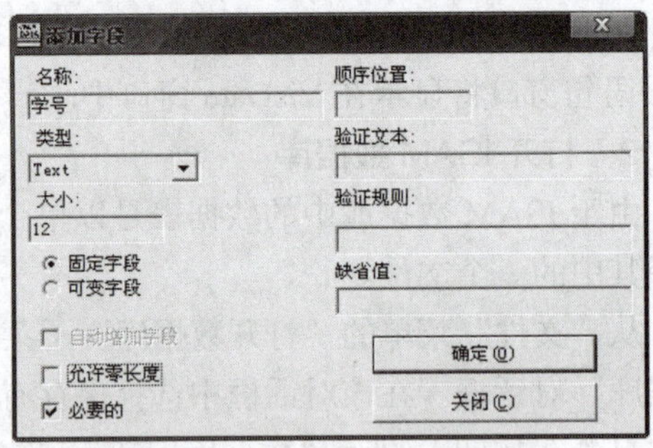


图 12-9 "添加字段"对话框

表 12-5 "添加字段"对话框的各选项功能

| 选项名称 | 功能描述 |
|---|---|
| 名称 | 字段名称 |
| 类型 | 指定字段类型 |
| 大小 | 字段宽度 |
| 固定字段 | 字段宽度固定不变 |
| 可变字段 | 字段宽度可变 |

续表

| 选 项 名 称 | 功 能 描 述 |
| --- | --- |
| 允许零长度 | 表示空字符串可作为有效地字段值 |
| 必要的 | 表示该字段值不可缺少 |
| 顺序位置 | 字段在表中的顺序位置 |
| 验证文本 | 当向表中输入无效值时所显示的提示 |
| 验证规则 | 验证输入字段值的简单规则 |
| 缺省值 | 在输入时设置的字段初始值 |

在对应的文本框中输入字段的名称、设置类型、大小和缺省值等。单击“确定”按钮，向表中加入指定的字段后，该对话框中的内容变为空白，可继续添加该表中的其余字段。当所有的字段都添加完毕后，单击该对话框的“关闭”按钮，将返回到如图 12-8 所示的“表结构”对话框。

### 12.2.4 修改数据表结构

在可视化数据管理器中可以修改已经创建好的数据表的结构，其步骤如下。

（1）打开需要修改的数据表的数据库，如 student.mdb，在数据库窗口中鼠标右键单击需要修改的数据表的表名，如“学生基本信息”，弹出快捷菜单，如图 12-10 所示。

（2）在快捷菜单中选择“设计”选项，将打开“表结构”对话框，如图 12-11 所示。此时的“表结构”对话框与建立表时的对话框不完全相同。在该对话框中可以做的修改工作包括：表名称、字段名、添加与删除字段、修改索引、添加与删除索引、修改验证及默认值等。单击“打印结构”可打印表结构，单击“关闭”按钮完成修改。

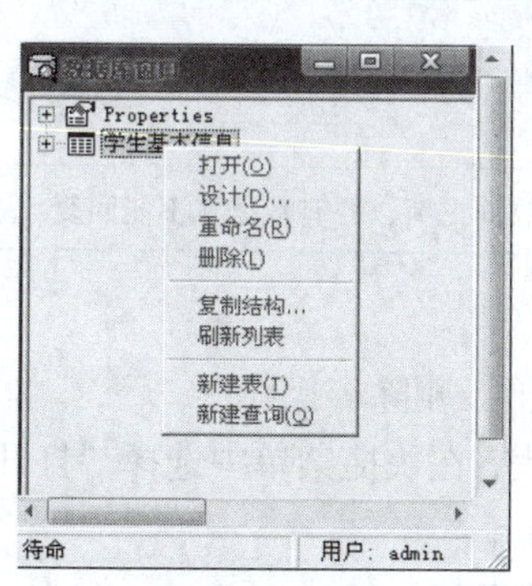


图 12-10 数据表的快捷菜单

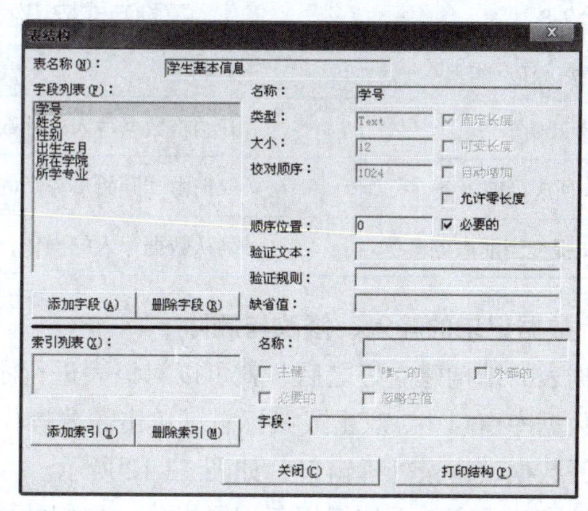


图 12-11 “修改表结构”对话框

### 12.2.5 用户数据的编辑

#### 1. “数据管理器”的工具栏

工具栏由“记录集类型按钮组”、“数据显示按钮组”和“事物方式按钮组”3 部分组成。

（1）记录集类型按钮组。

记录集类型按钮组如表 12-6 所示。

表 12-6　　记录集类型按钮组

| 按　钮　组 | 说　　明 |
|---|---|
| 表类型记录集 | 在以这种方式打开数据表中的数据时，所进行的增、删、改等操作都直接更新数据表中的数据 |
| 动态集类型记录集 | 以这种方式可以打开数据表或由查询返回的数据，所进行的增、删、改及查询等操作都先在内存中进行，速度快 |
| 快照类型记录集 | 以这种方式打开的数据表或由查询返回的数据仅供读取而不能更改，适用于进行查询工作 |

（2）数据显示按钮组。

数据显示按钮组如表 12-7 所示。

表 12-7　　数据显示按钮组

| 按　钮　组 | 说　　明 |
|---|---|
| 在窗体上使用 Data 控件 | 在显示数据表的窗口中使用 Data 控件来控制记录的滚动 |
| 在窗体上不使用 Data 控件 | 在显示数据表的窗口中不使用 Data 控件，而是使用水平滚动条来控制记录的滚动 |
| 在窗体上使用 DBGrid 控件 | 在显示数据表的窗口中使用 DBGrid 控件 |

（3）事物方式按钮组。

事物方式按钮组（当打开数据表使用时才有效，否则会出错）如表 12-8 所示。

表 12-8　　事物方式按钮组

| 按　钮　组 | 说　　明 |
|---|---|
| 开始事务 | 开始将数据写入内存数据表中 |
| 回滚当前事务 | 取消由“开始事务”的写入操作 |
| 提交当前事务 | 确认数据写入的操作，将数据表数据更新，原有数据将不能回复 |

**2. 数据记录的输入、修改与删除**

数据表的结构建立好之后，就可以对该表进行添加、编辑、删除等操作。

在数据库窗口中，双击或鼠标右键单击需要操作的数据表，在快捷菜单中选择“打开”命令，即可打开数据表记录处理窗口，如图 12-12 所示。

在该窗口中有 8 个按钮用于记录操作，它们的作用分别如下。

- “添加”按钮：向表中添加记录。
- “编辑”按钮：修改窗口中的当前记录。
- “删除”按钮：删除窗口中的当前记录。
- “排序”按钮：按指定字段对表中记录进行排序。
- “过滤器”按钮：指定过滤条件，只显示满足条件的记录。
- “移动”按钮：根据指定的行数移动记录的位置。
- “查找”按钮：根据指定条件查找满足条件的记录。

- “关闭”按钮：关闭表处理窗口。

单击“添加”按钮，打开记录添加窗口，如图 12-13 所示。在该窗口中根据字段类型输入一个记录的值，单击“更新”按钮返回数据表记录处理窗口，依此类推输入其他记录，并且在记录处理窗口中可以使用其他按钮完成相应的操作。

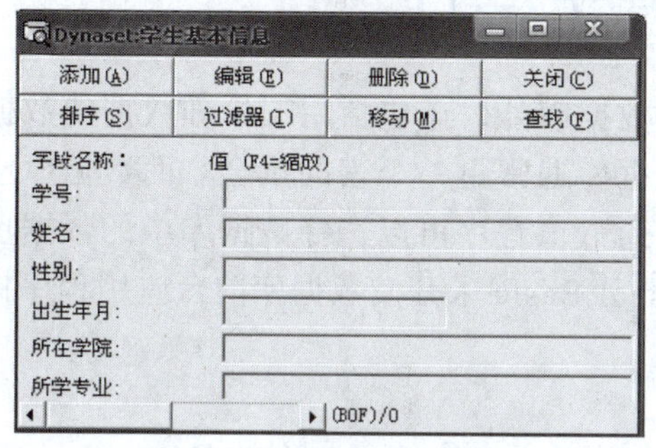


图 12-12　数据记录处理窗口

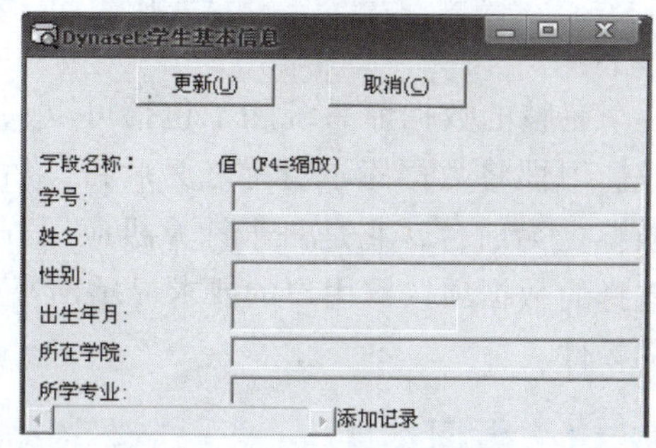


图 12-13　数据记录添加窗口

记录输入完毕，在记录处理窗口中单击“关闭”按钮以关闭该窗口，输入的记录将保存在数据表中。

### 12.2.6　数据窗体设计器

可视化数据管理器自带有数据窗体设计器，使用它可以在最短的时间内设计出符合要求的数据库应用程序。使用数据窗体设计器创建数据操作窗体的步骤如下。

（1）新建一个标准的 EXE 工程。

（2）在可视化数据管理器中打开一个已创建好的数据库（如 student.mdb），从“实用程序”菜单中选择“数据窗体设计器”命令，打开“数据窗体设计器”对话框，如图 12-14 所示。

在“窗体名称”框中输入需要添加到 Visual Basic 工程的窗体名称（如“学生管理”）。从“记录源”列表中选择一个已经存在的表或查询，或输入一个新的 SQL 语句（如选择“学生基本信息”）。“可用的字段”框中列出了在选定表或查询中的字段。“包含的字段”框中列出了需在窗体上出现的字段。在“可用的字段”框中列出了选择出将要出现在窗体上的字段。单击“>”按钮将该字段移到“包括的字段”中，也可单击“>>”按钮，将“可用的字段”框中列出的所有字段全部移到“包括的字段”框中。单击对话框右侧的上、下箭头按钮，可以重新排列字段在窗体中出现的顺序。

（3）单击“生成窗体”按钮，在工程中添加一个数据窗体，建立的数据窗体如图 12-15 所示。

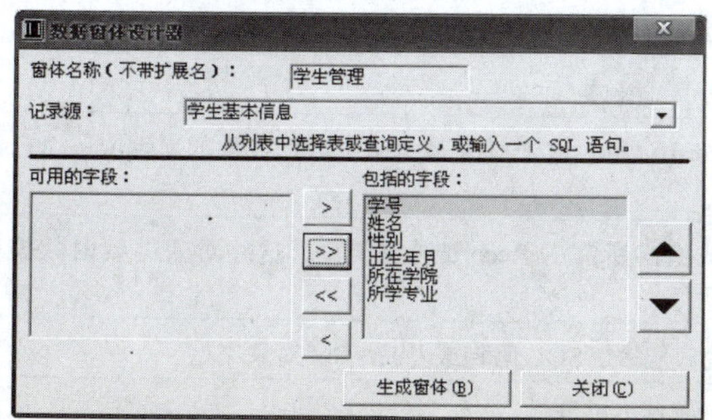


图 12-14　“数据窗体设计器”对话框

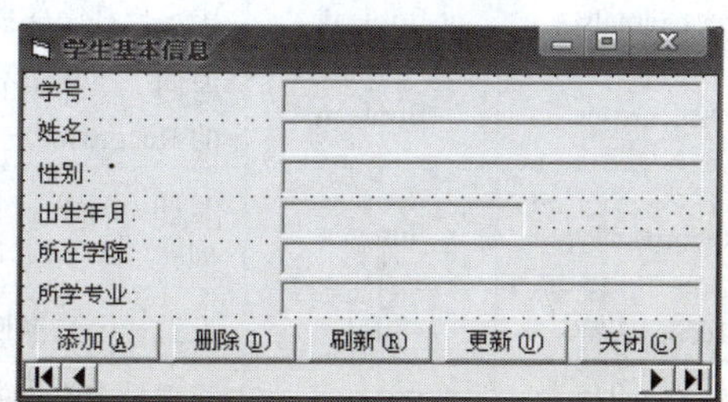


图 12-15　“数据窗体设计器”创建的数据窗体

使用窗体设计器可以非常容易地创建一个数据库应用程序，将该数据窗体设置为启动窗体，运行程序后可以通过文本框浏览到数据库中表的记录，也可以实现添加、删除、更新等操作。

## 12.3 数据库控件

一个完整的数据库系统除了包括可以共享的数据库外，还包括用于处理数据的数据库应用系统。习惯将数据库本身称之为后台，后台数据库通常是一个表的集合。而数据库应用系统则被称之为前台，它是一个计算机应用程序，通过该程序可以选择数据库中的数据项，并将所选择的数据项按照用户的要求显示出来。Visual Basic 未开发数据库前台应用程序提供了专门的控件。

### 12.3.1 数据控件

数据控件（Data 控件）用于连接数据库内部数据源的对象，它使用 Microsoft Jet 数据库引擎实现数据的访问。通过使用该控件，在 Visual Basic 中用户几乎不需要编写代码就可完成数据库的访问（包括数据的增加、删除、浏览和修改）。

Data 控件允许从一个记录移到另一个记录，并且显示和操纵来自被连接的控件的记录数据。Data 控件本身只能进行数据库中数据的操作，不能独立进行数据的浏览，所以需要将具有数据绑定功能的控件与数据控件结合起来使用，共同完成数据的显示、查询等处理工作。对于编写复杂的数据库管理系统，则可以考虑直接使用 Visual Basic 的数据访问对象——ADO 控件。

**1．数据控件的常用属性、方法和事件**

（1）数据控件的常用属性。表 12-9 列出了数据控件的常用属性。

表 12-9　　Data 控件的常用属性

| 属性名 | 类型 | 用途 |
|---|---|---|
| DatabaseName | String | 返回或设置 Data 控件的数据源的名称及位置 |
| Connect | String | 设置连接的数据库的类型 |
| DefaultType | String | 设置一个值，决定由 Data 控件使用的数据源（Jet 或 ODBC Direct）类型。用 DAO WorkspaceTypeEnum 值 |
| BOFAction | Integer | 当 Recordset 的 BOF 属性值设置为 True 时，该数据控件执行的动作 |
| EOFAction | Integer | 当 Recordset 的 EOF 属性值设置为 True 时，该数据控件执行的动作 |
| Exclusive | Integer | 返回或设置一个值，指出 Data 控件的基本数据库是为单用户打开还是为多用户打开（True- 单用户 /False- 多用户） |
| ReadOnly | Boolean | 决定控件中的数据是否可编辑 |
| Recordset | Boolean | 返回 / 设置一个 Record 对象，这个对象是由一个数据控件的属性或一个已存在的 Recordset 定义的 |
| RecordsetType | Integer | 返回 / 设置一个值，指出所需的 Record 对象类型，这些对象类型由数据控件创建 |
| RecordSource | String | 设置一个数据控件的底层表、SQL 语句或 QueryDef 对象 |
| Visible | Boolean | 设置一个值，决定对象是否可见 |

① Connect 属性。

Connect 属性值为一个字符串，用于指定数据控件所要连接的数据库类型，默认值为 Access，即 Microsoft Access 的 mdb 文件。此外还可以连接的数据库有 FoxPro、Excel、Lotus、Microsoft SQL Server 和 Oracle 等。

例如要连接一个 Jet 引擎的数据库，则

```
Data1.Connect="Access"
```

若要连接一个 ODBC 的数据库，则

```
Data1.Connect="ODBC ; Database=student ; UID=admin ; PWD= ; DSN=student"
```

② DatabaseName 属性。

DatabaseName 属性值为一个字符串，用于指定具体使用的数据库的名称及其存放的完整路径。它可以通过"属性"窗口来设置，也可以在运行时修改。对于多表数据库（如 Access 数据库），DatabaseName 属性是一个具体的数据库文件名；对于单表数据库（如 FoxPro 数据库），DatabaseName 属性值是一个数据库文件所在的目录，具体的数据库名被存放在 RecordSource 属性中。

例如要连接一个 Microsoft Access 的数据库"D:\fox\student.mdb"，则利用属性窗口设置 DatabaseName 属性值为"D:\fox\student.mdb"语句：

```
Data1.DatabaseName=" D:\fox\student.mdb "
```

如果要连接一个 FoxPro 数据库"D:\fox\student.dbf"，则可利用属性窗口设置 DatabaseName 属性值为 ="D:\fox"，RecordSource="student.dbf"，语句：

```
Data1.DatabaseName="D:\fox", RecordSource="student.dbf"
```

③ RecordSource 属性。

RecordSource 属性值为一个字符串，用来返回或设置记录的来源，可以是数据库中的一张表的名称、一个查询的名称或一条返回记录的合法 SQL 语句。

例如要指定 student.mdb 数据库中的"学生基本信息"表，则 Data1.RecordSource=" 学生基本信息 "，若 Data1.RecordSource="Select * From 学生基本信息 Where 性别 =' 男 '"，则表示要访问表中所有男生的记录。

④ RecordType 属性。

RecordType 属性值为一个整数，用于确定 Data 控件创建的记录集（Recordset）的类型。记录集的类型共有 3 种，默认为动态集类型（Dynaset）。

⑤ BOFAction 和 EOFAction 属性。

这两个属性返回或设置一个值，指定在记录集对象记录指针指向记录集对象的开始（第一个记录前）或结束（最后一个记录后）时，DataBase 控件应进行的操作。BOFAction 和 EOFAction 属性取值如表 12-10 所示。

表 12-10　　BOFAction 属性和 EOFAction 属性的设置值

| 属　性 | 常　量 | 值 | 描　述 |
|---|---|---|---|
| BOFAction | vbBOFActionMoveFirst | 0 | 控件重定位到第一条记录 |
| | vbBOFActionBOF | 1 | 移动记录集的开始位，在第一条记录上触发 DataBase 控件的 Validate 事件 |

续表

| 属 性 | 常 量 | 值 | 描 述 |
| --- | --- | --- | --- |
| EOFAction | vbEOFActionMoveLast | 0 | 控件重定位到最后一条记录 |
| | vbEOFActionEOF | 1 | 移动记录集的结束位，在最后一条记录上触发 DataBase 控件的 Validate 事件 |
| | vbEOFActionAddNew | 2 | 向记录集添加新的记录，可以对新记录进行编辑，移动记录指针，新记录自动添加到 Recordset 中 |

（2）数据控件的方法如表 12-11 所示。

表 12-11　数据控件的常用方法

| 方 法 | 功 能 |
| --- | --- |
| Drag | 手工拖动控件 |
| Move | 改变控件在表单中的位置 |
| Refresh | 关闭并重建记录体 |
| ShowWhatsThis | 显示由 Windows 帮助系统提供的 WhatsThis 帮助窗口（弹出式） |
| UpdateRecord | 存储与记录体相连控件的值 |
| Zorder | 控件的显示层次 |

① Refresh 方法。

可以在数据控件上使用 Rsfresh 方法来打开或重新打开数据库（若 DatabaseName、ReadOnly 或 Connect 属性的值发生改变）。

在多用户环境中，由于其他用户可以对数据进行修改，所以常常使用 Refresh 方法重新显示数据，以保证用户看到的是最新的数据。

② UpdateControls 方法。

此方法用于从数据控件的 Recordset 对象中读取当前记录，并将数据显示在相关约束控件上。在多用户环境中，其他用户可以更新数据库的当前记录，但是相应空间中的值不会自动更新，可以调用此方法将当前记录的值在约束控件中显示出来。另外当改变约束控件中的数据但是又想取消对数据的修改时，可以通过 UpdateControls 方法来实现。

③ UpdateRecord 方法。

当约束控件的内容改变时，若不移动记录指针，则数据库中的值不会改变，可以通过调用 UpdateRecord 方法来确认对记录的修改，将约束控件中的数据强制性地写入到数据库中。

（3）数据控件的事件如表 12-12 所示。

表 12-12　数据控件的事件

| 事 件 名 称 | 功 能 |
| --- | --- |
| DragDrop | 当用户拖动和放置另一个对象在本控件上时被触发 |
| DragOver | 当用户拖动一个对象经过本对象时被触发 |
| Error | 当用户读取数据中的错误时被触发 |
| MouseDown | 当用户按下任一鼠标键时被触发 |
| MouseUp | 当用户松开任一鼠标键时被触发 |

续表

| 事件名称 | 功 能 |
| --- | --- |
| Reposition | 当用户激活了一个新记录时被触发 |
| Validate | 当激活另一个记录时启动某些动作 |

① Reposition 事件。

当数据控件中移动记录指针改变当前记录时触发该事件。

② Validate 事件。

若移动数据控件中的记录指针，且约束控件中的内容已经被修改，此时数据库当前记录的内容将被自动更新，同时触发该事件。

在 Validate 事件过程中有 2 个参数：Action 参数和 Save 参数。

Action 参数是一个整型数据（具体设置如表 12-13 所示），用以判断是何种操作触发的该事件，也可以在 Validate 事件过程中重新给 Action 参数赋值，从而使得在事件结束后执行新的操作。

表 12-13 数据控件的常用方法

| 值 | 常 量 | 作 用 |
| --- | --- | --- |
| 0 | vbDataActionCancel | 取消对数据控件的操作 |
| 1 | vbDataActionMoveFirst | MoveFirst 方法 |
| 2 | vbDataActionMovePrevious | MovePrevious 方法 |
| 3 | vbDataActionMoveNext | MoveNext 方法 |
| 4 | vbDataActionMoveLast | MoveLast 方法 |
| 5 | vbDataActionAddNew | AddNew 方法 |
| 6 | vbDataActionUpdate | Update 方法 |
| 7 | vbDataActionDelete | Delete 方法 |
| 8 | vbDataActionFind | Find 方法 |
| 9 | vbDataActionBookMask | 设置 BookMask 属性 |
| 10 | vbDataActionClose | Close 方法 |
| 11 | vbDataActionUnload | 卸载窗体 |

Save 参数是一个逻辑值，用以判断是否有约束控件的内容被修改。如果 Validate 事件过程结束时，Save 参数为 True，则保存修改；为 False 时则忽略所做的修改。

### 12.3.2 数据绑定控件

数据控件能够方便的通过属性与数据源连接，而数据绑定控件也是通过属性“绑定”到数据控件上，实现与数据库的连接，用于数据的显示、编辑和查询等数据处理。常用的数据绑定控件有：文本框、组合框等标准控件及数据列表（DataList）、数据网格（DataGrid）等 ActiveX 控件。

数据绑定控件有 2 个标准的属性：DataSource 属性和 DataField 属性。DataSource 属性允许用户指定该客户控件将要连接到的数据名称，即设置数据源，它也可以是远程数据控件 DAO，也可以是 ADO 数据控件；而 DataField 属性用来指定该客户控件将要连接的数据控件中可用的数据库字段的名称。在设置了 DataSource 和 DataField 属性之后，当用户利用该控件在 Recordset 中访问记录时，这个客户控件就会自动显示出指定字段的内容。

在内部控件和 ActiveX 控件中有些控件具有 DataSource 属性，用于指定数据控件名，这些控件均可绑定到数据控件上。

数据绑定的过程如下。

① 向窗体添加控件。

② 设置各控件的属性。在设置数据绑定之前必须设置 Data 控件的 DatabaseName 属性和 RecordSource 属性，将数据控件的 DatabaseName 属性通过单击右边的“…”按钮，然后从打开的对话框中选择数据库文件，将 RecordSource 属性的值设置为该数据库中的某个数据表。最后设置各控件的 DataField 属性的值。

【例 12-1】设计一个窗体，用文本框控件来实现对 student.mdb 库中“学生基本情况表”数据的浏览。

（1）设计界面：新建一个工程，在窗体上添加 1 个 Data1 控件、6 个标签控件和 6 个文本框控件。

（2）设置对象属性：将 6 个标签控件的 Caption 属性依次设置为“学号”、“姓名”、“性别”、“出生年月”、“所在学院”、“所学专业”，Data1 控件的 DatabaseName、Connect、RecordSource 属性分别设置为“D:\vb\student.mdb”、“Access”、“基本情况”；Text1、Text2、Text3、Text4、Text5、Text6 的 DataSource 属性设置为“Data1”，DataField 属性分别设置为“学号”、“姓名”、“性别”、“出生年月”、“所在学院”、“所学专业”，其余对象的属性设置如图 12-16 所示。

（3）不需要编写代码，运行该工程，即可出现如图 12-17 所示的效果。

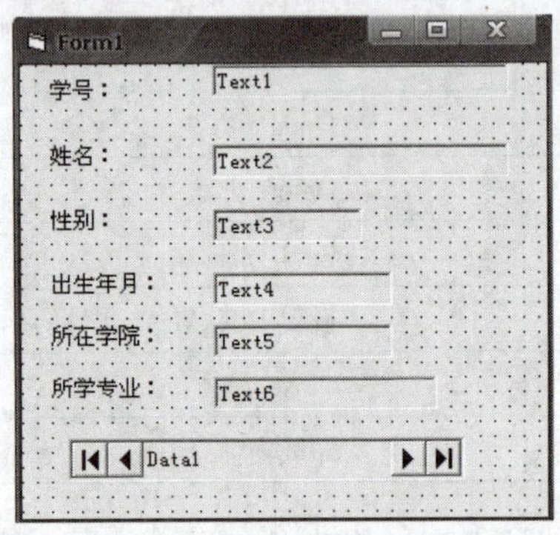


图 12-16　设计界面

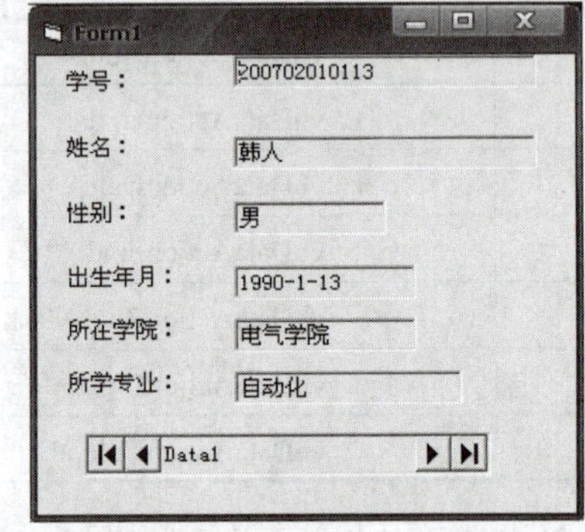


图 12-17　运行界面

### 12.3.3　记录集对象

Visual Basic 的数据库中的表是不允许直接访问的，只能通过记录集对象（Recordset）对其进行浏览和操作。记录集对象表示一个或多个数据库表中字段对象的集合，是来自表或执行一次查询所得结果的记录的集合。一个记录集是由行和列所构成的，与数据库中的表类似，但是它可以包含多个表中的数据。

下面列出记录集 Recordset 对象的一些常用属性和方法。

（1）AbsolutionPosition 属性。

只读属性，返回当前记录指针的值。如果当前记录为第一条记录，则该属性值为 0。

（2）BOF 属性和 EOF 属性。

BOF 属性为 True 时，表示记录指针当前位置位于首记录之前；EOF 属性为 True 时，表示记录指针当前位置位于末记录之后。

（3）Bookmask 属性。

该属性用于重新定位记录集的指针位置。

（4）NoMatch 属性。

在记录集中进行查找时，若找到相匹配的记录，则该属性值为 True，否则为 False。

（5）RecordCount 属性。

表示记录集中现存记录的个数。

（6）Move 方法。

通过 MoveFirst、MoveLast、MoveNext、MovePrevious 方法可以移动到指定 Recordset 对象中的第一个、最后一个、下一个、上一个记录并使该记录成为当前记录。

还可通过 Move　<n> 的方法移动 Recordset 对象中当前记录的位置。若参数 n 大于 0，则当前记录位置将向前移动（向记录集的末尾）；若参数 n 小于 0，则当前记录位置向后移动（向记录集的开始）。

（7）Find 方法。

通过 MoveFirst、MoveLast、MoveNext、MovePrevious 方法可以搜索 Recordset 中满足指定条件的第一个、最后一个、下一个、上一个记录。若找到符合条件的记录，则该记录称为当前记录，否则当前位置将设置在记录集的末尾。

Find 方法的语法格式：

```
<数据控件>.<记录集>.Find方法 <条件>
```

其中："条件"为指定字段值与常量关系的字符串表达式。

例如：data1. Recordset. FindFirst　"姓名='李菲"

（8）Seek 方法。

通过 Seek 方法可以在表类型的记录集中从头开始搜索满足指定条件的第一条记录，并使该记录称为当前记录。

Seek 方法的语法格式：

```
<数据控件>.<表类型记录集>.Seek <比较类型>,<值1>,<值2>…
```

其中："比较类型"可以为">"、"<"、">="、"<="、"="、"<>"

例如：data1. Recordset. Seek　"=", "李菲"

（9）AddNew 方法。

向数据库中添加记录的步骤如下。

① 调用 AddNew 方法，打开一个空白记录。

② 通过相关约束控件给各字段赋值。

③ 单击数据控件上的箭头按钮，移动记录指针，或调用 UpdateRecord 方法确定所做的添加。

（10）Delete 方法。

删除数据库中记录的步骤如下。

① 将要删除的记录定位为当前记录。

② 调用 Delete 方法。

③ 移动记录指针，确定所做删除操作。

（11）Edit 方法。

编辑数据库中记录的步骤如下。

① 将要修改的记录定位为当前记录。

② 调用 Edit 方法。

③ 通过相关约束控件修改各字段值。

④ 移动记录指针，确定所做编辑操作。

（12）Close 方法。

用于关闭指定的数据库、记录集并释放分配的资源。

**【例 12-2】** 设计一个如图 12-18 所示的窗体，用 4 个命令按钮代替例 12-1 中数据控件对象的 4 个箭头按钮的操作。

在例 12-1 的基础上增加 4 个命令按钮，将数据控件的 Visible 属性设置为 False，通过对 4 个命令按钮的代码编程代替数据控件对象的 4 个箭头按钮的操作。

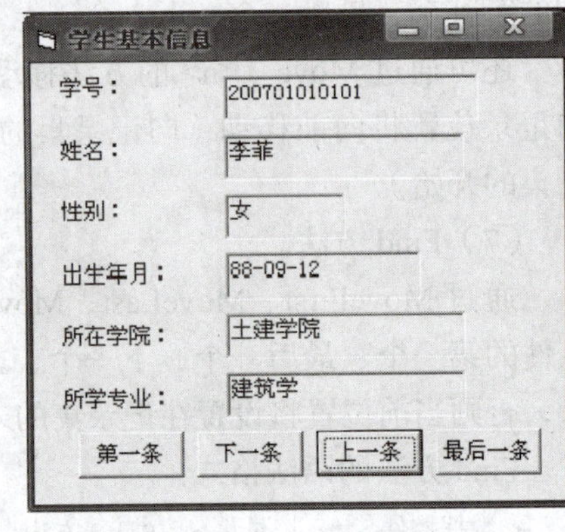


图 12-18　运行界面

代码如下：

```
Private Sub CmdFirst_Click()
    Data1.Recordset.MoveFirst              ' 移到第一条
End Sub
Private Sub CmdLast_Click()
    Data1.Recordset.MoveLast               ' 移到最后一条
End Sub
Private Sub CmdNext_Click()
    Data1.Recordset.MoveNext               ' 移到下一条
    If Data1.Recordset.EOF Then            ' 用 EOF 属性判断是否到了记录集对象的最后
        Data1.Recordset.MoveLast           ' 是，则定位于最后一条记录
    End If
End Sub
Private Sub CmdPre_Click()
    Data1.Recordset.MovePrevious           ' 移到上一条记录
    If Data1.Recordset.BOF Then            ' 用 BOF 属性判断是否到了记录集对象的首部
        Data1.Recordset.MoveFirst          ' 是，则定位于第一条记录
    End If
End Sub
```

# 12.4　ADO 数据访问对象

ADO（ActiveX DataBase Objects）数据访问技术，使应用程序能通过任何 OLE DB 提供者来访问和操作数据库中的数据，OLE DB 是微软推出的一种数据访问模式。

ADO 实质上是一种提供访问各种数据类型的连接机制，它通过其内部的属性和方法提供统一的数据访问接口，适用于 SQL Server、Oracle、Access 等关系型数据库，也适合 Excel 电子表格、电子邮件系统、图形格式、文本文件等数据资源。

ADO 的主要优势是易于使用、快速、低内存开销和较小的磁盘占用。为了便于用户使用

ADO 数据访问计数，Visual Basic 提供了一个图形控件 ADO Data Control，它有一个易于使用的界面，可以用最少的代码创建数据库应用程序。

### 12.4.1 ADO 控件使用基础

使用 ADO 控件实现数据库访问的过程一般需要几个步骤。

① 在窗体上添加 ADO 控件。

② 使用 ADO 连接对象创建与数据库提供者之间的连接。

③ 使用 ADO 命令对象操作数据源，从数据源中产生记录集并存放到内存中。

④ 常见记录集与数据绑定控件的关联，实现在窗体上显示数据。

### 12.4.2 创建 ADO 控件

ADO 控件不是 VB 标准控件，因此在使用之前必须将其添加到工具箱中。添加 ADO 控件的方法与步骤如下。

① 选择“工程”菜单中的“部件”命令，弹出“部件”对话框。

② 再从对话框中选择“Microsoft ADO Data Control 6.0( OLEDB )”。

③ 单击“确定”按钮，即可将 ADO 控件添加到工具箱中，它的图标是 。

使用 ADO 控件时需要将其添加到窗体上，其在窗体上的外观与 DATA 控件非常相似，默认名称为 Adodc1，如图 12-19 所示。

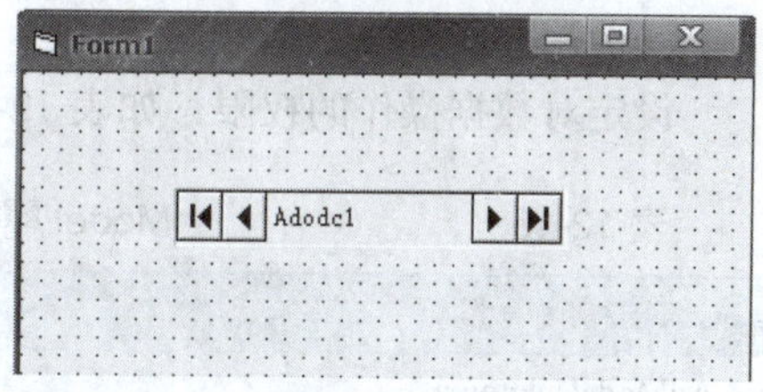


图 12-19 ADO 控件外观

此控件也具有一组属性、方法与可响应的事件，且可通过数据绑定控件更加灵活地显示和操作数据库数据。

### 12.4.3 ADO 控件的常用属性、方法与事件

#### 1. ADO 控件的常用属性

ADO 控件的不少属性与 Data 控件相同，常用的属性如下。

（1）ConnectionString 属性

该属性是一个字符串，用来设置 ADO 控件与数据源连接的链接信息，可为 OLEDB 文件（.udl）、ODBC 数据源（.dsn）或 OLEDB 连接字符串。该属性有 4 个参数，如表 12-14 所示。

表 12-14 ConnectionString 属性

| 参　数 | 说　明 |
| --- | --- |
| Provider | 指定用于连接的数据源名 |
| FileName | 指定包含预先设置链接信息的特定提供者的文件名称 |
| RemoteProvider | 指定打开客户端连接时使用的提供者名称 |
| RemoteServer | 指定打开客户端连接时使用的服务器的路径名称 |

（2）CommandType 属性

该属性用于指定 RecordSource 属性的取值类型，其值可为 4 种，如表 12-15 所示。

表 12-15　　CommandType 属性

| 类型名 | 说明 |
|---|---|
| AdCmdUnknown | 默认值，CommandText 属性中的命令类型未知 |
| AdCmdTable | 将 CommandText 作为其列表，全部由内部生成的 SQL 查询返回的表格的名称进行计算 |
| AdCmdText | 将 CommandText 作为命令或存储过程调用的文本定义进行计算 |
| AdCmdStoreProc | 将 CommandText 作为存储过程名进行计算 |

（3）RecordSource 属性

用于设置可操作的数据源，即记录集的内容。根据 CommandType 属性指定的类型，其值可为一个数据表名、一条 SQL 语句、一个存储过程。

（4）BOF 属性与 EOF 属性

BOF 属性表明当前记录指针是否已经超出第一条记录；EOF 属性表明当前记录指针是否已经超出最后一条记录。若超出，则返回 True，否则返回 False。

（5）MaxRecords 属性

描述通过查询返回记录的最大数目。

（6）Model 属性

设定对数据操作的权限，如表 12-16 所示。

表 12-16　　Model 属性（ADO）设置和返回值

| 常量 | 说明 |
|---|---|
| AdModeUnknown | 默认值。表明权限尚未设置或无法确定 |
| AdModeRead | 表明权限为只读 |
| AdModeWrite | 表明权限为只写 |
| AdModeReadWrite | 表明权限为读 / 写 |
| AdModeShareDenyRead | 防止其他用户使用读权限打开连接 |
| AdModeShareDenyWrite | 防止其他用户使用写权限打开连接 |
| AdModeShareExclusive | 防止其他用户打开连接 |
| AdModeShareDenyNone | 防止其他用户使用任何权限打开连接 |

（7）Caption 属性

设置显示在 ADO 控件上的内容。

（8）Recordset 属性

返回或设置 ADO 的记录集对象。

（9）Align 属性

设置 ADO 控件的显示位置和大小，如表 12-17 所示。

表 12-17　　Align 属性值

| 常量 | 值 | 描述 |
|---|---|---|
| VbAlignNone | 0 | 缺省值，设计时设置或用代码设置 |
| VbAlignTrop | 1 | ADO 控件出现在窗体的顶部，且宽度等于窗体的 ScaleWidth 属性的设定值 |

续表

| 常　量 | 值 | 描　述 |
| --- | --- | --- |
| VbAlignBottom | 2 | ADO 控件出现在窗体的底部，且宽度等于窗体的 ScaleWidth 属性的设定值 |
| VbAlignLeft | 3 | ADO 控件出现在窗体的左边，且宽度等于窗体的 ScaleHight 属性的设定值 |
| VbAlignRight | 4 | ADO 控件出现在窗体的右边，且宽度等于窗体的 ScaleHight 属性的设定值 |

（10）ConnectionTimout 属性

该属性用来指定连接等待的时间，若在指定的时间内连接不成功，则显示超时信息。

ADO 控件的大部分属性可以通过“属性页”对话框设置，方法如下。

① 选中 ADO 控件右键单击，或单击属性窗口中 ConnectionString 属性右边的“…”按钮，弹出“属性页”对话框，如图 12-20 所示。

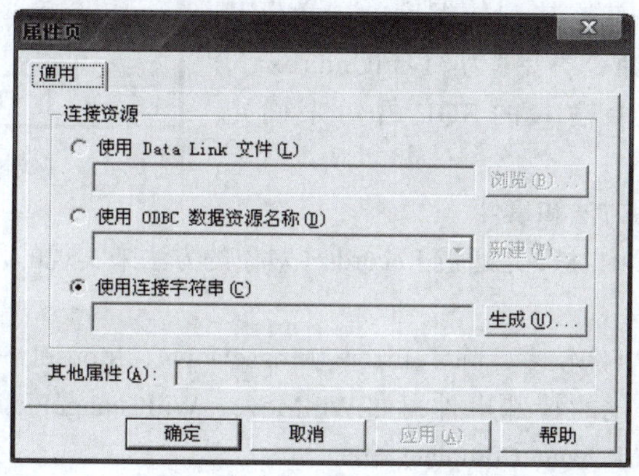


图 12-20　“属性页”对话框

② 在“属性页”对话框中选择“通用”选项卡。

③ 单击“生成”按钮，显示“数据连接属性”对话框，如图 12-21（a）所示，在“提供程序”选项卡中一般选择“Microsoft Jet 3.51 OLE DB Provider”。

④ 单击“下一步”按钮，打开“连接”选项卡，在“选择或输入数据库名称”框中输入数据库的路径和名称（或通过右边的“…”按钮选择），如图 12-21（b）所示。

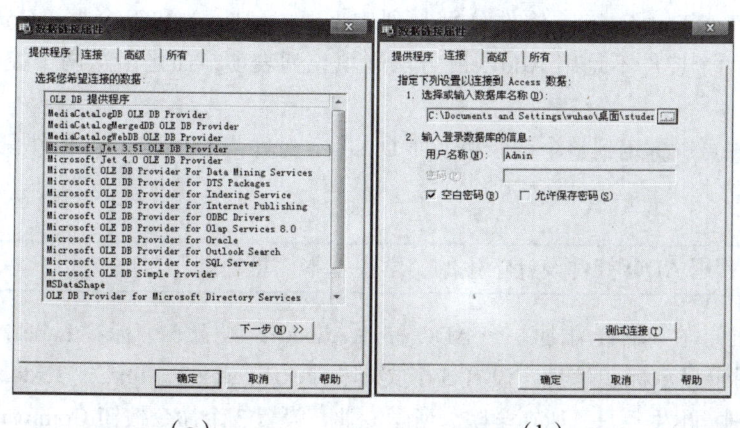


（a）　　（b）

图 12-21　“属性页”对话框

⑤ 单击“测试连接”可以测试是否连接成功。

⑥ 当连接成功后，单击“确定”按钮，返回“属性页”对话框，在“使用连接字符串”框中已经生成了一个连接字符串。

⑦ 单击“确定”按钮退出属性页对话框，即可完成属性的设置。

连接到数据源后，就应设置记录源了，即设置RecordSource属性值。在“属性页”画框中选择“记录源”选项卡，如图12-22所示。

从“命令类型”下拉列表中选择记录源的类型，如果选择命令类型为“2-adCmdTable”，则表示设置一个表或一个存储过程名为记录源，并在“表或存储过程名称”下拉列表中选择记录源，如选择“学生基本信息”，则ADO控件就连接到数据库的“学生基本信息”表。如果选择“命令类型”为“1-adCndText”，则由“命令文本”框中输入的SQL语句来确定记录源。

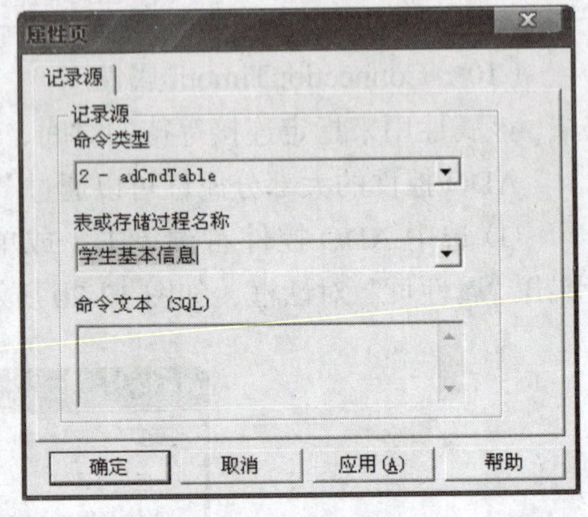


图12-22 “属性页”的“记录源”选项卡

### 2. ADO控件的常用方法和事件

ADO控件对数据的操作主要是通过Recordset对象的方法来实现的，Recordset对象的方法参见12.3.3小节。

ADO控件可响应的事件较多，除了Error、MouseDown、MouseUp、MouseMove等事件外，还有一组反映数据库变化的特殊事件，如WillMove、WillChangeField、FieldChangeComplete、WillChangeRecord、RecordChangeComplete等。

## 12.4.4 ADO数据绑定控件

与Data控件一样，也可以利用ADO控件来连接数据源，而使用数据绑定控件来显示数据。ADO数据绑定控件可以是标签、文本框、列表框等标准控件，也可以是专门与ADO控件绑定的ActiveX控件，如数据列表框控件（DataList）、数据组合框控件（DataCombo）、数据网络控件（DataGrid）等。

DataGrid控件是一种类似于表格的数据绑定控件，主要用于浏览和编辑完整的数据表或查询；DataList控件和DataCombo控件分别与列表框（ListBox）和组合框（ComboBox）相似，所不同的是，这两个控件不是用AddItem方法来填充列表项，而是由这两个控件所绑定字段自动填充。

DataGrid控件可以绑定到整个记录集，而DataList控件与DataCombo控件只能绑定到记录集的某个字段。

【例12-3】利用ADO控件设计学生的“学生基本信息处理”程序。

（1）设计界面，在窗体上添加一个ADO控件Adodc1，设置5个标签Label、Label2、Label3、Label4、Label5用于显示标题信息，设置5个文本框Text1、Text2、Text3、Text4、Text5用于显示学生的姓名、性别、出生年月、所在学院、所学专业，设置3个命令按钮Command1、Command2、Command3用于添加、修改、删除记录。

（2）设置对象属性，如表 12-18 所示。

表 12-18 属性设置

| 对 象 名 | 属 性 名 | 属 性 值 |
|---|---|---|
| Adodc1 | ConnectionString | D:\vb\student.mdb |
| | CommandType | 2-adCmdTable |
| | RecordSource | “学生基本信息表” |
| Text1、Text2、Text3、Text4、Text5 | DataSource | Adodc1 |
| | DataField | 姓名、性别、出生年月、所在学院、所学专业 |

（3）程序代码。

```
Private Sub Command1_Click()          ' 在记录集末尾添加一条新记录
    Adodc1.Recordset.MoveLast
    Adodc1.Recordset.AddNew
End Sub
Private Sub Command2_Click()          ' 保存新记录或修改后的数据
    Adodc1.Recordset.Update
End Sub
Private Sub Command3_Click()          ' 删除当前记录
    Adodc1.Recordset.Delete
    Adodc1.Recordset.MoveNext
End Sub
```

（4）运行效果，如图 12-23 所示。

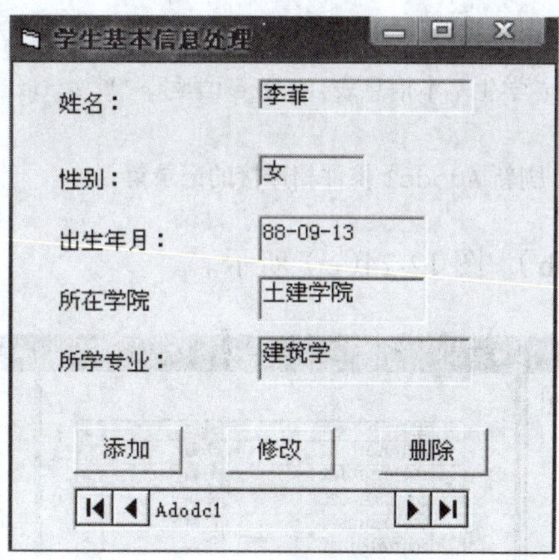


图 12-23 例 12-3 运行界面

【例 12-4】利用 DataGrid 及 DataCombo 控件，设计“学生基本信息查询”程序。

（1）设计界面，如图 12-24(a) 所示。在窗体上添加 2 个 ADO 控件 Adodc1 和 Adodc2 控件、1 个 DataGrid 控件、1 个 DataCombo 控件、2 个命令按钮 Command1(0)、Command1(1)、1 个标签 Label1。

（2）设置对象属性，如表 12-19 所示。

表 12-19　　　　属性设置

| 控　件 | 属 性 名 | 属 性 值 | 说　明 |
| --- | --- | --- | --- |
| Adodc1 | ConnectionString | …\student.mdb | 连接数据库 |
| | CommandType | 1-adCmdText | 用 SQL 语句指定数据源 |
| | RecordSource | Select * From 学生基本信息表 | 指定记录源 |
| | Visible | False | 运行时不可见 |
| Adodc2 | ConnectionString | …\student.mdb | 连接数据库 |
| | CommandType | 2-adCmdTable | 设定一个表为记录源 |
| | RecordSource | 学生基本信息表 | 指定记录源 |
| | Visible | False | 运行时不可见 |
| DataGrid1 | DataSource | Adodc1 | 所绑定的数据控件 |
| DataCombo1 | RowSource | Adodc2 | 填充下拉列表的数据控件 |
| | ListField | 学号 | 填充下拉列表的字段 |
| | Text | 空白 | 组合框的文本框中的文本 |

（3）程序代码。

```
Private Sub Command1_Click(Index As Integer)
    Select Case Index
        Case 0
            Adodc1.RecordSource = "select * from 学生基本信息表"
        Case 1
            Adodc1.RecordSource = _
            "Select * From 学生基本信息表 Where 学号='" & DataCombo1.Text & "'"
    End Select
    Adodc1.Refresh          '刷新 Adodc1 控件相连接的记录集
End Sub
```

（4）运行效果如图 12-24（b）、图 12-24（c）所示。

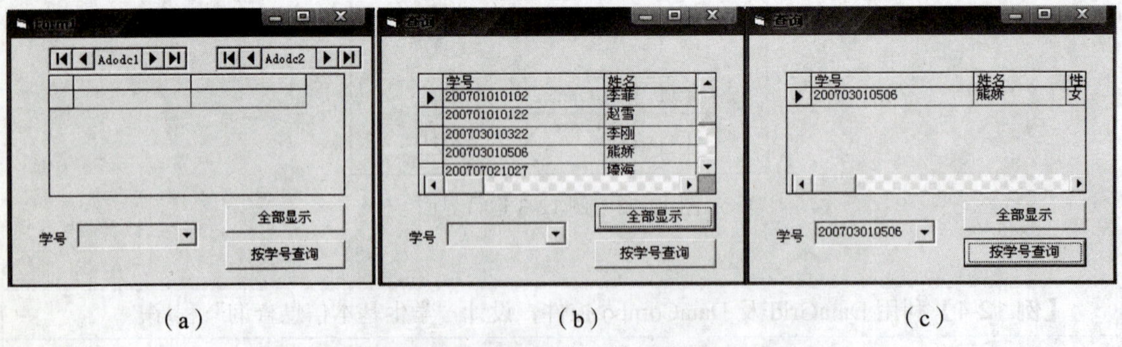


图 12-24　例 12-4 设计与运行界面

# 附录 1

# ASC Ⅱ字符集

| ASCII 码 | 控制码 | ASCII 码 | 字符 | ASCII 码 | 字符 | ASCII 码 | 字符 |
|---|---|---|---|---|---|---|---|
| 000 | 空白 | 032 | 空格 | 064 | @ | 096 | ` |
| 001 | | 033 | ! | 065 | A | 097 | a |
| 002 | | 034 | " | 066 | B | 098 | b |
| 003 | | 035 | # | 067 | C | 099 | c |
| 004 | | 036 | $ | 068 | D | 100 | d |
| 005 | | 067 | % | 069 | E | 101 | e |
| 006 | | 038 | & | 070 | F | 102 | f |
| 007 | | 039 | ’ | 071 | G | 103 | g |
| 008 | 退格 | 040 | ( | 072 | H | 103 | h |
| 009 | 水平制表 | 041 | ) | 073 | I | 105 | i |
| 010 | 换行 | 042 | * | 074 | J | 106 | j |
| 011 | 垂直制表 | 043 | + | 075 | K | 107 | k |
| 012 | 换页 | 044 | , | 076 | L | 108 | l |
| 013 | 回车 | 045 | − | 077 | M | 109 | m |
| 014 | | 046 | . | 078 | N | 110 | n |
| 015 | | 047 | / | 079 | O | 111 | o |
| 016 | | 048 | 0 | 080 | P | 112 | p |
| 017 | | 049 | 1 | 081 | Q | 113 | q |
| 018 | | 050 | 2 | 082 | R | 114 | r |
| 019 | | 051 | 3 | 083 | S | 115 | s |
| 020 | | 052 | 4 | 084 | T | 116 | t |
| 021 | | 053 | 5 | 085 | U | 117 | u |
| 022 | | 054 | 6 | 186 | V | 118 | v |
| 023 | | 055 | 7 | 189 | W | 119 | w |
| 024 | | 056 | 8 | 088 | X | 120 | x |
| 025 | | 057 | 9 | 089 | Y | 121 | y |
| 026 | | 058 | : | 090 | Z | 122 | z |
| 027 | | 059 | ; | 091 | [ | 123 | { |
| 028 | | 060 | < | 092 | \ | 124 | \| |
| 029 | | 061 | = | 093 | ] | 125 | } |
| 030 | | 062 | > | 094 | ^ | 126 | ~ |
| 031 | | 063 | ? | 095 | _ | 127 | |

# 附录2 常用内部函数

| 函　数 | 功　能 |
| --- | --- |
| Abs(x) | 绝对值，其数据类型与 number 相同 |
| Array(arglist) | 返回一个有数组的 Variant，其中的元素值由 arglist 提供，且值之间用逗号分隔。arglist 中值的顺序对应数组中元素的顺序 |
| Asc(string) | 返回 string 中第一个字符 ASCII 码所对应的整数值。若 string 中无字符，则产生运行错误 |
| Atn(x) | 计算反正切 |
| CBool(x) | 将数字字符串或数值转换成布尔型，等于 0 为 False，不等于 0 为 True |
| CDate(x) | 将有效的日期字符串转换成日期 |
| CDbl(x) | 将数值转换成双精度型 |
| Choose( ) | Choose(index,choice1[,choice2,⋯,choicen])<br>从表中选择或返回一个值 |
| Chr(x) | 将数值（ASCII 码）转换为字符 |
| CInt(expression) | 转换 expression 值为整型数据。expression 的值必须介于 −32768 和 32767 之间 |
| CLng(expression) | 转换 expression 值为长整型 |
| Cos(x) | 余弦 |
| CSng(x) | 将数值转换成单精度型 |
| Date | 返回系统日期（yyyy-mm-dd） |
| DateAdd(interval, number,date) | 返回包含一个日期的 Variant（Date）量，其值是 date 加上或减去 number 和 interval 指定的时间量。date 指定一个日期，interval 指定一个时间单位（如 yyyy 指示年，m 指示月，d 指示天），number 指定一个数值，指示所要附加的时间单位的数量 |
| Day(c) | 返回指定日期的日子 |
| EOF(filenumber) | 返回一个布尔值，指示 filenumber 标识的 Random 文件或 Input 文件是否已到达文件尾 |
| Exp(x) | 自然指数 e（自然对数的底）的某次方 |
| Fix(x) | 取整（取参数的整数部分） |
| Format((expression)) | 以 format 指定格式格式化 expression 值（如 d 指示日期，# 指示数字） |
| Hour() | 返回指定时间的时数 |
| Instr(x1,x2,M) | 返回字符串 x2 在字符串 x1 中的位置，M=1 不区分大小写，省略则区分，找不到则返回 0 |
| Int(x) | 取整（取小于或等于参数的最大整数） |
| IsEmpty(expression) | 以布尔值返回 expression 是否已初始化 |
| IsError(expression) | 以布尔值返回 expression 是否是一个错误信息 |

续表

| 函　　数 | 功　　能 |
| --- | --- |
| IsMissing(argname) | 以布尔值返回 argname 是否已经传递给过程 |
| IsNull(expression) | 以布尔值返回 expression 是否为空 |
| Isnumeric(expression) | 以布尔值返回 expression 是否可以求值 |
| LCase(x) | 将 x 字符串中所有大写字母转换为小写 |
| Left(x,n) | 从 x 字符串左边开始取 n 个字符 |
| Len(x) | 求字符串的长度（字符个数） |
| LenB(x) | 求字符串的字节个数 VB 中采用 Unicode（ISO 字符标准）存储字符，所有字符都占 2 个字节 |
| LoadPicture ([stringexpression]) | 加载 stringexpression 指定的图形到窗体的 Picture 属性、PictureBox 控件或 Image 控件中，并返回结果 |
| LOF(filenumber) | 以 Long 数据返回 Open 语句打开的 filenumber 指定文件的以字节为单位的长度 |
| Log(x) | 常用对数（求自然对数值） |
| Ltrim(x) | 去掉 x 字符串左边的空格 |
| Mid(x,n1,n2) | 从 x 字符串左边第 n1 个位置开始向右取 n2 个字符 |
| Minute() | 返回指定时间的分数 |
| Month(c) | 返回指定日期的月份 |
| Now | 返回系统日期和时间（yyyy-mm-dd hh:mm:ss） |
| Oct(number) | 以字符串返回 number 的八进制数 |
| QBColor(color) | 以 Long 数据返回一个 RGB 颜色代码，与调色板中 color（0 ～ 15）指定的某个颜色号对应 |
| RGB(red,green,blue) | 以一个 Long 数据返回 red,green,blue 指定的颜色的 RGB 值。red,green,blue 分别表示红色、绿色和蓝色。每个基色为 0 ～ 255 范围内的一个整数 |
| Right(X,n) | 从 x 字符串右边开始取 n 个字符 |
| Rnd | 随机产生 0 ～ 1 的单精度值，要产生一个从 Min 到 Max 的整数，使用公式 Int((Max−Min+1)*Rnd+Min) |
| Round(x,n) | 按小数位数四舍五入，第 2 个参数为小数位数 |
| Rtrim(x) | 去掉 x 字符串右边的空格 |
| Sgn(x) | 取参数的符号值参数大于 0，返回 1，参数小于 0，返回 -1 参数等于 0，返回 0 |
| Sin(x) | 正弦三角函数以“弧度”为单位 |
| Space(n) | 返回 *n* 个空格 |
| Sqr(x) | 算术平方根 |
| Str(x) | 将数值转换为字符串 |
| String(n,x) | 返回由 n 个首字符组成的字符串 |
| Tan(x) | 计算正切 |
| Time | 返回系统时间（hh:mm:ss） |
| Trim(x) | 去掉 x 字符串两边的空格 |
| UCase(x) | 将 x 字符串中所有小写字母转换为大写 |
| Val(x) | 将字符串中的数字转换成数值 |
| Weekday() | 返回指定日期的星期几（星期日为 1） |
| Year(c) | 返回指定日期的年份 |

# 附录3 Visual Basic 常用属性

| 属性 | 说明 |
|---|---|
| Action | 设置需被显示的通用对话框的类型 |
| ActiveForm | 返回当前活动窗体 |
| ActiveControl | 活动控件，即返回具有焦点的那个控件 |
| Align | 返回或设置一个值，用于指定某个对象在窗体中的位置或决定能否自动调整尺寸以适应窗体的宽度变化 |
| Alignment | 设置单选按钮、多选按钮的对齐方式或文本的对齐方式 |
| AutoRedraw | 控制对象是否刷新或重画 |
| AutoSize | 控制对象是否自动调整大小以适应所包含的内容 |
| BackColor | 返回或设置指定对象的背景颜色 |
| BackStyle | 返回或设置指定对象的背景模式 |
| BorderStyle | 返回或设置指定对象的边框样式 |
| Cancel | 返回或设置某个命令按钮是否为“取消”（Cancel）按钮 |
| Caption | 设置指定对象的标题 |
| Checked | 返回或设置一个值，确定指定菜单项后是否有一个用户标记 |
| Color | 返回或设置指定对象的颜色 |
| Columns | 决定某个列表框控件中水平显示的列数及各列中的项目的显示方式 |
| ControlBox | 返回或设置一个值，决定窗体是否有控制按钮 |
| CurrentX | 返回或设置下一次显示或绘图方法的 X 坐标 |
| CurrentY | 返回或设置下一次显示或绘图方法的 Y 坐标 |
| Database | 返回一个对 Data 控件中数据库对象的引用值 |
| DatabaseName | 返回一个对 Data 控件的数据源的名称及位置 |
| DataField | 返回或设置一个将某个控件连接到当前记录中某字段上的值 |
| DataSource | 指定一个将当前控件与数据库绑定的 Data 控件 |
| Default | 返回或设置一个数值，决定窗体中某个命令按钮是否为缺省命令按钮 |
| DrawStyle | 返回或设置画线的线型 |
| DrawWidth | 设置画线的宽度 |
| Drive | 返回或设置运行时选择的驱动器（在设计时不可用） |
| Enabled | 返回或设置指定对象是否可用 |
| FileName | 返回或设置选定文件的路径和名称 |
| FillColor | 返回或设置填充的颜色 |

续表

| 属　　性 | 说　　明 |
|---|---|
| FontBold | 返回或设置指定对象的粗体字体式样 |
| FontCount | 返回可用字体种类 |
| FontItalic | 返回或设置字体为斜体式样 |
| FontName | 返回或设置字体名称 |
| Font | 返回一个字体对象 |
| FontSize | 返回或设置字体大小 |
| FontStrikethru | 返回或设置字体是否加中划线 |
| FontUnderline | 返回或设置指定对象中的字体是否加下划线 |
| ForeColor | 返回或设置指定对象的前景色 |
| Height | 返回或设置对象的高度 |
| Hidden | 返回或设置文件列表框中是否显示 Hidden 文件（隐含文件） |
| Icon | 设置窗体最小化后显示的图标 |
| Index | 返回或设置控件数组中的控件的下标 |
| Interval | 设置计时器操作的时间间隔 |
| ItemData | 返回或设置组合框或列表框控件中每个项目具体的编号 |
| LargeChange | 滚动框在滚动条内变化的最大值 |
| Lbound | 返回控件数组中某个控件的最低序数 |
| Left | 返回或设置某对象的左边界与其容器对象的左边界之间的距离 |
| List | 返回或设置列表框和组合框中的项目 |
| ListCount | 返回列表框和组合框中项目的个数 |
| ListIndex | 返回或设置某个控件中当前选择项的序号 |
| Max | 返回或设置滚动条的最大值 |
| MaxButton | 返回一个值，标识是否一个窗体具有“最大化”按钮 |
| MaxLength | 指定文本框所能接受的最多字符 |
| MDIChild | 返回或设置一个值，确定一个窗体是否具有子窗体 |
| Min | 返回或设置滚动条的最小值 |
| MinButton | 返回一个值，标识一个窗体是否具有“最小化”按钮 |
| Multiline | 返回或设置一个值，该值指示文本框控件是否能接受和显示多行文本 |
| Name | 返回指定对象名称 |
| Page | 指定打印机当前的页号 |
| PasswordChar | 返回或设置文本框是否用于输入密码 |
| Path | 返回或设置当前路径 |
| Picture | 返回或设置指定控件中显示的图形文件 |
| ReadOnly | 设置文本框、文件列表框和数据控件是否能被编辑 |
| ScaleHeight | 返回或设置对象内部自定义坐标系的垂直（ScaleHeight）度量单位 |
| ScaleLeft | 返回或设置一个对象左边的水平起点坐标 |
| ScrollBars | 返回或设置某对象是否具有水平或垂直滚动条 |

续表

| 属　　性 | 说　　明 |
|---|---|
| Selected | 返回或设置文件列表框或列表框内项目的选择状态 |
| SelLength | 返回或设置所选文本的长度 |
| SelStart | 返回或设置所选文本的起点 |
| SelText | 返回或设置所选文本字符串 |
| Shape | 返回或设置某形状（Shape）控件的外观 |
| SmallChange | 设置滚动条最小变化值 |
| Sorted | 返回或设置列表框中各列表项在程序运行时是否自动排序 |
| Style | 返回或设置组合框的类型和显示方式 |
| Stretch | 返回或设置某图形是否能改变尺寸以适应图像框的大小 |
| TabIndex | 返回或设置控件的选取顺序 |
| Tag | 设置控件的别名 |
| Text | 设置将在文本框中显示的内容或组合框中作为输入区接收用户输入的内容 |
| ToolTipText | 返回或设置某个工具提示的文本字符串 |
| Top | 设置控件与其容器对象的顶部边界的距离 |
| TopIndex | 设置和返回显示在列表框或文件列表框顶部的项目 |
| Ubound | 返回控件数组中某个控件的最高序数 |
| Underline | 返回或设置 Font 对象中某种字体的下划线式样 |
| Value | 返回或设置滚动条当前所在位置，或单选按钮和多选框控件的状态等 |
| Visible | 返回或设置某对象是否可见 |
| Width | 返回或设置对象的宽度 |
| WindowsState | 设置运行时窗体的显示状态 |
| WordWrap | 设置标签框中显示的内容是否自动换行 |
| X1 | 设置或返回 Line 控件所绘制的直线的起点的横坐标 |
| X2 | 设置或返回 Line 控件所绘制的直线的起点的纵坐标 |
| Y1 | 设置或返回 Line 控件所绘制的直线的终点的横坐标 |
| Y2 | 设置或返回 Line 控件所绘制的直线的终点的纵坐标 |
| Zoom | 返回或设置一个值，用于代表被显示或打印的数据放大或缩小的百分比 |